여행사경영의 기본 개념과 지향점을 현장 중심으로 서술

최신 여행사경영론

안대희 · 박종철 · 서영수
안경옥 · 양봉석 · 홍민정

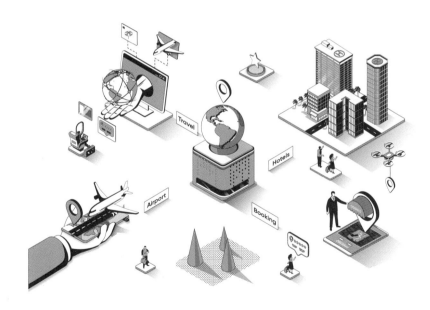

B (주)백산출판사

머리말

오늘날 여행은 단순히 놀이나 오락이 아니라 생활에의 활력과 노동을 위한 재충전의 기회, 생활의 질을 향상시키는 수단으로 활용되기 때문에 중요한 사회현상으로 등장하고 있다. 또한 인구의 도시 집중으로 인간성 상실, 공해문제와 같은 환경으로부터 벗어나고자 하는 욕구가 증대됨에 따라 그 중요성은 더욱 커지고 있다.

이러한 사회현상과 더불어 국민소득의 증가와 교통수단의 발달, 여가시간의 확대는 여행산업을 촉발시켜 국가경제에서 핵심산업으로 성장하였다. 또한 여행에 대한 사회적 요구가 커지면서 많은 국민들이 국내외 여행에 참여할 뿐만 아니라 여행에 대한 가치관도 변화하고 있다.

이러한 사회적 요구에 따라 현장에서는 여행산업의 종사자들이 급속히 증가하고 있을 뿐만 아니라, 대학에서도 매년 수많은 학생들이 관광분야의 이론과 실무를 습득하고 있다. 또한 이들을 위한 많은 교재들이 개발되어 이론과 실무의 배양에 도움을 주고 있다. 반면 일부의 교재에는 여행사이론과 실무를 너무 방대하게 기술하여 혼란만 가중시키는 결과를 초래하고 있음도 지적받고 있다.

따라서 본서는 이러한 지적을 과감히 떨쳐버리고 한국 현실에 맞게 이론적이고 경영관리적인 측면을 강조하였다. 또한 여행사경영을 배우는 학생들에게 경영학적 사고의 틀을 심어주려는 목표를 달성하기 위해 최선을 다하였다.

본서의 특징은 다음과 같이 크게 몇 가지로 요약할 수 있다.

첫째, 본서는 여행사의 구성요소가 수행해야 할 역할과 이들 간의 논리적 연결관계를 강조함으로써 여행사경영에 대한 감을 잡을 수 있도록 하였다.

둘째, 본서는 여행사경영을 처음 접하는 학생들을 위해 기본 개념을 쉽게 설명하였다. 또한 본문에서 다루는 내용 가운데 최근 들어 그 중요성이 부각되는 주제들을 더욱 깊이 있게 다루고자 노력하였다.

셋째, 본서는 여행사경영의 콘셉트가 지향하는 바를 받아들여 현장 중심으로 서술하도록 최선의 노력을 다하였다.

그러나 이러한 목적이 얼마나 달성되었는가는 전적으로 독자들이 판단할 문제이므로 공저자들은 독자들의 어떠한 비판과 논평도 더 좋은 교재를 만들라는 격려의 채찍으로 알고 겸허하게 받아들일 것이다.

마지막으로 저자들의 요구를 기꺼이 수락하고 출판에 지원을 아끼지 않으신 백산출판사 진욱상 회장님과 편집부 직원들에게 진심으로 감사드리고 싶다.

공저자

차례

Chapter 09 인바운드 업무 289

여행의 개념

1

여행의 개념

제1절
제1절 여행의 개념

1. 현대인과 여행

여행은 현대인들에게 있어 누구나 쉽게 즐길 수 있는 하나의 생활필수품으로 인식되고 있다. 즉 노동시간의 단축에 따른 여가시간의 증대, 교통수단의 발달 및 자가용의 소유에 따른 이동의 편리성 증대, 가처분소득의 증대 등은 인간의 전반적인 가치관을 변화시켜 현대인들에게 여행 그 자체를 하나의 생활로 간주하게 하고 있다.

여행은 여행객에게 잠시나마 일상의 생활을 벗어나 다른 지역의 자연이나 새로운 사회문화를 경험하거나 휴양 등을 통하여 일상생활에 재충전과 활력을 불어넣는 계기를 만드는 활동이라고 할 수 있다. 특히 산업사회의 급속한 변화로 인하여 도시의 생활환경이 점차 악화되는 가운데 긴장감과 소외감을 느끼면서 살고 있는 많은 현대인들은 바쁜 일상생활로부터 벗어나 자신을 부단히 해방시키고자 한다.

따라서 현대인들은 여행을 통해 현재의 단조롭고 지루한 일상생활과는 다른 신기한 풍물과 문화를 접함으로써 새로운 생활의 활력을 찾으려고 한다. 더 나아가 자아실현과 생활의 질을 향상시키기 위한 수단으로 점차 인식하고 있다. 이와 같은 인식은 오늘을 살아가는 현대인들의 대다수가 공감하고 있는 일반적인 현상의 하나가 되었다.

복잡한 현대사회를 살아가는 사람들은 누구나 일상생활의 틀에서 벗어나 새로운 변화를 추구하고 재충전의 기회를 가지려고 한다. 이러한 현상은 생활수준의 향상 및 교통수단의 발달로 더욱 증가하고 있는 실정이다.

2. 여행의 정의

여행의 어원을 한자에서 살펴보면 '여(旅)'는 '인(人)'과 '방(方)'을 합성시킨 문자로, '인(人)'은 사람, '방(方)'은 방향 또는 그 자체를 뜻하는 것으로, '여(旅)'는 인간이 어떤 방향으로 움직인다는 뜻을 나타내고 있다. 그리고 '행(行)'은 이동 그 자체의 본질을 의미한다. 이러한 관점에서 '여행(旅行)'을 어원적으로 살펴보면, 오늘날 여행 시에 깃발을 앞세우고 일정한 방향으로 단체가 이동하는 모습과 유사한 성격을 띠고 있다. 즉 과거에는 여행자들이 도적들의 습격·약탈로부터 자신들을 보호하기 위하여 집단으로 이동하는 것이 보다 안전하였을 것이고, 이와 같은 형태의 여행은 오늘날에도 지속되고 있다.

영어에서 여행을 의미하는 '트래블(travel)'이라는 단어는 단순히 거주지를 떠나 장소를 이동한다는 의미를 내포하고 있는데, 원래 걱정, 고생, 고됨의 뜻을 지닌 'trouble'과, 고통, 힘든 일의 뜻을 지닌 'toil'의 어원을 지닌 프랑스어 'travail'에서 유래되었다. 여행에는 고생, 고통 등 힘든 일이 수반되고, 또 안전과 숙박 및 병에 대한 걱정이 수반됨을 알 수 있다.

근래에 와서 단기간의 여행을 뜻하는 '투어(tour)'라는 용어로도 사용되고 있다. '투어'라는 용어는 여러 곳을 순회 여행하는 것을 의미하며 라틴어 'tornus'에서 유래되었다. 또한 'trip'이라는 용어도 많이 사용하고 있는데, 이는 영국에서는 짧은 육로나 해상 여행을 의미하며, 미국에서는 단거리 여행을 의미한다.

이상의 동·서양에서 통용되는 여행의 어원을 살펴보면, 여행에는 '이동'과 '무리'라는 공통적인 개념을 가지고 있음을 알 수 있다. 이러한 인간의 이동과 목적은 '이주(immigration)'와 '여행(tour)'의 두 가지로 구분된다.

'이주'는 원시시대의 수렵, 채취 등 식생활을 위해 일정한 정착지 없이 유랑생활을 하던 이동과 현대의 이사, 이민과 같은 생활권의 이동을 뜻한다. 그러나 여행은 일시적으로 목적지를 떠났다가 다시 돌아오는 형태의 이동을 뜻한다. 예를 들어, 우리나라 사람이 미국에 새로운 삶의 터전을 찾아 떠나는 것은 이주이고, 친구, 친척, 지인을 만나기 위해 미국을 잠시 방문하는 경우는 여행에 해당된다고 할 수 있다. 이와 같이 인간의 이동에는 '이주'와 '여행'이라는 서로 다른 개념이 포함되어 있으며, 인간 이동의 역사에는 이주가 여행에 앞서 행해졌다고 볼 수 있다. 즉 원시시대에 사람의 이동은 생활권의 이동을 뜻했지만 여행의 경우에는 체류지에서의 체재도 포함되지만, 그것은 어디까지나 일시적인 것이어야만 한다.

원칙적으로 여행은 일상생활권을 떠나 일시적으로 타 지역에서 체재할 목적으로 행하는 이동행위라고 할 수 있지만, 교통기관만을 이용할 뿐 전혀 숙박하지 않고 원래의 생활권으로 돌아오는 당일 여행도 포함하고 있다.

그러므로 여행은 출발에서 도착까지의 모든 행위를 포함한다. 그러나 교통기관 종사원이 직업상 일시적으로 거주지를 떠나는 것이나 직장에 정기적으로 통근하기 위해 이동하는 것은 직업상의 행동이므로 여행으로 보지 않는다.

이러한 측면을 고려하여 여행의 정의를 내린다면, 여행은 노동시간이나 노동의 연장선상을 벗어난 여가시간에서 인간이 일상생활을 하는 거주지를 떠나 자아실현과 삶의 질의 향상을 위하여 타 생활권의 오락, 풍물, 자연적 환경, 기타 문화 등을 즐기고 다시 돌아올 예정으로 이동하는 행위라고 할 수 있다.

제2절 여행의 욕구와 동기

1. 여행욕구

욕구는 '인간에게 있어 근원적으로 부족한 상태'를 의미하는 것으로 이러한 욕구는 인간에게 헤아릴 수 없을 만큼 무수히 많다. 그러나 많은 학자들에 의해 인간의 욕구는 크게 생리적 욕구, 안전의 욕구, 사회적 욕구, 존경의 욕구, 자아실현의 욕구 등으로 나뉘어 설명되고 있다. 여행의 관점에서 생리적 욕구는 가장 저차원의 욕구로서, 일상 생활권 그 자체에서 주어지는 긴장으로부터의 탈출을 위하여 여행하는 것을 의미한다. 즉 신체적 또는 정신적 휴식을 위해 여행을 하는 것이다.

안전의 욕구는 사람들이 건강을 위해 여행을 하는 것이다. 즉 심신을 건강하게 유지함으로써 생활에 자신감을 가지기 위해 온천지를 방문하는 여행객들이 이러한 욕구를 가지고 있다.

사회적 욕구는 소속의 욕구와 애정의 욕구를 포함하는데, 이는 사회적 상호작용을 위하여 단체여행에 참여하고, 친지를 방문하거나, 신혼여행을 떠나기도 한다. 또한 여행을 통하여 사회적 유대관계를 형성하고, 동료의식을 얻고자 떠나는 MT도 좋은 예라고 할 수 있다. 이러한 것은 사회적 욕구의 표현이 여행으로 나타난 것이다.

존경의 욕구는 자긍심을 지니고 타인으로부터 존경을 받으려는 욕구이다. 다른 사람들이 이전에 가보지 않은 여행목적지나 다른 사람들이 할 수 없는 호화유람선 여행을 통하여 여행경험을 다른 사람들에게 이야기함으로써 다른 사람들로부터 존경을 얻는다.

자아실현의 욕구는 탐구를 통하여 자기를 평가하고 자아발견을 하려는 욕구이다. 다른 지역을 방문함으로써 자신을 다시 평가할 기회를 갖고자 여행을 한다. 즉 어떤 장애인이 히말라야산을 오름으로써 자신의 인내를 시험하고 자신을 평가할 수 있는 기회를 가지고자 하는 것이 여기에 해당된다.

사람들은 새로운 지식을 얻기 위해 새로운 세계를 경험하며, 다른 사람들과 만나고 그들로부터 많은 정보를 얻기 위해 여행을 한다. 그리고 친척, 친구, 지인을 방문하고, 방문지에서 휴식을 취하며, 즐거운 시간을 가지기 위해 여행을 한다. 또한 일상생활의 지루함으로부터 벗어나고자 여행을 한다.

다양한 여행욕구는 여러 가지 여행동기에 의해 실제 행동으로 나타나며, 이들 동기는 여행객의 여행결정요인이 된다. 이러한 욕구는 외부적 자극, 즉 여행사 및 각종 정보매체를 통해 여행정보가 수집되어야 비로소 적극적인 행동으로 나타날 수 있다.

2. 여행동기

사람들은 특정 시점에서 다양한 욕구를 가지고 있다. 긴장, 불안, 피로 등과 같은 생리적 욕구(biological needs)도 있고 인정, 존경, 소속 등과 같은 심리적 욕구(psychological needs)도 있다. 그러나 대부분의 욕구들은 사람을 행동에 이르게 할 정도로 강력하지는 못하다. 욕구가 행동을 하게 할 정도로 강력한 경우 동기가 된다. 즉 동기는 사람으로 하여금 행동하도록 충동시키는 데 충분한 압력을 가하는 욕구라고 할 수 있다.

일반적으로 여행동기는 다음과 같은 요인에 따라 분류할 수 있다.

1) 생리적 동기

생리적 동기는 일상생활의 무료함으로부터 탈출, 신체적인 피로에서의 휴식, 긴장완화와 관련되는 여러 가지 활동 등이 여행동기가 될 때 여기에 해당된다.

2) 안전의 동기

안전의 동기는 건강 보호나 증진을 위해 떠나는 온천, 해수욕, 등산과 관련되는 여러 가지 활동 등의 여행동기가 여기에 해당된다. 이는 건강의 보호 및 증진과 관련된 여행욕구를 포함한다.

3) 사회적 동기

사회적 동기는 대체로 낯선 사람들을 만나보고자 하는 욕구를 비롯하여, 친구·친지를 방문하기 위한 욕구, 새로운 친구를 사귀고 싶어하는 욕구를 포함하고 있다.

4) 존경의 동기

여행은 많은 사람들에게 사회적 지위 확립의 수단으로 이용되기도 한다. 다른 사람들로부터 인정받고 주위의 관심을 끌며 존경과 좋은 평판을 받고자 여행하는 욕구를 말한다. 즉 친구들이 값싼 염가여행을 하는 것과 반대로 호화관광을 택함으로써 다른 사람들로부터 인정받고 주위의 관심을 끌며 존경을 받고자 하는 욕구가 여기에 해당된다.

5) 자아실현의 동기

여행은 여행객 자신을 발견하는 좋은 수단이 되고 있다. 즉 자신의 한계에 도전하기 위해 어려운 여행을 선택하기도 한다. 즉 자아실현의 동기는 마라톤대회 참여, 철인 3종경기 참여 등을 통해 자신의 능력을 시험해 보고자 하는 욕구가 여기에 해당된다.

3. 여행제약

여행활동은 다양한 원인과 환경을 바탕으로 여행 동기에 의해 발생하지만, 이러한 활동의 참여도 마찬가지로 다양한 원인에 의해 제약받는다. 여행 제약요인은 여행활동의 참여를 필연적으로 억제하거나 제한하는 많은 요인들을 뜻한다.

1) 심리적 제약

모든 활동은 성격, 학습, 태도에 의한 심리적 요인에 의해 영향을 받는다. 여행객들도 마찬가지로 과거 경험이나 매체, 구전 등에 의해 여행 그 자체에 대한 부정적 견해를 가지게 된다. 즉 과거 해외여행에서 여권 및 비자를 분실하여 어려움을 겪었던 경험을 했거나, 해외여행에서 그 나라 문화를 몰라 당황했던 경험이 있거나, TV를 통해 해외여행에서 여행객이 인질로 잡혔다는 등의 뉴스는 여행 그 자체를 기피하게 하는 요인으로 작용하게 될 것이다.

2) 신체적 제약

여행은 일정기간 동안 이동을 통해 이루어지기 때문에 신체적 건강이 매우 중요하다. 물론 장애자 및 노약자 등의 이동을 돕기 위한 인프라 구축 및 교통수단의 발달과 보건기구의 발달, 물리적 시설의 배려, 확충이 지속적으로 이루어지고 있으나 한계가 있다.

3) 경제적 제약

일반적으로 여행은 소비활동이기 때문에 여행객 자신이나 가족의 경제적 능력 내에서 여행활동에 대한 의사결정을 하게 된다. 여행상품은 필수재가 아니기 때문에 경제적 능력이 전혀 없을 경우에는 여행상품 자체를 구매하지 못할 수 있으며, 경제적 능력에 따라 여행상품의 수준을 고려해서 구매할 것이다.

4) 시간적 제약

여행욕구가 있고 경제적으로 충분히 여유가 있다고 해도 여가시간의 부족으로 여행기회를 갖지 못하는 경우가 있다. 이와 같은 시간상의 제약요인은 직장이나 학업, 사업으로 인해 바쁜 현대인들에게 많이 나타나고 있다.

5) 정치적 요인

국제교역이 확대되고 이념의 벽이 허물어지면서 여행객들의 이동이 자유롭게 된 것은 사실이나 국가와 국가 간의 정치적 문제로 여행의 제약을 받는 경우가 많다. 예를 들면 비수교로 인하여 여행하고자 하는 해당 국가에 대한 비자발급, 통화, 체류일정 등의 제한 등은 크게 여행 제약을 받는 요인으로 작용한다. 또한 여행하고자 하는 국가의 정치적 불안도, 자국과의 종교적 갈등도 중요한 제약요인이 될 것이다.

6) 테러 및 자연재해

여행목적지의 테러를 비롯하여 지진, 해일, 홍수, 태풍 등은 여행하고자 하는 여행객에게 큰 제약요인으로 작용한다. 자신의 위험을 감수하면서까지 굳이 여행을 할 사람은 없을 것이다.

7) 세계적 전염병

국제화로 교류가 활발해지면서 여행에 큰 제약요인으로 작용하는 것이 전염병이다. 인류의 목숨을 위협할 수 있는 전염병의 창궐은 모든 여행객들 스스로 여행 자체를 제약하는 요인으로 작용할 뿐만 아니라 국가차원에서 자국민의 보호를 목적으로 여행을 제약하는 원인이 된다.

4. 여행행동

1) 여행행동의 영향요인

여행행동은 그들이 개인적으로 처한 외부적 · 심리적 상황에 많은 영향을 받는다. 이들의 영향요인은 외부적 요인으로써 문화적 요인, 사회적 요인, 개인적 요인을 들 수 있으며, 내부적 요인으로는 심리적 요인을 들 수 있다.

첫째로, 외부적 요인을 구체적으로 살펴보면, 문화적 요인은 문화와 하위문화, 사회계층 등이 해당되며, 사회적 요인으로는 준거집단, 가족, 사회적 역할과 지위 등이 포함된다. 개인적 요인으로는 연령, 직업, 성, 경제적 여건, 라이프스타일, 개성, 자아이미지 등이 해당된다.

둘째로, 심리적 요인을 살펴보면, 동기, 지각, 성격, 학습, 신념과 태도 등이 포함된다.

[그림 1-1] 여행행동의 주요 영향요인

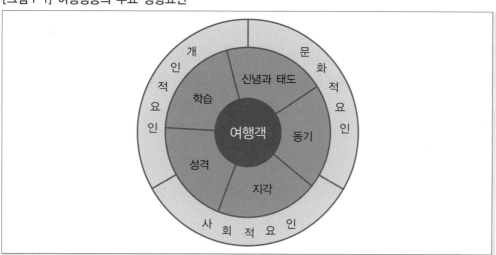

5. 여행행동의 영향요인

1) 문화적 요인

문화적 요인은 여행객 행동에 가장 넓고 깊은 영향을 미치고 있다. 특히 국제교류의 활성화에 따라 해외여행이 자유로운 오늘날에 있어서는 더욱더 그러하다. 문화적 요인에 따라서 문화, 하위문화 그리고 사회계층 등의 요인들이 여행객들의 행동을 결정하는 데 중요한 역할을 한다.

(1) 문 화

문화(culture)란 '한 집단을 이루는 사람들의 독특한 생활방식과 생활을 위한 모든 설계'를 말한다. 사회적으로 학습되고 구성원들에 의해 공유되는 모든 것을 포괄한다. 이러한 문화의 구성요소 중에서 구성원들의 행동에 영향을 미치는 가장 핵심적인 요소는 문화적 가치로서 '사회적으로 추구될 가치가 있다고 여겨지는 존재의 일반적인 상태' 또는 '그 사회의 구성원들이 공통적으로 바람직하다고 여기는 것'을 의미한다. 이러한 문화적 가치는 사회적으로 결정되며 그 구성원의 행동규범에 영향을 미칠 뿐만 아니라 그 사회를 여행하는 여행객들의 행동규범에도 크게 영향을 미친다.

(2) 하위문화

어떤 문화에도 보다 소규모의 집단과 하위문화(subcultures)가 존재하고 공통의 경험 상황을 기초로 한 가치관을 나누어 갖고 있다. 중국인과 한국인, 일본인, 몽골인 등의 민족집단에는 그들 나름대로의 독자적인 민족적 기호와 관심을 가지고 있다.

천주교와 불교, 기독교 등의 종교를 기초로 하는 집단은 각각 독특한 기호와 금기를 지키며 하위문화를 형성하고 있다. 흑인과 백인의 인종집단도 독특한 문화양식과 태도를 가지고 있다.

(3) 사회계층

오늘날 대부분 사회에 있어서 직업이나 소득 및 교육수준은 개인의 위엄이나 영향력을 수반하면서 그들의 사회적 지위를 결정하는데 그러한 사회적 지위의 유사성에 따라 구성원들을 범주화한 결과를 사회계층(social class)이라고 부른다. 물론 사회적 지위를 결정하기 위한 근거가 되는 사회적 지원차원의 형태와 각 차원의 가중치는 그 사회의 가치로부터 영향을 받으며, 대체로 전통지향적인 산업사회에서는 혈통의 성별, 연령 등의 생득적(生得的) 지위차원이 강조되는 데 반하여, 성취지향적인 산업사회에서는 직업, 소득, 교육수준 등의 성취적(成就的) 지위차원이 강조된다.

특히 여행상품은 상징적 속성을 포함함으로써 '사회적 지위의 상징'으로 구매되기도 하는데, 바로 이러한 점은 사회계층에 따라 여행객들이 구매할 여행상품이 달라질 수 있다는 사실을 암시한다. 특히 여행상품이 사회적 지위의 상징으로서 가치를 갖는지의 여부는 여행상품계층에 따라 달라질 것이므로 여행객 행동에 대한 사회계층의 영향이 상품구체적(product-specific)이라는 데 유의해야 한다.

2) 사회적 요인

여행객 행동은 여행객이 속해 있는 준거집단(reference group), 가족(family) 그리고 사회적 역할과 신분(social roles and status)에 의해서도 영향을 받고 있다.

(1) 준거집단

준거집단이란 '규범, 가치, 신념을 공유하며 명시적 또는 묵시적 관계를 가짐으로써 구성원들의 행동이 상호의존적인 2명 이상의 모임'으로 정의되는데, 여러 가지 기준에 따라 다양한 준거집단을 정의할 수 있다. 가족이나 친구, 이웃, 직장동료 등과 같이 일상적으로 만나서 직접적인 영향을 미치는 집단을 1차 준거집단이라고 하며 동창회, 협회, 학회 등과 같이 비정기적으로 만나면서 간접적인 영향을 미치는 집단을 2차 준거집단이라고 한다. 또한 개인의 집단소속 여부와 집단소속에 대하여 개인이 느끼는 요망성에 따라서도 달라질 수 있다. 그러나 여행객들은 대체로 부정적인 것보다는 긍정적인 신념과 태도로 인하여 여행상품을 구매하기 때문에 긍정적 요망성을 갖는 집단들이 더욱 중요하다.

이러한 준거집단들이 여행객에게 미치는 영향은 크게 세 가지로 대별할 수 있다. 첫째, 여행객들은 준거집단 구성원들의 행동과 의견을 참조하여 자신의 태도나 행동을 결정하는 경향이 있으며, 이러한 영향을 '정보제공적 영향'이라고 한다. 둘째, 여행객들은 자신의 신념과 태도, 행동을 긍정적 준거집단의 것과 일치시키고 부정적 준거집단의 것과 차별화하려는 경향을 갖는데, 이러한 영향을 '동일시영향(또는 비교기준적 영향)'이라고 한다. 셋째, 준거집단은 그 집단의 규범과 기대에 순응하는 행동에 대하여 보상을 제공하고 그렇지 않을 때 사회적 제재를 가함으로써 개인으로 하여금 집단의 규범과 기대에 순응하도록 동기부여를 하는데, 이러한 영향을 '규범제공적 영향'이라고 한다. 따라서 여행객이 어떠한 집단을 준거집단으로 하는지에 따라서 그에게 작용하는 준거집단의 영향이 달라질 것이다.

(2) 가 정

여행객 행동에 대한 가정의 영향은 크게 세 가지의 측면에서 나누어볼 수 있다. 첫째, 가정은 여가기능, 사회화 기능, 동일화 기능, 욕구절충 기능을 통하여 여행객 행동에 영향을 미칠 수 있다.

둘째, 가계의사결정에서의 역할구조는 여행객 행동에 영향을 미친다. 우선 식품, 주택, 승용차, 가구와 같이 가족구성원들에 의해 공동으로 소비되는 제품에 대하여는 가계의사결정을 수행함에 있어서 역할분담이 이루어지는데, 이러한 역할분담(제안자, 영향자, 결정자, 구매자, 소비자, 정보수집자, 평가자 등을 어느 구성원이 담당하며 그가 채택하는 의사결정기준이 무엇인가)은 구체적인 의사결정에 영향을 미칠 것이다. 또한 여행상품 계층별 또는 의사결정단계별로 남편과 부인 사이의 역할 전문화와 공동의사결정의 양상이 여행객 행동에 영향을 미칠 수 있다.

셋째, 가족생활주기(FLC : Familiy Life Cycle)에 따라 가정의 욕구, 소득, 재산 및 부채, 지출수준이 달라질 것인데, 가족생활주기란 '여러 가계가 갖는 공통적인 특성을 근거로 하여 가계의 형성과 발전과정을 구분한 단계'를 의미한다.

(3) 사회적 역할과 지위

사람은 사회생활을 하는 동안 가족, 클럽, 조직 등 여러 집단에 속하게 되는데, 이러한 여러 집단에서 개인이 차지하고 있는 위치는 역할(role)이나 신분(status)으로 표현될 수 있다.

역할은 주위의 사람들로부터 무엇인가를 해주기를 기대하는 활동으로 이루어진다. 예를 들면, 아들과 딸, 아내와 남편, 경영자, 근로자와 같이 각각 자기들의 역할이 있다.

역할은 구매행동에 영향을 미친다. 예를 들어, 부모와 식사를 함께하는 대학생은 친구들과 식사할 때와는 자세가 다를 것이다.

또한 역할은 상황에 따라서도 영향을 받는다. 예를 들면 사람들은 고급여행을 할 때는 염가여행을 할 때와는 다른 태도로 임한다.

또는 사람들은 시설별로 그곳에서 근무하는 사람들이 수행할 역할에 대하여 기대를 달리한다. 즉 고급여행을 할 때 착석 시 웨이터가 의자를 빼주는 것이 보통이다. 그래서 고객들은 웨이터가 그러한 행동을 하는 것에 대해 당연시하지만, 패스트푸드점에서 웨이터가 그러한 행동을 한다면 오히려 이상한 기분이 들게 될 것이다.

각 집단에서의 역할에 대하여 사회가 인정하고 있는 일반적인 존중의 정도를 신분이라고 한다. 따라서 사람들은 자신의 사회에서 신분을 나타내줄 수 있는 제품을 구매한다. 예를 들면, 어느 사업가가 자기가 희망하는 항공편에 1등석의 빈자리가 없어서 이코노미클래스를 이용하게 되었을 때, 이 사업가가 가장 우려하는 점은 혹시 누군가 아는 사람을 만나면 어떻게 생각할 것인지에 대해 집중한다. 좌석이 협소하고 고품질의 서비스를 받지 못하는 것은 그에게 아무런 문제가 되지 않는다.

3) 개인적 요인

구매의사결정은 연령과 생활주기(age and life cycle), 직업(job), 경제적 여건, 라이프 스타일(life style), 퍼스낼리티, 자아이미지(self-image) 등의 구매자 자신의 특성에 의하여 영향을 받는다.

(1) 연령과 생활주기 단계

사람은 태어나면서부터 죽을 때까지 제품과 서비스를 필요로 하며 사용하는 제품과 서비스는 연령에 따라 많은 차이가 있다. 음식, 의복, 가구 그리고 여행 등에 있어서의 기호는 연령과 관계를 맺고 있다. 즉 동일한 연령층에서는 가치관이나 생활태도 등이 유사하기 때문에 이러한 여행부류에 대한 기호가 비슷하다.

또한 한 가족이 살아가면서 거치는 가족생활주기(family life cycle)도 여행객의 여행행동에 영향을 미치고 있다.

(2) 직 업

직업은 여행상품의 구매에 많은 영향을 미친다. 예를 들면 일반 임금근로자는 저렴한 염가 여행상품을 구매하는 경우가 많다. 그러나 임원급이 되면 고가의 여행상품을 통한 풀서비스를 받으려고 할 것이다.

(3) 경제적 여건

개인의 경제적 여건은 여행상품을 선택하는 데 영향을 미친다. 경기 침체기에 여행객은 오락 활동 또는 휴가비 지출을 억제하고 있다. 여행의 내용을 신중히 선택하게 되며, 여행횟수도 줄이며 값싼 것을 찾게 된다.

(4) 라이프스타일

라이프스타일(life style)이란 '사람과 돈과 시간을 어떻게 소비하는가(활동), 자신의 환경 내에서 무엇을 중시하는가(관심), 자신과 주변환경에 관하여 어떠한 생각을 갖고 있는가(의견)의 측면에서 확인되는 생활양식'을 말하는데, 그 사람의 욕구구조와 태도에 영향을 미침으로써 결국 여러 가지 여행상품에 대한 구매와 소비행동에 영향을 미치게 된다. 그러나 구매와 소비행동은 다시 라이프스타일을 변화시키므로 이들 간의 관계는 순환적이라고 말할 수 있는데, 예를 들어, 해외여행을 다녀온 여행객이 여행지향적인 라이프스타일을 채택할 수 있다.

(5) 퍼스낼리티

퍼스낼리티(personality)란 '자신의 환경에 대하여 비교적 일관성 있고 지속적인 반응을 보이게 하는 개인의 심리적 특성'을 말하는데, 여행객은 다양한 상황에 걸쳐서 일관성 있게 행동하도록 만드는 행동성향이다. 예를 들어, 여행상품을 구매하는 행동은 스트레스 해소나 휴식의 동기로부터 유발되지만, 여러 상황에 걸쳐서 부수적인 수준(저ㆍ중ㆍ고급)을 선택하도록 영향을 미치는 것은 그 여행객의 퍼스낼리티이다.

(6) 자아이미지

자아이미지(self-image)란 '자신에 관한 개인의 지각과 태도'를 말하는데, 여행객은 자아이미지를 효과적으로 표현할 수 있는 수단으로써 제품을 구매한다.

예를 들어, 여행상품의 구매에 관련하여 자신의 현재 모습을 검소하다고 지각하는 여행객은 그러한 자아이미지(실제적 자아이미지)를 잘 표현할 수 있는 수단으로 인정되는 저렴한 여행상품을 구매할 것이며, 부자로 지각하고 싶은 여행객은 그러한 자아이미지(이상적 자아이미지)를 잘 표현할 수 있는 수단으로 인정되는 호화사치성 여행상품을 구매할 것이다.

또한 여행객은 자신의 자아이미지와 일치하는 이미지를 갖는 상표나 점포를 선호하는 경향이 있다.

4) 심리적 요인

사람들의 구매행동은 동기(motivation), 지각(perception), 학습(learning) 그리고 신념과 태도(beliefs and attitudes) 등의 심리적 요인에 의해서도 많은 영향을 받는다.

(1) 동 기

동기란 '특정한 여건하에서 여행객 행동을 야기시키고 그 방향을 결정지을 수 있도록 활성화된 상태의 욕구'를 의미한다. 동기의 유형에 대하여는 학자들 간에 논란이 있지만 하나의 동기를 충족시킬 수도 있다. 더욱이 동일한 여행상품일지라도 경제여건과 사회변화에 따라 상이한 동기를 충족시키는 수단으로 지각될 수 있다. 예를 들어, 골프여행은 스트레스 해소의 동기(생리적 동기)에 의해 구매되어 왔지만 요즈음에는 오히려 좋은 사람과 친해지려는 동기(사회적 동기)에 의해 구매되는 경향이 있다.

(2) 지 각

지각이란 자극요소로부터 개인적인 의미를 도출해 내는 과정으로서 노출, 감각 및 주의, 해석의 네 단계로 구성된다.

그런데 노출단계에서 여행객은 자신의 문제해결에 직접적으로 도움이 되거나 기존의 신념 및 태도를 강화시켜 주는 자극만을 능동적으로 탐색하여 자발적으로 노출될 뿐 아니라 감각결과들에 대하여도 역시 일부에 대하여만 자발적인 주의를 기울인다. 더욱이 주의받은 감각결과를 해석하는 데 있어서는 아전인수(我田引水) 격으로 자신의 동기나 기존의 신념 및 태도와 일관되도록 왜곡하는 경향이 있다. 이러한 형상을 '지각과정의 선택성(selectivity)'이라고 부른다. 따라서 동일한 자극이라고 할지라도 여행객이 현재 당면하고 있는 문제나 기존의 신념 및 태도가 다르다면 다른 의미로 해석되고 상이한 반응을 야기시킬 것이다.

(3) 학 습

여행객 행동의 대부분은 본능적인 반응이라기보다는 경험이나 사고를 통하여 학습된 결과로서 나타나는 것이다. 즉 여행객은 학습을 통하여 신체적 행동(보트타기나 말하기 등), 여러 가지 상징의 의미(적색 = 여자, 청색 = 남자), 사고와 통찰을 통한 문제해결 능력, 여러 가지 사물에 대한 신념과 태도 등을 습득하여 개별 여행객이 기억 속에 저장해 갖고 있는 구체적인 학습경험들은 새로운 자극을 해석하거나 가치를 판단하는 일에 직접적인 영향을 미친다.

(4) 신념과 태도

신념이란 '개인이 사물에 대하여 믿고 있는 주관적인 판단'을 의미하는데, 그것은 여행객이 행동을 결정짓는 데 있어서 과학적인 사실(scientific fact)보다 중요하며 정확성의 여부는 문제가 되지 않는다. 예를 들어, 한 여행객이 하얏트(Hyatt)호텔에 대해 가격이 ***하다, 서비스가 ***하다, 안락함이 ***하다 등의 주관적인 판단들을 갖고 있다고 가정하자. 이때 사물에 대하여 주관적인 판단을 내리게 되는 측면들을 '결정적 속성'이라 부르고, 여행객은 이러한 결정적 속성별로 신념을 형성한다. 이러한 신념들을 일정한 척도로 계량화한 수치를 신념점수(belief score)라고 하는데, 각 결정적 속성에 걸쳐 신념점수들을 그 속성의 중요도(요망성)로써 가중 합계한 수치를 태도점수(attitude score)라고 부른다.

태도란 '특정한 대상에 대하여 개인이 갖고 있는 지속적이며 학습된 선유경향(先儒傾向, predisposition)'이다. 다시 말하여 제품, 사람, 아이디어나 사물 등에 대하여 우호적이거나 비우호적으로 가치판단을 내려 형성된 '반응할 준비상태(states of readiness to react)'를 태도라고 부른다. 여러 대상들을 고려할 때 여행객은 당연히 가장 우호적인 태도에 관련된 제품을 구매할 것이며, 그러한 태도는 각 결정적 속성에 대한 신념으로부터 결정된 것이다. 물론 태도는 신념 이외에도 그 속성의 중요도(요망성)로부터 영향을 받지만, 후자는 동기와 밀접한 관계를 갖는다.

이러한 외부적 · 심리적 요인은 여행객에게 개별적으로 영향을 주기도 하지만, 서로 복합적으로 작용하여 여행행동에 영향을 미친다.

5) 여행의사결정 과정

여행의사결정 과정은 [그림 1-2]에서 보는 바와 같이 다섯 단계, 즉 문제의 인식, 정보탐색, 대안의 평가, 선택 그리고 선택 후 행동을 통하여 이루어진다.

[그림 1-2] 여행의사결정 과정

(1) 문제의 인식

여행의사결정 과정은 문제의 인식 또는 욕구의 인식으로부터 시작한다. 여행객은 어느 특정시점에서 자신이 현재 처해 있는 실제상황(actual state)과 바람직하다고 생각하는 이상적 상태(desired state) 사이에 차이가 있다고 생각되면 이를 해결하려는 욕구가 발생한다. 다시 말해서, 여행객이 해결하여야 할 욕구가 있다고 인식하는 것을 문제인식이라 한다. 문제인식의 근본이 되는 욕구는 내적 자극 혹은 외적 자극으로 유발될 수 있다.

(2) 정보의 탐색

문제를 인식하여 구매의사결정을 하고자 하는 여행객은 이에 도움이 될 만한 정보를 탐색한다. 정보탐색은 문제에 따라서 이를 해결해 줄 수 있는 수단(상품)에 대한 정보를 기억으로부터 회상해 내는 내적 탐색과, 내적 탐색에 의하여 의사결정을 할 만큼 충분한 정보를 수집할 수 없을 때보다 많은 정보를 수집하기 위하여 외부에 있는 정보를 탐색하는 외적 탐색이 있다. 외적 탐색은 주로 상품이 중요한 것이거나 고가일 때 증가하게 된다.

(3) 대안의 평가

여행객은 자신의 기준을 이용하여 대안적인 상품을 명확화하고 평가를 한다. 이때 여행객은 평가기준과 평가방식을 설정하여 여러 대안을 비교·평가한다. 평가기준이란 여러 대안을 비교·평가하는 데 사용되는 상품속성을 말하고, 평가방식이란 최종적인 선택을 위하여 여러 평가기준에 대한 여행객의 평가를 통합·처리하는 방법을 말한다.

평가기준은 여행객의 내면적 구매목적과 동기·상황 등에 따라서 달라질 수 있으며, 객관적일 수도 있고 주관적일 수도 있다. 예를 들면, 여행객이 호텔을 결정할 경우는 가격, 위치, 객실 수, 식당의 다양성 등은 객관적인 기준에 해당되고 호텔종사원의 친절성, 호텔의 이미지 같은 무형적인 요인은 주관적 기준에 해당된다.

(4) 선 택

여행객은 여러 대안들에 대한 비교·평가과정을 거쳐 가장 선호하는 상품이나 상표를 구매하고자 하는 구매의도를 형성하게 된다. 구매의도가 형성된 이후에는 구매가 일어나는데, 구매의도와 구매 사이에는 몇 가지 요소가 작용하여 구매의도대로 구매하지 않을 수도 있다. 그 첫 번째 요소인 타인의 태도(attitudes of others)가 중요한 역할을 한다. 또한 여행객들은 소득, 가격 그리고 상품의 이점 등에 대한 기대치를 기초로 하여 구매의도를 형성하게 된다. 그러나 기대하지 않았던 사건이 발생하여 구매의도를 변화시킬 수도 있다. 따라서 여행상품에 대한 선호성이나 구매의도가 항상 실제적 구매로 연결되는 것은 아니다.

(5) 선택 후 행동

여행객이 여행상품을 구매하고 난 후에는 여행상품을 사용하면서 만족 또는 불만족을 경험하게 된다. 여행객이 느끼는 만족/불만족은 구매 이전의 기대와 구매 후의 상품성과에 대하여 여행객이 느끼는 불일치 정도에 따라 결정된다. 따라서 상품에 대한 여행객의 만족/불만족은 여행객 자신의 미래의 재구매 행동에 영향을 미치기 때문에 여행객의 구매 후 평가 및 행동을 관리하는 것은 여행사의 입장에서 매우 중요하다.

6) 여행정보처리과정

여행객이 의사결정에 관련된 여러 가지 정보에 의식적 또는 무의식적으로 노출되면 주의를 기울이고 그 내용을 지각하여 반응하게 된다. 이러한 일련의 반응은 그것이 긍정적이거나 부정적으로 기억 속에 저장되어 미래의 의사결정에 이용된다. 이러한 과정을 '정보처리과정'이라 하며, 이러한 과정을 통하여 여행객의 신념과 태도가 형성되거나 변화된다. 정보처리과정을 통하여 형성되거나 변화된 신념과 태도는 구매의사 결정과정 중에서 대안의 평가에 즉각 이용되기도 하고, 그 정보와 관련된 의사결정을 즉각 하지 않을 때에는 기억 속에 저장되었다가 차후에 관련 의사결정을 할 때 이용되기도 한다.

따라서 여행객의 정보처리과정은 노출→주의→지각→반응→기억 및 저장으로 이루어지며 그 과정을 개별적으로 설명하면 [그림 1-3]과 같다.

[그림 1-3] 여행객의 정보처리과정

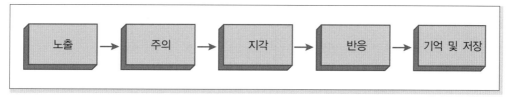

(1) 노 출

정보처리과정은 여행객이 정보에 노출되는 것으로부터 시작된다. 노출은 우연적일 수도 있고 의도적인 것일 수도 있다. '우연적 노출(accidental exposure)'은 TV를 볼 때 여러 가지 광고에 노출되는 것과 같이 여행객이 의도하지 않은 상태에서 정보에 노출되는 경우를 말한다. '의도적 노출(purposive exposure)'은 여행객이 의사결정을 위하여 외부로부터 적극적으로 정보를 탐색하는 경우를 말한다. 또한 여행객들은 자신이 어느 정도 관련되어 있는 제품군에 관한 자극에는 자신을 의도적으로 노출시키지만 그렇지 않은 자극은 회피하는 선택적 노출을 한다.

(2) 주 의

여행객은 자극에 노출되면 주의를 기울인다. 그러나 여행객은 자신이 노출된 모든 자극에 주의를 기울이지는 않는다. 이를 '선택적 주의(selective attention)'라 한다. 즉 여행객은 자신을 정보에 의도적으로 노출시킨 경우에는 자연스럽게 주의를 기울이지만, 우연적으로 노출되었을 때에는 그 정보에 대해 어느 정도 관여도가 있는 때에만 주의를 기울이게 된다. 예를 들면, 어떤 여행객이 해외여행을 하려고 한다면 많은 광고 중에서 해외여행 광고에 주의를 기울이게 되며 TV에서 방영되는 해외관련 소식에도 특별한 주의를 기울이게 될 것이다.

(3) 지 각

지각은 여행객이 주어진 자극의 내용을 이해하고 해석하여 나름대로의 의미를 부여하는 과정이다. 여행객들은 동일한 자극에 대하여도 각기 다른 해석을 한다. 그 이유는 지각적 부호화과정이 각기 다르기 때문이다. '지각적 부호화'란 자극의 요소들을 언어, 숫자 혹은 회화적 이미지로 변형하여 의미를 전달하는 과정을 말한다.

또한 여행객들은 지각적 조직화와 지각적 범주화를 통하여 자극을 효율적으로 지각한다. '지각적 조직화'란 자극을 구성하는 여러 요소들을 따로따로 지각하지 않고 전체적으로 통합하여 지각하는 것을 말한다. '지각적 범주화'는 여행객이 유입자극을 기억 속의 기존 스키마(schema)와 관련지우는 것을 말한다.

여행객은 특정 대상에 관련된 정보들 간의 네트워크이다. 예를 들면, 여행을 해외여행과 국내여행으로 나누며 해외여행은 새로운 문화를 경험하고 신기한 것들을 많이 볼 수 있을 것이라는 기억 속의 스키마가 있다고 가정하자. 이때 홍콩관광청을 통해 TV에서 방영하는 홍콩여행 광고를 처음 접한 경우 이를 해외여행 상품으로 범주화시킨다면 자극을 보다 효율적으로 이해할 수 있게 될 것이다.

(4) 반 응

여행객이 정보처리의 결과로서 해당 대상에 대하여 반응을 보이게 되는데 '인지적 반응(cognitive responses)'과 '정서적 반응(emotional responses)'이 있다.

인지적 반응은 여행객이 정보처리과정에서 자연스럽게 떠올린 생각들을 말하며, 정서적 반응은 자극을 접하면서 갖게 되는 여러 가지 느낌이나 감정을 말한다. 예를 들면, 어느 여행상품의 광고에서 가격이 비싸다고 느끼는 것은 인지적 반응이고 상품수준이 세련되었다고 생각하는 것은 정서적 반응이다.

이러한 인지적 반응과 정서적 반응은 모두 여행상품에 대한 신념이나 태도에 영향을 미치게 되는데, 인지적 반응은 주로 신념의 형성에, 정서적 반응은 태도의 형성에 많은 영향을 미치고 있다.

(5) 기억 및 저장

여행객의 정보처리과정 마지막 단계는 기억 속에 저장하는 단계이다. 정보처리과정을 거쳐서 형성된 신념이나 태도는 당면한 의사결정에 이용되거나 기억 속에 저장되어 차후의 의사결정에 이용된다.

그러나 여행객은 처리한 모든 정보를 항상 기억에 저장하지 않는다. 때로는 의도적으로 저장을 위한 노력을 포기하기도 하고, 의지는 있어도 미래의 의사결정에 이용될 정도로 확실하게 저장되지 못하는 경우도 빈번하게 발생한다.

제3절 여행의 역사

1. 고대의 여행

인간이 갖가지의 변화욕구를 충족시키기 위해 여행을 했다는 기록은 옛 문헌들에 잘 나타나고 있다. 여행은 인간이 일찍이 자신과 종족의 생존을 위해 이동을 하면서 살아왔다는 측면에서 인류의 역사와 같다고 할 수 있다.

고대 이집트에서는 신전순례 형태의 여행이 존재했었다는 사실이 기록으로 남아 있다. 여행이 본격적으로 시작된 것은 그리스 시대였다. 그리스인들이 주로 체육, 보양, 종교 등의 목적으로 여행을 했다. 특히 기원전 776년 이후 올림피아(Olympia)에서 열렸던 경기대회에는 많은 사람들이 여러 곳에서 참가하여 이를 즐겼다고 하며, 에게해(Aegean Sea)의 델로스(Delos)섬은 많은 사람들이 요양을 위하여 몰려들었다는 기록들이 있다.

고대 로마시대에는 공화정·제정 양시대를 통하여 여행이 한층 번성했다. 고대 로마인들은 주로 종교, 요양, 식도락, 등산 등의 목적으로 여행을 행하였다.

먼저 로마신화의 여러 신전은 본토는 물론 여러 섬의 곳곳에 세워졌고 사람들은 각각의 목적에 따라서 주피터(Jupiter), 미의 여신 비너스(Venus) 등의 신전에 참배했다.

로마사람들은 그리스 사람들보다 훨씬 미식가였는데, 각지에서 포도주를 마셔가며 식사를 즐기는 식도락은 게스토로노미아(Gastronomia)라고 불리며 여행의 한 형태로 간주되었다. 이 같은 미식으로 비만인이 생겨났으며, 온천요양을 필요로 하는 병자들의 발생으로 온천관광이 나타났다.

등산은 종교적 동기와 과학적 동기로 행해졌는데, 종교적 동기는 알프스의 산베르나르도(San Bernardo)에 있는 주피터 신전을 참배하기 위해 많은 사람들이 등산을 하였으며, 과학적 동기로는 시실리섬의 에트나(Etna) 화산을 찾는 등산 등이 유명했다. 비록 당시의 여행은 극히 일부의 상류층에서만 한정되어 이루어졌지만, 이 시대에 여행이 발달된 몇 가지 이유가 있다.

첫째, 치안유지가 잘 이루어져 여행객들이 안심하고 여행할 수 있었다. 둘째, 화폐경제가 보급되어 여행객들이 물물교환의 번거로움을 피할 수 있었고, 이동이 쉬워졌다. 셋째, 도로망이 잘 정비되고 선박, 마차 등의 교통수단이 발달하여 이동이 편리해졌다. 넷째, 학문의 발달로 지식수준이 향상되어 미지의 세계에 대한 동경심이 커졌다.

그러나 로마제국이 무너지면서 치안이 문란해지고 도로가 황폐해짐은 물론 자급자족을 바탕으로 하는 장원제도라는 중세시대의 특성 등으로 여행하기에 불리한 여건들이 늘면서 오랫동안 여행 공백시대로 접어들게 되었다.

2. 중세의 여행

중세 유럽에 있어서 십자군 전쟁(1096~1270)은 여행을 다시 부활시키는 계기를 마련하였다. 십자군의 열광적인 종교심과 더불어 전쟁에서 귀국한 병사들에 의해 전파된 동방의 풍물은 당시의 유럽인들에게 여행을 자극하는 요인이 되었다. 특히 인도의 향료나 페르시아의 카펫 등의 동방산물은 동방에 대한 여행의 꿈을 한층 북돋웠다.

또한 중세유럽의 여행은 중세세계가 로마법왕을 중심으로 기독교문화공동체였기 때문에 성지순례가 매우 성황을 이루었다. 특히 예루살렘과 로마순례는 중세를 통하여 신앙의 최고 중심지로 여겨졌다. 순례자들은 기사의 보호하에 가족을 동반하고 수도원에 체재하면서 장기간의 여행을 하였다.

13~14세기경에 이르러서는 순례여행이 대중화하면서 순례자들을 대상으로 한 숙소가 발달하였으며, 이들에게 필요한 안내책자들도 발간되었다.

14~17세기에 이르는 르네상스(Renaissance) 시대에는 유럽의 상류계층에서부터 그랜드투어(grand tour)가 보편화되었는데, 영국에서 발생하기 시작하였다. 이는 귀족들의 자제들을 위한 현장체험의 교육프로그램에서 출발하였는데, 초기에는 여행동기가 주로 귀족층 자녀들의 견문과 지식을 넓히는 데 있었으나, 후기에는 주로 작가, 예술가, 철학자들이 아름다운 자연경관을 감상하는 데 있다. 그랜드투어는 1500년경에서 1820년경까지 존속되었다.

3. 근대의 여행

19세기 산업혁명이 가져온 기술혁신으로 인하여 철도망의 신설은 새로운 여행의 형태로 나타났다. 특히, 영국에서는 1850년경에 주요 철도망이 완성되어 여행자의 급속한 증가와 더불어 원거리로의 이동반경의 확대를 가져왔다.

1841년 영국의 토마스 쿡(Thomas Cook)은 금주동맹대회에 참가하는 사람들을 대상으로 단체 전세열차를 운행하는 여행을 시도하여 큰 성공을 거두었다. 그는 570명을 1인당 1실링의 운임을 받고 레스터(Leicester)에서 루보르(Loughbrough)까지 15마일의 왕복기차여행을 제공하는 대절열차 9량을 이용하여 최초로 특별철도할인운임 적용을 시도하였다. 이것을 계기로 그는 아들과 함께 1845년 토마스 쿡社(Thomas Cook & Son)를 설립하여 본격적으로 여행업에 진출하였다. 따라서 역사상 처음으로 영리목적의 단체여행객을 모집했다는 점에서 토마스 쿡을 여행사의 창시자로 일컫고 있다.

19세기 말에는 유럽과 북아메리카 사이의 왕래가 활발히 전개되면서 호화여객선 시대가 출현하였다. 이와 때를 같이하여 '스타틀러(E. M. Statler)', '부머' 등의 호텔경영자에 의해 호텔의 대형화와 근대화가 가속되었다. 이 시대의 여행은 종교적 동기보다는 지적 욕구나 호기심이 주된 동기였다. 유럽과 미대륙 간의 왕래는 신세계에 대한 호기심을 가진 유럽 사람들과 조상의 고향에 대한 동경심을 가진 미국인의 교류였다고 할 수 있다.

제2차 세계대전 이전에는 철도와 선박이 주된 교통수단이었다. 그러나 전후 민간항공기, 대형 버스, 렌터카, 자가용 승용차 등의 다양한 교통수단이 등장하였고, 혁신적인 기술의 발달로 교통수단의 수송능력이 대폭 확대되어 대량 수송여건이 마련되었다. 또한 전쟁으로 피폐된 각국의 경제가 회복됨으로써 국민의 가처분소득이 증가하였고, 여가시간도 증대되어 여행에 대한 수요가 크게 확대되었다. 더 나아가 매스미디어의 발달은 대중에게 미지의 세계에 관한 정보를 전달하여 미지에 대한 호기심과 동경심을 유발하고 있다.

제4절 여행의 종류

여행의 종류는 일반적으로 여행목적, 여행규모, 여행방향, 기획자, 관광통역안내사의 동승조건, 판매유형, 여행형태, 여행코스 등에 따라 분류해 볼 수 있다.

1. 여행목적에 의한 분류

1) 위락여행

비교적 자유로운 여행으로 개인의 오락, 레크리에이션, 견학, 보건, 휴양상의 여행으로서 일상생활에서 벗어나 새로운 풍물을 즐기는 여행을 뜻한다.

2) 상용여행

상용여행은 비즈니스(사업)를 목적으로 하는 여행으로서 크게 공용(公用)여행과 사용(私用)여행으로 나누어진다. 일반적으로 공용여행이라 함은 공무출장을 포함한 시찰·회의 참석의 목적 등이 대표적이다. 이에 반하여 사용여행은 공용여행보다는 제약이 적은 것으로 사무·경조·연구·조사·방문 등의 목적을 가진 여행이다.

3) 겸목적여행

사업이나 공용을 주목적으로 하고 관광을 부목적으로 행하는 여행형태이다.

2. 여행규모에 의한 분류

1) 개인여행

개인여행은 9인 이하의 여행을 말한다. 개인여행은 여행객의 의사에 따라서 일정을 정하고 여행사가 항공편·선박·기차·호텔 등의 예약을 대행하게 된다.

2) 단체여행

단체여행은 10인 이상의 여행을 말한다. 단체여행은 개인여행과는 달리 모집 대상 객이 희망하는 공통적인 일정을 작성하여 명시된 사항을 충실히 수행한다.

3. 여행방향에 의한 분류

1) 인바운드 여행(inbound tour & incoming tour)

외국인의 국내관광을 말하는 것으로 외국인들이 관광목적지를 한국으로 정하는 여행이다. 인바운드 여행은 외화의 유입에 따라 경제적인 효과가 매우 크기 때문에 세계 각국은 외국인의 국내여행 유치에 많은 노력을 기울이고 있는 실정이다.

이 여행은 기본적으로 아웃바운드 여행의 정반대의 순서를 따른다. 예를 들어 도쿄→서울→도쿄의 순으로 여행하는 것이다. 인바운드는 일반여행사가 취급한다.

2) 아웃바운드 여행(outbound tour & outcoming tour)

내국인의 국외여행을 말한다. 이 여행은 기본적으로 인바운드 여행의 정반대의 순서를 따른다. 예를 들어 도쿄→서울→도쿄의 순서가 아니고 서울→도쿄→서울 순으로 여행하는 것이다.

아웃바운드 여행은 내국인의 국내여행이 활성화되고 자국의 경제적 부가 축적된 후에 나타나는 경향이 뚜렷하다. 아웃바운드 여행업무는 종합여행사와 국내외여행사가 취급한다.

3) 국내여행(domestic tour)

내국인이 국내여행을 하는 것을 말하며 종합여행사와 국내외여행사 및 국내여행사가 취급한다. 국내여행은 자국민에게 지역 간의 이동을 촉진시켜 지역의 풍습이나 특성을 이해시키는 데 많은 도움을 준다.

4. 여행주체에 의한 분류

여행의 기획자가 여행사냐, 여행객이냐에 따라서도 분류된다.

1) 주최여행(advertised tour & published tour)

여행업자가 독자적으로 여행을 기획하고 판매하는 여행으로 여행업자가 사전에 수요를 예측하고 여행조건, 여행경비, 여행일정 등을 책정하여 참가자를 모집하는 여행형태이다. 대표적인 것으로는 패키지여행이 있다.

2) 공동주최여행(joint advertised tour)

여행업자가 단독으로 여행을 기획하는 것이 아니라 여행업자가 각종 단체의 대표와 협의하여 공동으로 여행을 기획하고 판매하는 것을 말한다. 일반적으로 여행기획방법은 여행업자가 초안을 작성하여 단체대표와 협의하여 동의를 구하는 방법과, 반대로 단체가 기획한 안을 여행업자가 검토 · 조정한 후 최종적으로 여행일정, 여행조건, 여행경비 등을 확정하는 방법이 있다.

3) 주문여행(order made tour)

이는 주최여행과는 정반대 형태의 여행으로 개인이나 단체조직자의 요구에 따라 여정을 작성하고, 이러한 여행일정을 근거로 하여 여행조건을 제시해서 총소요경비 등을 계산하는 방법으로 수동적인 형태의 여행이므로 청부여행이라고도 한다.

5. 안내조건에 의한 분류

1) IIT

Inclusive Independent Tour의 약자이다. 여행출발 시 관광통역안내사가 함께 동반하지 아니하고 각 관광지에서만 관광통역안내사가 나와서 여행안내서비스를 하며, 그외에는 여행객이 단독으로 여행하는 형태를 말한다. 이를 Local Guide System이라고도 한다.

2) ICT

Inclusive Conducted Tour의 약자이다. 동일 관광통역안내사가 전 여행기간을 동반하여 안내하는 여행상품으로 단체여행 시에 많이 이용하는 형태이다. 이를 쿠리어(Courier)라고도 한다.

6. 판매유형에 의한 분류

1) 기획여행(ready made tour & planning made tour)

여행업자가 사전에 여행상품의 소재가 되는 항공, 숙박, 교통, 식당 등을 대량으로 예약하여 여행일정과 가격 등 여행조건을 미리 정하고 여행객을 모집하는 주최여행의 형태이다. 기획여행은 고객 측에서 보면 기획여행에 단독으로 참가할 수 있고 상품선택기회가 있으며 가격이 저렴하다는 장점이 있다. 여행업자 측면에서는 수배가 간단하고 판매가 용이해서 수익률도 비교적 높은 상품이다.

2) 주문여행(order made tour)

고객의 주문에 따라 여행상품을 생산·판매하는 맞춤상품으로 상품기획 및 수배 등이 복잡하고 수익률도 비교적 낮다.

3) 복합여행(half tour & easy order tour)

기획여행과 주문여행을 복합한 중간형으로 기획여행의 골격에 부분적으로 여행자의 주문에 따라 생산·판매하는 상품이다.

4) 선택여행(optional tour)

여행객이 여행 도중 일정에 없는 별도의 상품을 주문함에 따라 이를 기획·수배하여 즉석에서 판매하는 상품으로 수익률이 높아 여행사의 관심이 높은 상품 가운데 하나이다. 선택여행은 높은 수익성과 여행객의 다양한 욕구를 보다 더 충족시켜 준다는 점에서 상품의 질을 높일 수 있는 장점이 있다. 임의여행이라고도 한다.

〈표 1-1〉 세계 각국의 주요 선택여행

국 명	도 시	선택여행명	내 용	소요시간
대만	타이페이	소인국	세계 유명 고적으로 축소해 놓은 곳 고산족 쇼 공연 및 민속춤	3~4시간
인도네시아	발리	썬셋디너크루즈	선상 뷔페 석식과 라이브콘서트	2.5시간
		케착댄스	민속춤 관람	2시간
중국	•북경 •홍콩	서커스	신기에 가까운 서커스 관람	1.5시간
		하버크루즈	유람선으로 홍콩항 관광	2시간
태국	파타야	알카자 쇼	각국의 대표적 민속춤과 화려한 무대로 관객을 사로잡는 게이쇼	70~75분
필리핀	마닐라	썬셋 크루징	마닐라만의 유람선 관광	1시간
뉴질랜드	퀸스타운	- Shotover Jet - 번지점프	- 쾌속보트 - 45m 절벽에서의 번지점프	- 1시간 - 1시간
	마운트쿡	헬기관광	마운트쿡 헬기관광	30~40분
호주	시드니	시드니만 디너크루즈	선상석식, 시드니항 야경 및 쇼 관람	3~4시간
		블루마운틴 헬기투어	블루마운틴 상공 비행	1.5시간

국 명	도 시	선택여행명	내 용	소요시간
미국	라스베이거스	라스베이거스쇼	호화롭고 환상적인 쇼 관람	1~1.5시간
	샌프란시스코	베이크루즈	유람선을 타고 금문교, 베이브릿지, 알카트라즈섬 일주	1시간
	하와이	– 폴리네시안 매직 디너쇼 – 폴리네시안 민속촌 디너쇼	– 폴리네시안 불춤, 마술쇼 등 – 폴리네시안 문화를 한눈에 볼 수 있는 민속촌에서의 디너쇼	– 135분 – 1.5시간
	괌(사이판)	– 체험다이빙 – 민속디너쇼 – 썬셋크루즈	– 스쿠버 다이빙을 라이선스 없이 체험 – 원주민들의 현란한 율동, 불춤, 뷔페음식 – 크루즈를 타고 괌(사이판)의 황혼이 깔린 바다의 정취를 만끽	– 2시간 – 2~3시간 – 3시간
러시아	모스크바	서커스	서커스 묘기 관람	1.5~2시간
스위스	취리히	카인들리 쇼	음료와 저녁을 포함한 민속쇼	2~3시간
스페인	마드리드	플라멩코 쇼	노래, 연주, 춤으로 구성된 대표적인 민속음악 쇼	2.5~3시간
		투우(Bullfight)	민속경기인 투우 관람	2~4시간
오스트리아	인스부르크	티롤 쇼	음료를 포함한 민속쇼	100분
영국	런던	레이몬드 쇼	음료를 포함한 쇼 관람	2~4시간
이탈리아	베네치아	곤돌라	베네치아의 중요 수상교통인 곤돌라 승선	1시간
프랑스	파리	리도 혹은 물랭루즈 쇼	호화롭고 환상적인 쇼 관람	2~3시간
터키	이스탄불	밸리댄스	저녁과 함께 배꼽춤 관람	2시간

선택여행 시 주의사항

사전에 정확한 정보를 제공한다. 현지에 도착해서 가이드에게 선택관광에 관한 사항을 처음 듣게 되면 별다른 호응을 얻지 못할뿐더러 오히려 여행사에 대한 좋지 않은 시각을 가지게 할 수 있다. 선택관광의 소요시간, 내용, 요금 등에 대한 정확한 정보를 사전에 제공한다. 출발 전 설명회 등을 이용하는 것이 좋다.

사전에 현지가이드와 상의하여 적당한 선택관광을 선택하고 지나친 권유가 되지 않도록 주의시킨다. 일행 전체가 모두 참여해야 시행할 수 있다든지 하는 식의 표현은 삼가도록 한다. 또한 선택관광의 권유는 현지가이드에게 일임한다. TC까지 가세한다면 오히려 부정적인 효과를 가져올 수 있다.

그 외에도 선택관광을 원하지 않는 일행에게 피해가 가지 않도록 각별히 신경 써야 하며, 가능한 그날의 정식 관광일정이 끝난 다음에 하도록 한다.

7. 여행형태에 의한 분류

1) 패키지 여행(package tour)

여행업자가 사전에 여행상품의 소재가 되는 항공, 숙박, 식당 등을 대량 예약하여 여행일정과 가격 등을 정하여 여행객을 모집하는 주최여행의 전형적인 형태이다.

2) 시리즈 여행(series tour)

여행의 목적, 형태, 기간, 코스가 동일하며, 정기적으로 실시되는 여행을 말한다.

3) 관광유람선 여행(cruise tour)

선박을 이용하여 실시되는 여행이다. 비교적 거리가 멀고 장기간에 걸쳐 이루어지며, 다른 여행형태보다 호화로운 것이 특징이다.

4) 국제회의 여행(convention tour)

국제회의, 미팅, 전시회, 산업전과 같은 회의에 참가하는 협회나 판매하기 위해 상품을 패키지화한 것을 말한다. 국제회의는 그 나라의 국제적인 이미지를 높일 수 있고, 관광지의 비수기를 타개할 수 있다는 점에서 국가나 여행업자에게 가치있는 여행상품으로 인식되고 있다.

5) 전세여행(charter tour)

전세여행은 교통기관을 전세 내어 실시하는 여행이다.

6) 포상여행(incentive tour)

포상여행은 기업 및 기관에서 근무성과가 우수한 구성원의 근로의욕을 더욱 고취하기 위해 포상의 일종으로 실시하는 여행형태를 말한다.

7) 인터라인 투어(interline tour)

항공사가 가맹대리점을 초대하여 실시하는 여행을 말한다.

8) 시찰초대여행(familiarization tour)

관광지, 관광기관, 항공사 등이 상품판촉 및 보도를 목적으로 여행업자, 보도관계자 등을 초청해서 관광루트나 관광지, 관광시설, 관광대상 등을 시찰시키는 여행을 말한다. 이 여행을 줄여서 'Fam Tour'라 부르기도 한다.

9) 특별흥미 여행(SIT, special interest tour)

특별히 흥미나 관심이 있는 내용을 중심으로 기획한 기획·테마여행을 말한다. 예를 들면 사진, 조류관찰, 오페라 등 공통된 취미를 지닌 클럽이나 사회단체를 위해 수배되는 여행상품이다. 줄여서 SIT라 부르기도 한다.

10) DIY여행(Do It Yourself Tour)

여행객이 스스로 여행을 기획하고 수배하여 행하는 여행을 말한다. 흔히 교통수단 및 숙박을 여행업자에게 의뢰하여 결정하는 하프 투어(half tour)의 형식을 취하는 것이 대부분이지만, 더 나아가서 모든 여행일정 및 수배를 여행객 자신이 직접 하는 경우도 있다.

8. 여행코스에 의한 분류

1) 피스톤(piston)형

이 여행형태는 여행객이 단일 여행목적지까지 직행하여 그 여행지에서만 체류하고, 동일한 경로를 이용하여 출발지로 되돌아오는 가장 단순한 여행코스이다.

이 형태에서는 단일 목적지에서 발생하는 지출 외에는 소비행위를 거의 하지 않는 특성이 있다.

[그림 1-4] 피스톤형

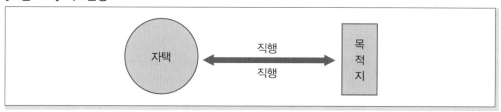

2) 스푼(spoon)형

이 여행형태는 출발지에서 목적지까지 같은 경로로 왕복 직행하며, 목적지 내의 여러 곳에서 휴식 등 여가시간을 가지고 여행하는 형태이다.

이 형태의 특성은 여행목적지에서의 여행소비가 피스톤형보다 많이 발생하며, 목적지에서의 여행활동이 비교적 다양하므로 보다 많은 서비스를 요구하게 된다.

[그림 1-5] 스푼형

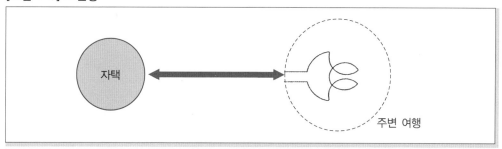

3) 핀(pin)형

이 형태는 출발지에서 여행목적지까지 직행해서, 목적지에서는 스푼(spoon)형과 마찬가지로 자유로운 휴식을 즐기다 돌아올 때에는 출발경로와는 다른 경로를 거쳐 되돌아오는 여행형태이다. 이 형태는 피스톤형이나 스푼형보다 여행경비가 많이 드는 경향이 있다.

[그림 1-6] 안전핀형

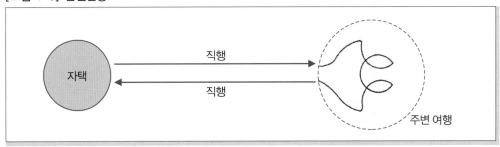

4) 탬버린(tambourine)형

이 여행형태는 출발지 부근에서 여행뿐만 아니라 되돌아올 때까지 여행을 계속적으로 반복하므로, 비교적 체류기간이 길고 여행소비도 많은 것이 특색이다. 순수여행, 오락여행에서 많이 볼 수 있으며, 가장 소비가 많고 자유로운 여행코스이다.

[그림 1-7] 탬버린형

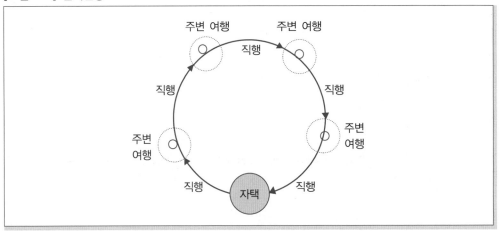

　　이상의 네 가지 코스의 형태를 살펴보면, 피스톤형에서 탬버린형으로 갈수록 단독적
으로 여행을 계획하기가 힘들어 누군가의 도움과 정보제공, 서비스, 안내, 예약대행 등
이 필요하다. 따라서 여행의 코스가 복잡해질수록 여행관련 업무를 대행하는 기관이
필요하며, 이러한 여행객의 요구가 곧 여행사의 생성과 발달에 직결되고 있다.

여행사의 개념

CHAPTER

2

여행사의 개념

제1절 **여행사의 생성과 발달배경**

1. 여행사의 생성

여행사는 사회 · 경제적 발전과 맞물려 등장한 것으로 여겨진다. 경제가 부흥함에 따라 생활수준이 향상되었고, 가처분소득의 증가에 따른 소비패턴의 변화, 생산수단의 기계화 · 자동화 진전에 노동자의 근로시간의 단축이 여가시간의 증대를 가져왔다.

한편, 교통수단의 발달은 자연스럽게 이동에 대한 편리성을 제공하였으며, 실질적으로 시간적 · 심리적 거리를 단축시켰다. 나아가 숙박시설의 발달은 자연스럽게 여행의 증가와 활성화에 기여하였다.

이러한 모든 여건들이 여행을 우리 생활의 일부로 정착하게 하면서 여행의 수요증대와 이에 대비한 관광시설의 확충은 자연스럽게 여행객과 여행시설업자(principal) 간의 편의와 이용도를 높이기 위한 매체를 필요로 하게 되었다. 즉 여행객과 여행시설업자가 직접적인 거래를 하는 것이 불편해졌고, 그 불편을 해소하기 위해 새로운 매체를 필요로 하게 된 것이다.

2. 여행사의 발전요인

여행사가 발전하게 된 배경은 여행객 수의 증가와 밀접한 관련이 있는데, 구체적으로 살펴보면 다음과 같다.

1) 교통수단의 발달

제2차 세계대전 후 항공기의 고속화로 인한 시간절약과 대형화로 대량수송이 가능해짐에 따라 많은 사람들이 여행할 수 있는 여건이 조성되었다.

육상교통도 디젤기관으로 동력화되면서 고속화되어 이동시간을 단축시켰고, 승용차, 관광버스, 렌터카 등의 발달은 더욱더 많은 사람들이 여행할 수 있는 기회를 확대시켰다. 이 밖에도 계속 확장되는 도로를 따라 인간 생활권의 구석구석까지 연결시켜주는 고속버스 등 교통수단의 발달은 인간의 여행을 더욱 편리하게 해주고 있다.

2) 여가시간의 증대

근로조건의 개선에 의한 주당 근무시간의 단축, 유급휴가제도의 실시, 사무의 자동화와 전산화, 가전제품의 발달에 따른 가사노동시간의 절감으로 노동 및 근무시간이 단축되었다. 이에 따른 여가시간의 증대로 여가활용이 개인이나 사회의 문제로 대두되면서 여행의 수요가 급속히 증가하였다.

3) 소득수준의 향상

경제발전으로 국민소득수준이 향상되고 개인의 가처분소득이 증가함에 따라 문화적 소비가 증가하였다. 그중에서도 특히 여행과 관련된 소비가 두드러지게 늘어나 여행사를 발전시키는 계기가 되었다.

4) 여행계층의 확대

과거에는 일부 귀족이나 성직자 등의 특권층만이 누릴 수 있었던 여행이, 현대에는 모든 계층으로 확대되어 여행수요가 늘어나고 있다. 특히 여성의 지위 향상과 가사노동의 기계화로 가정주부의 여가시간이 두드러지게 늘었으며, 청소년들의 여가활동시간도 늘어나고 있다. 또한 의학 및 의료기술의 발달에 따라 평균수명이 길어지고, 연금제도 등 사회복지제도의 확대로 노년층의 여행이 증가되기에 이르렀다.

5) 세계교역의 확대

자원분포, 기술분포가 편중된 오늘날에는 국가 간의 무역이 필수적인 생존수단이다. 따라서 무역활동을 위한 상용 여행객의 왕래가 빈번해지는 것도 여행사의 발전요인이 되고 있다.

제2절 여행사의 의의

1. 여행사의 개념

여행사의 정의는 법률적 정의와 현상학적 정의로 구분할 수 있다. 법률적 정의는 우리나라에서는 「관광진흥법」에서 '여행업'의 정의에 관하여 규정하고 있는데, 동법 제3조 제1항 제1호에서 여행업이란 "여행자 또는 운송시설·숙박시설, 그 밖에 여행에 딸리는 시설의 경영자 등을 위하여 그 시설 이용 알선이나 계약체결의 대리, 여행에 관한 안내, 그 밖의 여행 편의를 제공하는 업"으로 정의하고 있다.

한편, 여행관련 학자들은 여행사의 정의를 여행현상의 측면에서 접근하고 있다. 그러나 동서양 학자들 간에 약간의 차이가 있다. 이들의 정의는 〈표 2-1〉에서 제시하는 바와 같이 여행의 본원적 개념을 강조했다는 점에서는 공통점을 찾을 수 있으나, 국내학자들은 여행사의 정의를 알선 및 중개수단에 초점을 두었고, 서양학자들은 상품의 생산·판매·마케팅 등을 강조하고 있다는 측면에서 약간의 차이가 있음을 알 수 있다.

이는 사회현상이 복잡해짐에 따라 여행사의 기능이 여행의 미성숙 시대에는 알선·중개수단 등의 소극적 기능을 하였으나, 현대에 와서 공격적 기업경영을 수행하는 상황에서는 미성숙 시기의 알선·중개수단 등의 기능을 수행하면서, 또한 상품의 생산·판매·마케팅 등을 강조하고 있는 것이 사실이다.

이러한 여러 정의를 살펴본 결과, 여행사란 "여행상품을 기획·생산·판매하고, 여행객을 상담·안내하며, 여행객과 여행관련 사업자(principal)를 위하여 상호 알선하고, 여행관련 사업자의 사용권을 매매하며, 그 밖에 여행에 관련된 업무를 수행하고 그에 따른 영리를 추구하는 기업"이라고 할 수 있다.

〈표 2-1〉 여행사의 제정의(국내/외)

구 분	학자/단체	정의내용
국내	이선희 (1984)	여행객과 여행시설업자와의 사이에서 거래상의 불편을 덜어주고 중개해 줌으로써 그 대가를 받는 기업
	김진섭 (1994)	여행객과 교통기관, 숙박시설 등 여행과 관계를 맺고 있는 사업의 중간에 서서 여행객에 대하여 예약, 수배, 알선 등 여행서비스를 제공하고 일정한 대가를 받아 영업하는 사업자
	윤대순 (1996)	여행관련업자를 알선하여 주고 수수료를 받거나, 여행관련기업의 이용권을 판매하며, 기타 관련 업무를 수행하는 사업자
	이항구 (1987)	여행객과 운수업자, 숙박업자 등 여행객을 대상으로 사업을 영위하는 시설업자의 중간에 서서 여행에 관련된 이용시설의 예약, 수배, 알선 등의 여행서비스를 제공하고 일정한 수수료를 받아 영업하는 사업체
	정익준 (1995)	교통운송업자·숙박업자 등과 같은 시설업자(프린시펄)와 여행객의 중간에 위치하여 여행객을 위하여 시설이용과 알선 등의 서비스를 제공하고 대가를 받아 경영하는 사업
국외	ASTA (미주여행업협회, 1989)	여행관련업자를 대신하여 제3자와 계약을 체결하고 또한 이것을 변경 내지 취소할 수 있는 권한이 부여된 자
	Michael M. Coltman (1989)	여행객과 공급자 사이에서 항공, 호텔, 선박 등의 예약 또는 기타 유통의 업무를 수행하는 자
	Chucky Y. Gee (1984)	여행객을 위하여 일정을 작성하고 교통, 숙박시설, 레스토랑을 비롯하여 각종 입장권, 관람권 등을 수배하며 여행객의 흥미를 끌 수 있는 여행을 스스로 기획, 발표하고 단체관광을 모집, 실시하여 여행을 주최하는 자
	Louis Harris (1984)	미리 짜여진 패키지 투어를 판매하는 것 외에 개인 여행일정표를 만들고 호텔, 모텔, 리조트, 식사, 관광 그리고 공항 호텔 간 화물과 승객의 수송 등을 수배하며, 정보를 여행객에게 제공하고 이에 대한 서비스의 대가로 수수료를 받는 사업자
	McIntosh & Goeldner (1986)	특정지역의 프린시펄을 대표하는 법적으로 지정된 에이전트의 역할을 수행하는 자

이러한 정의를 바탕으로 여행사의 포괄적인 업무를 살펴보면

① 여행객을 위하여 운송, 숙박, 기타 시설의 이용을 알선하거나 그 시설을 경영하는 자와 이용에 관한 계약체결을 대리하는 행위

② 운송, 숙박, 기타 시설의 경영자를 위하여 여행객의 이용을 알선하거나 여행객과 이에 관한 계약체결을 대리하는 행위

③ 여행객의 안내 등 여행에 관련된 편의를 제공하는 행위

④ 여행객을 위하여 여권 및 비자를 받는 수속을 대행하는 행위

⑤ 여행객을 위하여 여행보험 및 수하물을 대행하는 행위

⑥ 여행객을 위하여 여행상담 및 정보를 제공하는 행위

⑦ 여행객을 위하여 여행상품을 판매하는 행위

2. 여행사의 기능

여행사의 주요 기능은 상담기능, 예약·수배기능, 수속대행기능, 발권기능, 알선기능, 여정관리기능, 정산기능 등으로 구분할 수 있으며 각각의 내용은 다음과 같다.

1) 상담기능

일반적으로 여행을 떠나기 전에 여행에 관련된 전문적인 지식이 부족한 여행객에게 필요한 각종 정보를 제공하며, 여행에 관련된 상담, 여행상품 설명, 여행비용 등에 대한 정보를 포함한 각종 서비스를 제공하는 기능이다.

2) 예약·수배기능

여행사는 여행객의 요청에 의하여 교통운송기관, 숙박시설 및 기타 여행시설업자를 대리인으로 하여 항공권이나 숙박 및 시설이용의 예약·수배를 대행하는 기능을 한다.

3) 수속대행기능

여행객을 대리하여 여권 및 비자발급을 위한 수속업무를 대행해 주거나 해외여행보험 가입수속을 대행하는 기능을 한다.

4) 판매기능

여행사는 여행시설업자와의 계약을 통해 여행객에게 항공권, 호텔숙박권, 철도승차권 등의 판매뿐만 아니라 패키지 투어와 같은 여행상품을 여행객에게 효과적으로 판매하는 기능을 한다.

5) 알선기능

여행객에게 알맞은 교통운송기관이나 숙박시설 또는 여행기관과 비용에 알맞은 여행상품 등을 알선함으로써 여행객과 여행시설업자들을 도와주는 기능을 한다.

6) 여정관리기능

여행사가 주최여행을 실시할 때 인솔자를 동반시켜 여행객들이 원활한 여행을 할수 있도록 여행객에게 알맞은 여행일정을 관리해 준다.

7) 정산기능

여행사는 여행비용의 계산, 견적 및 지급 등 정산과 관련된 제반기능을 수행한다.

3. 여행사의 역할

여행사의 기본적인 역할은 여행객의 입장에서 여행객에게 편의를 제공하는 데 있다. 여행객에게 여행에 필요한 각종 정보를 제공하고, 여행객을 위하여 교통기관이나 숙박기관의 예약, 여행일정 작성 등의 여행에 필요한 제반행위를 대행해 주는데, 구체적으로 여행사는 여행객을 위하여 다음과 같은 역할을 한다.

1) 신뢰성

여행사는 여행객이 떠날 여행지에 대한 불안감을 갖지 않도록 교통편이나 숙박 등의 예약을 해줌으로써 여행객을 안심시키는 역할을 한다.

2) 정보판단력의 활용

매스미디어의 발달로 정보의 범람에 따른 정확한 선택 및 판단력의 필요성이 대두되는데, 여행업자는 정보판단력을 보유하고 여행객에게 제공한다. 즉 여행업자는 여행객의 입장에서 전문적인 지식과 경험 등의 노하우(know-how)를 활용하여 정확한 양질의 정보를 여행객에게 제공하여 여행객을 돕는다.

3) 시간·비용 절약

여행객이 직접 여정을 세우고, 여행소재를 각각 예약·수배하는 데 드는 시간과 비용을 절감시켜 준다. 즉 여행객이 여행을 하기 위해 여행일정을 세우고 항공, 숙박, 식사 등을 직접 예약할 수도 있으나, 여행에 관련된 충분한 자료가 확보되지 않은 상태에서는 만족스러운 여행을 준비하기 어려울 것이다. 따라서 예약과 수배의 효율성 및 정확성을 위하여 여행업자에게 의뢰하는 것이 시간·비용의 절약에 훨씬 효과적일 수 있다.

4) 여행요금의 염가성

여행업자는 여행시설업자를 통해 여행객이 여행요소를 직접 구입하는 것보다 훨씬 저렴한 가격에 구입할 수 있기 때문에, 여행객에게 저렴한 가격으로 제공할 수 있다. 따라서 여행객이 직접적으로 여행시설업자에게 정상요금을 지급하고 구입하는 것

보다 여행업자를 통해 구입하는 것은 비용의 절감효과를 얻을 수 있다.

4. 여행사의 책임

여행사의 책임은 크게 여행시설업자에 대한 책임과 여행객에 대한 책임, 정부 및 여행관련 공공기관에 대한 책임, 사내 종사원에 대한 책임, 사회·경제·문화 발전에 기여해야 할 책임 등으로 구분하여 설명할 수 있다.

1) 여행시설업자에 대한 책임

교통운송기관, 숙박시설 및 기타 여행관련시설업자를 대리하여 항공권이나 숙박 및 시설이용의 예약을 대행하고 있다. 즉 금전이나 유가증권인 항공권을 포함한 교통운송 이용권의 보관과 판매 및 재고관리에 철저해야 함과 동시에 판매대금을 적기에 지급하는 등 여행시설업자에 경제적 손실을 입히지 않고 약속을 이행해야 할 책임이 있다.

2) 여행객에 대한 책임

여행을 떠나기 전 여행 전반의 사항을 여행객에게 조언하고 각종 정보를 제공한다. 이때 종사원들은 여행객에게 정확한 정보를 제공함으로써 고객이 정확한 의사결정을 할 수 있도록 도움을 주어야 한다. 또한 여행객을 대리하여 여권 및 비자발급을 위한 수속업무를 대행해 주거나 해외여행보험 가입수속을 대행하는데, 고객이 편리한 여행을 할 수 있도록 최선의 편의를 제공하여야 한다.

3) 정부 및 여행관련 공공기관에 대한 책임

여행사는 여러 관련기관, 즉 문화체육관광부, 세무관서, 지방자치단체 등으로부터 지도와 감독을 받는다. 그러므로 여행사는 정부 및 여행관련 공공기관이 요청하는 자료, 즉 판매액과 수수료, 종사원의 급료 등을 포함한 제반 수입 및 지출내용을 정확히 작성해서 이를 보고해야 할 책임과 의무를 다해야 한다.

4) 사내 종사원에 대한 책임

경영자는 자사의 발전을 위해 근무하고 있는 종사원들의 근무의욕을 고취시키고 자기계발을 증진시킬 수 있도록 가능한 많은 동기를 부여해야 한다. 특히 여행사는 인적요소가 여행상품의 주요 요소가 되는 특성을 갖고 있으므로, 여행사는 종사원들이 기업발전을 위해 헌신하고 고객에게 친절하고 만족할 만한 서비스를 제공하도록 유도할 수 있는 효과적인 복지향상을 도모할 책임도 있다.

5) 사회·경제·문화 발전에 기여해야 할 책임

여행사는 관광객을 유치하여 외화를 획득하고 그로 인해 국제수지를 개선하며, 지역경제발전과 국내산업을 진흥시킴과 동시에 고용증대 효과를 창출하는 등 국가의 경제·사회의 발전을 도모하고 있다. 뿐만 아니라 외래관광객에게 국위를 선양하고 고유한 문화와 전통을 인식시키며 전달하는 대표적인 기관이다.

여행사의 종류와 설립조건

3 여행사의 종류와 설립조건

제1절 여행사의 종류

여행자 또는 운송시설·숙박시설, 그 밖에 여행에 딸리는 시설의 경영자 등을 위하여 그 시설 이용 알선이나 계약 체결의 대리, 여행에 관한 안내, 그 밖의 여행 편의를 제공하는 업을 말한다.

1. 관광진흥법에 따른 분류

1) 종합여행사

종합여행사는 국내 또는 국외를 여행하는 내국인 및 외국인을 대상으로 하는 여행사를 말하며 사업의 범위는 국내외의 여행상품의 제작판매 여권 및 비자를 받는 절차를 대행하는 행위, 여행객의 유치·판매·수배·안내 등과 여행수속, 항공권의 판매 등을 주업무로 한다. 그러므로 종합여행사는 외국인의 국내 또는 국외여행과 내국인의 국내 또는 국외여행에 대한 모든 여행업무를 취급할 수 있다.

2) 국내외여행사

국내외여행사는 국내 또는 국외를 여행하는 내국인을 대상으로 하는 여행사를 말하며 사업의 범위는 국내외의 여행상품의 제작판매, 여권 및 비자를 받는 절차를 대행하는 행위, 여행객의 유치 판매·수배·안내 등과 여행수속, 항공권의 판매 등을 주업무로 한다. 그러므로 국내외여행사는 국내 또는 국외 여행을 하는 내국인에 대한 모든 여행업무를 취급할 수 있다.

3) 국내여행사

국내여행사는 국내를 여행하는 내국인을 대상으로 하는 여행사를 말한다. 그러므로 내국인을 대상으로 한 국내여행에 국한하고 있으며 외국인을 대상으로 하거나 내국인을 대상으로 한 국외여행업무와 인바운드 여행업무는 못하게 되어 있다. 여행상품의 제작 판매 및 알선·안내를 주업무로 하고 있으며 전세버스업을 겸해서 할 수도 있다.

국내여행사는 국내 여행상품의 제작 판매 또는 타 여행사의 패키지상품뿐만 아니라 국내선의 항공권, 철도 승차권, 고속버스 승차권, 특별행사의 입장권, 호텔쿠폰 등을 대매하거나 관광버스의 일반전세도 취급하고 있다.

국내여행사의 업무를 통해 발생되는 여행수익은 대체로 전세버스 대여에 따른 수익과 교통기관 이용권의 대리판매로 인한 수수료, 주문여행상품 판매에 따른 판매수익 등이 많은 비중을 차지하고 있다.

2. 항공권 발권 기능에 의한 분류

1) BSP 여행사편집원본 편집

국제항공운송협회(IATA) 산하 BSP에 일정한 금액의 담보를 제공하고 요건을 갖추어 인가를 획득한 후 자신의 담보금액을 기준으로 각 항공사의 항공권을 발권하고 항공사와의 정산은 BSP를 통해서 진행하는 여행사를 말한다. 항공권을 직접 발권하는 것은 불가능하나 소비자가 요청한 항공권을 항공사나 BSP여행사로부터 구입하여 판매하는 여행사를 ATR(Air Ticket Request) 여행사라 하며 이들이 여행사 시장에서 소매 여행사로 계약 대리점 역할을 한다.

2) ATR여행사

BSP가 여행사와 항공사 공동의 결제방식으로 IATA 주관이라면, ATR은 공동 결제방식에 참여하지 못하는 여행사가 항공사 또는 다른 여행사와 진행하는 개별 거래를 의미한다.

여객대리점 중 담보능력의 부족으로 항공권을 자체적으로 보유하지 못하고 승객으로부터 요청받은 항공권을 해당 항공사 발권 카운터에서 구입하는 여행사대리점을 말한다. ATR 여행사는 자체발권을 할 수 없으며 BSP 여행사에 비해 수수료의 차이가 있다.

항공사와의 직거래로 ATR 발권을 하기도 하지만 BSP 여행사를 통했을 때 더 낮은 항공 요금을 받을 수 있는 경우도 있어 여행사 간의 비즈니스도 활발하다. 또한 BSP에 가입되어 있는 여행사라 하더라도 경우에 따라서는 항공사와 직접 거래하는 ATR 발권으로 더 저렴한 항공권을 받기도 한다.

3. 업무대상에 따른 분류

1) 패키지여행사

패키지여행(package tour)은 고통, 숙박, 관광, 오락, 식사 등의 관광 프로그램을 여행사가 미리 기획하고 여행사가 여행상품을 선택하여 이루어지는 여행을 말하는데, 패키지여행사는 주로 이러한 상품을 판매하는 여행사이다.

패키지여행은 단체요금으로 단가가 내려가고 일반고객 및 소규모 여행객으로 구매할 수 없는 특정 여행상품을 구매할 수 있어 인기가 높다.

2) 상용여행사

상용여행사는 기업을 대상으로 주로 이루어지는 여행사이다. 기업에서 해외 연수 및 출장 목적으로 하는 직원의 항공권 예약 및 발권 업무, 현지 호텔이나 렌터카, 식당 예약 등을 통해 주로 수익을 창출한다.

3) SIT여행사

SIT(SIT: Special Interest Tour)란 특별한 관심분야와 관련된 여행으로 단순한 관광의 형태를 넘어서 관광지에서의 구체적 관광의 형태와 목적을 설정하고 실시하는 관광이다. 시중 여행상품을 보더라도 SIT여행상품의 형태가 많이 나타나 있으며 예술, 와인, 골프, 크루즈, 공정, 헬스케어 여행 등이 이에 해당한다. SIT여행사는 주로 이러한 여행상품을 판매하는 회사이다.

따라서 상품을 구성하는 데 있어 여행객이 전문지식과 정보를 가지고 있기 때문에 더 구체적이며, 만족도가 높았다면 재이용 비율이 높다. 또한 이러한 여행은 시간이 지남에 따라 여행객의 여행 경험이 많아지며, 전문지식 습득을 추구함에 따라 나타났으며, 여행지보다는 여행지에서 어떤 활동을 하는지에 더 중점을 둔다.

4) 대기업계열 여행사

대기업계열 여행사는 계열사 임직원들의 해외출장에 필요한 각종 교통편, 숙박, 식당예약 등을 제공할 수 있고, 계열사 직원의 해외 연수를 비롯해 인센티브 여행, 각종 컨벤션, 국제회의를 유치할 목적으로 대기업 차원에서 설립한 여행사라고 할 수 있다.

국내에서는 한진그룹의 한진관광, 롯데그룹의 롯데 JTB, 삼성그룹의 신라호텔 등이 대표적이라 할 수 있다.

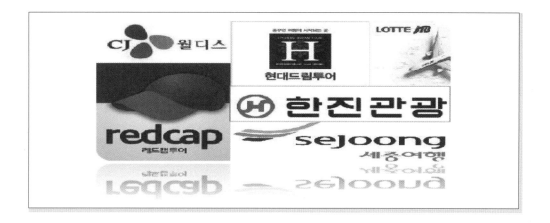

5) OTA

온라인 여행사(OTA, Online Travel Agencies)가 여행업계의 판도를 흔들고 있다. 온라인 여행사란 고도화된 온라인 시스템을 바탕으로 가격 비교(메타 검색), 호텔·항공권 예약 대행 등 여행 관련 서비스를 제공하는 온라인 여행업체를 말한다. 항공권 가격비교 검색엔진 스카이스캐너와 카약, 숙박예약 서비스 아고다와 호텔스닷컴 등 온라인을 기반으로 한 여행 관련 서비스가 넓은 범위에서의 온라인 여행사에 해당한다.

대표적으로 부킹닷컴, 에어비앤비가 있으며 국내 사업자로 야놀자, 여기어때, 온다 등이 경쟁을 하고 있다. 여기에 구글까지 합세하면서 글로벌 OTA 시장에 지각변동이 생기고 있다.

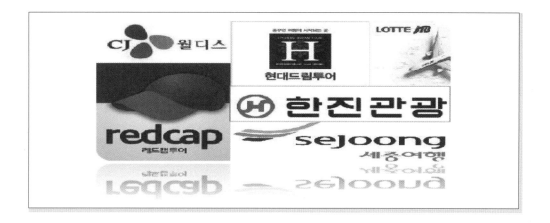

제2절 여행업의 설립요건

1. 여행업의 등록

① 여행을 경영하려는 자는 특별자치시장·특별자치도지사·시장·군수·구청장 (자치구의 구청장을 말한다. 이하 같다)에게 등록하여야 한다.

② 제1항에 따른 등록을 하려는 자는 대통령령으로 정하는 자본금·시설 및 설비 등을 갖추어야 한다.

③ 제1항에 따라 등록한 사항 중 대통령령으로 정하는 중요 사항을 변경하려면 변경 등록을 하여야 한다.

④ 제1항 및 제4항에 따른 등록 또는 변경등록의 절차 등에 필요한 사항은 문화체육 관광부령으로 정한다.

2. 여행업의 등록기준

1) 종합여행업

(1) **자본금**(개인의 경우에는 자산평가액): 5천만 원 이상일 것

(2) **사무실** : 소유권이나 사용권이 있을 것

2) 국내외여행업

(1) **자본금**(개인의 경우에는 자산평가액): 3천만 원 이상일 것

(2) **사무실** : 소유권이나 사용권이 있을 것

3) 국내여행업

(1) **자본금**(개인의 경우에는 자산평가액): 1천5백만 원 이상일 것

(2) **사무실** : 소유권이나 사용권이 있을 것

3. 여행업의 등록신청

① 여행업 등록을 하려는 자는 등록신청서에 다음 각 호의 서류를 첨부하여 특별자치시장·특별자치도지사·시장·군수·구청장(자치구의 구청장을 말한다. 이하 같다)에게 제출해야 한다.

1) 사업계획서

2) 신청인(법인의 경우에는 대표자 및 임원)이 내국인인 경우에는 성명 및 주민등록번호를 기재한 서류 2)의 2. 신청인(법인의 경우에는 대표자 및 임원)이 외국인인 경우에는 「관광진흥법」(이하 "법"이라 한다) 제7조제1항 각 호(여행업의 경우에는 법 제11조의2제1항을 포함한다)의 결격사유에 해당하지 않음을 증명하는 다음 각 목의 어느 하나에 해당하는 서류. 다만, 법 또는 다른 법령에 따라 인·허가 등을 받아 사업자등록을 하고 해당 영업 또는 사업을 영위하고 있는 자(법인의 경우에는 최근 1년 이내에 법인세를 납부한 시점부터 등록 신청 시점까지의 기간 동안 대표자 및 임원의 변경이 없는 경우로 한정한다)는 해당 영업 또는 사업의 인·허가증 등 인·허가 등을 받았음을 증명하는 서류와 최근 1년 이내에 소득세(법인의 경우에는 법인세를 말한다)를 납부한 사실을 증명하는 서류를 제출하는 경우에는 그 영위하고 있는 영업 또는 사업의 관련 법령에서 정하는 결격사유와 중복되는 법 제7조제1항 각 호(여행업의 경우에는 법 제11조의2제1항을 포함한다)의 결격사유에 한하여 다음 각 목의 서류를 제출하지 않을 수 있다.

가. 해당 국가의 정부나 그 밖의 권한 있는 기관이 발행한 서류 또는 공증인이 공증한 신청인의 진술서로서 「재외공관 공증법」에 따라 해당 국가에 주재하는 대한민국공관의 영사관이 확인한 서류

나. 「외국공문서에 대한 인증의 요구를 폐지하는 협약」을 체결한 국가의 경우에는 해당 국가의 정부나 그 밖의 권한 있는 기관이 발행한 서류 또는 공증인이 공증한 신청인의 진술서로서 해당 국가의 아포스티유(Apostille) 확인서 발급 권한이 있는 기관이 그 확인서를 발급한 서류

3) 부동산의 소유권 또는 사용권을 증명하는 서류

③ 여행업의 등록을 하려는 자는 제1항에 따른 서류 외에 공인회계사 또는 세무사가 확인한 등록신청 당시의 대차대조표(개인의 경우에는 영업용 자산명세서 및 그 증명서류)를 첨부하여야 한다.

④ 특별자치시장·특별자치도지사·시장·군수·구청장은 제1항에 따른 관광사업 등록 신청을 받은 경우 그 신청내용이 등록기준에 적합하다고 인정되는 경우에는 관광사업 등록증을 신청인에게 발급하여야 한다.

4. 여행업 등록 시 유의사항

여행업을 등록하기 위해서는 등록조건은 기본으로 충족해야 하고, 해당사업에 맞는 사업계획서를 작성해서 등록신청을 해야 한다. 여기서 중요한 것은 여행업 종류에 따른 규모와 사업방향이 맞지 않을 경우에는 등록이 거부될 수 있기 때문에 유의해야 한다. 특히 사업계획서의 경우에는 특정한 법정서식이 없기 때문에 전문가의 도움이 필요하다. 여행업의 등록은 전문행정사의 전문영역으로 무자격사가 이를 이행할 경우에는 행정사법 위반으로 처벌되며 해당 계약은 위법한 계약으로 무효가 되기 때문에 이미 계약금을 지급했다 하더라도 상대방은 이를 다시 돌려줄 의무가 없다.

5. 여행업의 양도와 양수

여행업을 양수(讓受)한 자 또는 여행업을 경영하는 법인이 합병한 때에는 합병 후 존속하거나 설립되는 법인은 그 여행업의 등록 등에 따른 관광사업자의 권리·의무를 승계한다(관광진흥법 제8조 제1항). 또한 「민사집행법」에 따른 경매, 「채무자 회생 및 파산에 관한 법률」에 따른 환가(換價), 「국세징수법」·「관세법」·「지방세법」에 따른 압류재산의 매각 등으로 주요한 여행업시설의 전부를 인수한 자는 그 관광사업자의 지위를 승계한다(동법 제8조 제2항).

이러한 여행업자의 지위를 승계한 자는 그 사유가 발생한 날부터 30일 이내에 관광사업 양수(지위승계)신고서(동법 시행규칙 제16조 관련 별지 제23호서식)에 다음의 서류를 첨부하여 문화체육관광부장관, 특별자치도지사·특별자치시장·시장·군수·구청장 또는 지역별 관광협회장에게 제출하여야 한다(동법 제8조 제4항·제5항 및 동법 시행규칙 제16조 제2항).

1. 지위를 승계한 자(법인의 경우에는 대표자)의 성명·주민등록번호를 기재한 서류(외국인의 경우에는 법 제7조 제1항 각호에 해당하지 아니함을 증명하는 해당 국가의 정부나 그 밖의 권한있는 기관이 발행한 서류 또는 공증인이 공증한 신청인의 진술서로서「재외공관공증법」에 따라 해당 국가에 주재하는 대한민국공관의 영사관이 확인한 서류)

2. 양도·양수 등 지위승계를 증명하는 서류(시설 인수 명세를 포함한다)

여행업자의 지위를 승계한 자 또는 합병 후 존속하거나 설립되는 법인은 그 여행업의 등록 또는 신고에 따른 권리와 의무를 승계한다. 따라서 지위를 승계한 자 또는 존속법인·설립법인은 새로이 여행업의 등록을 할 필요가 없다. 그러나 여행업자의 지위를 승계한 사람도 관광사업자이므로「관광진흥법」제7조에서 규정하고 있는 관광사업자의 결격사유에 해당하지 않아야 한다(관광진흥법 제8조 제5항).

6. 여행업의 휴업 또는 폐업 때 알릴 의무

관광사업자(여행업자)가 그 사업의 전부 또는 일부를 휴업 또는 폐업한 때에는 관할 등록기관 등의 장(문화체육관광부장관, 특별자치도지사·특별자치시장·시장·군수·구청장 및 지역별 관광협회장)에게 알려야 한다(관광진흥법 제8조 제7항). 즉 휴업 또는 폐업을 한 날부터 10일 이내에 별지 제24호서식의 관광사업 휴업 또는 폐업통보서를 등록기관 등의 장에게 제출하여야 한다(동법 시행규칙 제17조).

〈표 3-1〉 관광사업 등록신청서

관광진흥법 시행규칙 [별지 제1호서식] 〈개정 2021.4.19.〉				
<div align="center">**관광사업 등록신청서**</div>				
※ 뒤쪽의 제출서류를 참고하시기 바라며, 색상이 어두운 란은 신청인이 적지 않습니다.				앞쪽
접수번호	접수일	발급일	처리기간	• 여행업, 관광숙박업 및 야영장업: 7일 • 종합휴양업: 12일 • 외국인관광 도시민박업 및 한옥체험업: 14일 • 그 밖의 관광사업: 5일
신청인	성 명(대표자)		주민등록번호 (외국인 등록번호)	
	주 소		전화번호	
상호(명칭)			업종	
주사업장 소재지			전화번호	
자본금				
영업개시 연월일				

「관광진흥법」 제4조제1항 및 같은 법 시행규칙 제2조에 따라 위와 같이 관광사업의 등록을 신청합니다.

년   월   일

신청인   (서명 또는 인)

> **특별자치시장 ·
특별자치도지사 ·
시장 · 군수 · 구청장**   귀하

수수료		
제출서류	뒤쪽 참조	• 외국인관광 도시민박업 및 한옥체험업의 경우: 20,000원 • 그 밖의 관광사업의 경우: 30,000원(숙박시설이 있는 경우 매 실당 700원을 가산한 금액으로 합니다)

행정정보 공동이용 동의서
(호텔업, 국제회의시설업 및 야영장업 신청인만 해당합니다)

본인은 이 건 업무처리와 관련하여 담당 공무원이 「전자정부법」 제36조제1항에 따른 행정정보의 공동이용을 통하여 뒤쪽의 담당 공무원 확인사항 중 제3호 및 제4호를 확인하는 것에 동의합니다. * 동의하지 않는 경우에는 신청인이 직접 관련 서류를 제출하여야 합니다.   신청인   (서명 또는 인)

처리절차

신청서 작성	→	접 수	→	심 의	→	등 록	→	등록증 발급
신청인		처리기관 (특별자치시 · 특별자치도 · 시 · 군 · 구)		처리기관 (특별자치시 · 특별자치도 · 시 · 군 · 구)		처리기관 (특별자치시 · 특별자치도 · 시 · 군 · 구)		

210mm×297mm[백상지 80g/㎡]

(뒤쪽)

| 신청인
(대표자)
제출서류 | 여행업 및
국제회의
기획업의
경우 | 1. 사업계획서 1부
2. 신청인(법인의 경우에는 대표자 및 임원)이 내국인인 경우에는 성명 및 주민등록번호를 기재한 서류 1부
3. 신청인(법인의 경우에는 대표자 및 임원)이 외국인인 경우에는 「관광진흥법」 제7조 제1항 각 호(여행업의 경우에는 「관광진흥법」 제11조의2제1항을 포함한다)의 결격사유에 해당하지 않음을 증명하는 다음 각 목의 어느 하나에 해당하는 서류. 다만, 「관광진흥법」 또는 다른 법령에 따라 인·허가 등을 받아 사업자등록을 하고 해당 영업 또는 사업을 영위하고 있는 자(법인의 경우에는 최근 1년 이내에 법인세를 납부한 시점부터 등록 신청 시점까지의 기간 동안 대표자 및 임원의 변경이 없는 경우로 한정합니다)는 해당 영업 또는 사업의 인·허가증 등 인·허가 등을 받았음을 증명하는 서류와 최근 1년 이내에 소득세(법인의 경우에는 법인세를 말합니다)를 납부한 사실을 증명하는 서류를 제출하는 경우에는 그 영위하고 있는 영업 또는 사업의 결격사유 규정과 중복되는 「관광진흥법」 제7조제1항 각 호(여행업의 경우에는 「관광진흥법」 제11조의2제1항을 포함한다)의 결격사유에 한하여 다음 각 목의 서류를 제출하지 않을 수 있습니다.
　가. 해당 국가의 정부나 그 밖의 권한 있는 기관이 발행한 서류 또는 공증인이 공증한 신청인의 진술서로서 「재외공관 공증법」에 따라 해당 국가에 주재하는 대한민국공관의 영사관이 확인한 서류 1부
　나. 「외국공문서에 대한 인증의 요구를 폐지하는 협약」을 체결한 국가의 경우에는 해당 국가의 정부나 그 밖의 권한 있는 기관이 발행한 서류 또는 공증인이 공증한 신청인의 진술서로서 해당 국가의 아포스티유(Apostille) 확인서 발급 권한이 있는 기관이 그 확인서를 발급한 서류 1부
4. 부동산의 소유권 또는 사용권을 증명하는 서류(담당 공무원이 부동산의 등기사항증명서를 통하여 부동산의 소유권 또는 사용권을 확인할 수 없는 경우에만 해당합니다)
5. 「외국인투자 촉진법」에 따른 외국인투자를 증명하는 서류(외국인투자기업의 경우에만 해당합니다) 1부
6. 공인회계사 또는 세무사가 확인한 등록신청 당시의 대차대조표(개인의 경우에는 영업용 자산명세서 및 그 증명서류) 1부 |
| | 관광숙박업·
관광객 이용
시설업 및
국제회의
시설업의 경우 | 1. 사업계획서 1부
2. 신청인(법인의 경우에는 대표자 및 임원)이 내국인인 경우에는 성명 및 주민등록번호를 기재한 서류 1부
3. 신청인(법인의 경우에는 대표자 및 임원)이 외국인인 경우에는 「관광진흥법」 제7조 제1항 각 호에 해당하지 않음을 증명하는 다음 각 목의 어느 하나에 해당하는 서류. 다만, 「관광진흥법」 또는 다른 법령에 따라 인·허가 등을 받아 사업자등록을 하고 해당 영업 또는 사업을 영위하고 있는 자(법인의 경우에는 최근 1년 이내에 법인세를 납부한 시점부터 등록 신청 시점까지의 기간 동안 대표자 및 임원의 변경이 없는 경우로 한정합니다)는 해당 영업 또는 사업의 인·허가증 등 인·허가 등을 받았음을 증명하는 서류와 최근 1년 이내에 소득세(법인의 경우에는 법인세를 말합니다)를 납부한 사실을 증명하는 서류를 제출하는 경우에는 그 영위하고 있는 영업 또는 사업의 결격사유 규정과 중복되는 법 제7조제1항의 결격사유에 한하여 다음 각 목의 서류를 제출하지 않을 수 있습니다.
　가. 해당 국가의 정부나 그 밖의 권한 있는 기관이 발행한 서류 또는 공증인이 공증한 신청인의 진술서로서 「재외공관 공증법」에 따라 해당 국가에 주재하는 대한민국공관의 영사관이 확인한 서류 1부
　나. 「외국공문서에 대한 인증의 요구를 폐지하는 협약」을 체결한 국가의 경우에는 해당 국가의 정부나 그 밖의 권한 있는 기관이 발행한 서류 또는 공증인이 공증한 신청인의 진술서로서 해당 국가의 아포스티유(Apostille) 확인서 발급 권한이 있는 기관이 그 확인서를 발급한 서류 1부 |

(계속 뒤쪽)

신청인 (대표자) 제출서류	관광숙박업· 관광객 이용 시설업 및 국제회의 시설업의 경우	4. 부동산의 소유권 또는 사용권을 증명하는 서류(담당 공무원이 부동산의 등기사항증명서를 통하여 부동산의 소유권 또는 사용권을 확인할 수 없는 경우에만 해당합니다) 5. 회원을 모집할 계획인 호텔업·휴양콘도미니엄업의 경우로서 각 부동산에 저당권이 설정되어 있는 경우에는 「관광진흥법 시행령」 제24조제1항제2호 단서에 따른 보증보험가입 증명서류 6. 「외국인투자 촉진법」에 따른 외국인투자를 증명하는 서류(외국인투자기업의 경우에만 해당합니다) 1부 7. 「관광진흥법」 제15조에 따라 승인을 받은 사업계획에 포함된 부대영업을 하기 위하여 다른 법령에 따라 소관관청에 신고를 하였거나 인·허가 등을 받은 경우에는 각각 이를 증명하는 서류(제8호 또는 제9호의 서류에 따라 증명되는 경우에는 제외합니다) 1부 8. 「관광진흥법」 제18조제1항에 따라 신고를 하였거나 인·허가 등을 받은 것으로 의제되는 경우에는 각각 그 신고서 또는 신청서와 그 첨부서류 1부 9. 「관광진흥법」 제18조제1항 각 호에서 규정된 신고를 하였거나 인·허가 등을 받은 경우에는 각각 이를 증명하는 서류 10. 야영장업을 경영하기 위하여 다른 법령에 따른 인·허가 등을 받은 경우 이를 증명하는 서류 각 1부(야영장업 등록의 경우에만 해당합니다) 11. 「전기사업법 시행규칙」 제38조제3항에 따른 사용전점검확인증(야영장업 등록의 경우에만 해당합니다) 1부 12. 「먹는물관리법」에 따른 먹는물 수질검사기관이 「먹는물 수질기준 및 검사 등에 관한 규칙」 제3조제2항에 따라 발행한 수질검사성적서(야영장에서 수돗물이 아닌 지하수 등을 먹는 물로 사용하는 경우에만 해당합니다) 1부 13. 시설의 평면도 및 배치도 각 1부 14. 시설별 일람표 각 1부 　가. 관광숙박업: 「관광진흥법 시행규칙」 별지 제2호서식의 시설별 일람표 　나. 전문휴양업 및 종합휴양업: 「관광진흥법 시행규칙」 별지 제3호서식의 시설별 일람표 　다. 야영장업: 「관광진흥법 시행규칙」 별지 제3호의2서식의 시설별 일람표 　라. 한옥체험업: 「관광진흥법 시행규칙」 별지 제3호의3서식의 시설별 일람표 　마. 국제회의시설업: 「관광진흥법 시행규칙」 별지 제4호서식의 시설별 일람표
담당 공무원 확인사항	여행업 및 국제회의 기획업의 경우	1. 법인 등기사항증명서(법인인 경우에만 해당합니다) 2. 부동산의 등기사항증명서
	관광숙박업· 관광객 이용 시설업 및 국제 회의시설업의	1. 법인 등기사항증명서(법인인 경우에만 해당합니다) 2. 부동산의 등기사항증명서 3. 전기안전점검확인서(호텔업 또는 국제회의시설업 등록의 경우에만 해당합니다) 4. 액화석유가스 사용시설완성검사증명서(야영장업 등록의 경우에만 해당합니다)

210㎜×297㎜[백상지 80g/㎡]

〈표 3-2〉 관광사업 등록증

[별지 제5호서식] 〈개정 2021.4.19〉

제 호	No.
관광사업 등록증	**TOURISM BUSINESS CERTIFICATE OF REGISTRATION**
상호(명칭)	COMPANY:
성명(법인인 경우에는 그 대표자 성명)	REPRESENTATIVE:
주소	ADDRESS:
업종	TYPE OF BUSINESS:
위의 업체는 「관광진흥법」 제4조제1항에 따라 위와 같이 등록하였음을 증명합니다.	This is to certify that the above company is registered as a tourism business in accordance with Paragraph 1, Article 4 of the Tourism Promotion Law.
년 월 일	Date Signature
┌특별자치도지사 └시장 · 군수 · 구청장 ㉑	┌Governor of(province name) └Mayor of(city · county · district name)

210mm×297mm[보존용지(1종) 120g/m²]

〈표 3-3〉관광사업 변경등록신청서

관광진흥법 시행규칙 [별지 제6호서식] 〈개정 2019.4.25.〉		

관광사업 변경등록신청서

※ 색상이 어두운 란은 신청인이 적지 않습니다.

접수번호		접수일자		처리기간: 4일
신청인	성 명(대표자)		주민등록번호 (외국인 등록번호)	
	주 소		전화번호	
상호(명칭)				
주사업장 소재지			전화번호	
등록번호			등록연월일	
업 종				
변경등록 내용				

　「관광진흥법」 제4조제4항 및 같은 법 시행규칙 제3조제1항에 따라 위와 같이 관광사업의 변경등록을 신청합니다.

　　　　　　　　　　　　　　　　　　　　　　　　　년　　　　월　　　　일

　　　　　　　　　　　　　　신청인　　　　　　　　　　(서명 또는 인)

　　　特別自治市長·
　　　特別自治道知事·　　　귀하
　　　市長·郡守·區廳長

신청인 제출서류	변경사실을 증명하는 서류 각 1부	수수료
담당 공무원 확인사항	1. 전기안전점검확인서(영업소의 소재지 또는 면적의 변경 등으로 「전기사업법」 제66조의2제1항에 따른 전기안전점검을 받아야 하는 경우로서 호텔업 또는 국제회의시설업 변경등록을 신청한 경우만 해당합니다) 2. 액화석유가스 사용시설완성검사증명서(야영장 시설의 설치 또는 폐지 등으로 「액화석유가스의 안전관리 및 사업법」 제36조에 따른 액화석유가스 사용시설완성검사를 받아야 하는 경우로서 야영장업 변경등록을 신청한 경우만 해당합니다)	○ 외국인관광 도시민박업의 경우: 15,000원 ○ 그 밖의 관광사업의 경우: 15,000원 (숙박시설 중 객실변경등록의 경우에는 매실당 600원을 가산한 금액으로 한다.)

행정정보 공동이용 동의서
본인은 이 건 업무처리와 관련하여 담당 공무원이 「전자정부법」 제36조제1항에 따른 행정정보의 공동이용을 통하여 위의 담당 공무원 확인사항을 확인하는 것에 동의합니다.　*동의하지 아니하는 경우에는 신청인이 직접 관련 서류를 제출하여야 합니다.　　　　　　　　　　　　신청인　　　　　　　(서명 또는 인)

처리절차

신청서 작성	→	접수	→	검토	→	결정	→	등록증 발급
신청인		처리기관 (특별자치시· 특별자치도· 시·군·구)		처리기관 (특별자치시· 특별자치도· 시·군·구)		처리기관 (특별자치시· 특별자치도· 시·군·구)		처리기관 (특별자치시· 특별자치도· 시·군·구)

210mm×297mm[백상지 80g/㎡]

〈표 3-4〉 관광사업 양수(지위승계)신고서

| 관광진흥법 시행규칙 [별지 제23호서식] 〈개정 2023.2.2〉 | | | (앞쪽) |

관광사업 양수(지위승계)신고서

※ 색상이 어두운 란은 신청인이 적지 않습니다.

접수번호	접수일자	발급일	처리기간 o 여행업·관광숙박업·관광객이용시설업·국제회의업·유원시설업·관광편의 시설업:5일 o 카지노업: 7일
양도인 (피합병인)	성명(대표자)		생년월일(외국인등록번호)
	주 소		전화번호
양수인 (합병인)	성명(대표자)		생년월일(외국인등록번호)
	주 소		전화번호
양도인(피합병인)의 상호·등록번호			
업 종			
주영업장의 소재지		전화번호	
양수인(합병인)이 사용할 상호(명칭)			
사업양도(지위승계)의 사유 및 대상			
사업양도(지위승계) 연월일	년 월 일		

「관광진흥법」 제8조제4항 및 같은 법 시행규칙 제16조제2항에 따라 관광사업 양수(지위승계)를 신고합니다.

년 월 일

신고인 양도인(피합병인)   (서명 또는 인)
양수인(합병인)   (서명 또는 인)

문화체육관광부장관
┌ 특별자치시장·
│ 특별자치도지사·   귀하
└ 시장·군수·구청장
지역별 관광협회장

제출서류	뒤쪽 참조	수수료
		20,000원

작성방법
「관광진흥법」 제8조제2항에 따라 지위를 승계한 경우에는 양도인의 서명 또는 인을 생략할 수 있습니다.

처리절차

신고서 작성	→	접수	→	검토	→	수리	→	등록·허가·신고 증 발급
신고인		처리기관 (문화체육관광부, 특별자치시· 특별자치도·시·도, 시·군·구 또는 지역별 관광협회)		처리기관 (문화체육관광부, 특별자치시· 특별자치도·시·도, 시·군·구 또는 지역별 관광협회)		처리기관 (문화체육관광부, 특별자치시· 특별자치도·시·도, 시·군·구 또는 지역별 관광협회)		

210㎜×297㎜[백상지 80g/㎡]

행정처분 등의 내용 고지 및 가중처분 대상업소 확인서

1. 행정처분 내용 및 절차 진행상황

   가. 최근 1년(카지노업의 경우에는 3년) 이내에 양도인이 받은 행정처분

행정처분을 받은 날	행정처분의 내용	행정처분의 사유

   나. 행정제재처분 절차 진행사항

적발일	관광진흥법령 위반내용	진행 중인 내용

   ※ 유의사항: 최근 1년(카지노업의 경우에는 3년) 이내에 행정처분을 받은 사실 또는 현재 진행 중인 행정처분 절차가 없는 경우에는 가목 표의 "행정처분을 받은 날"란 또는 나목 표의 "적발일"란에 "없음"이라고 적습니다. 담당 공무원은 위 표의 내용을 행정처분대장과 대조하여 일치하는지 여부를 확인해야 하며, 일치하지 않는 경우에는 양도인 및 양수인에게 그 사실을 알리고 위 표를 보완하도록 해야 합니다.

2. (양도인의 서명 또는 인이 있는 경우) 양도인은 최근 1년(카지노업의 경우에는 3년) 이내에 제1호와 같이 「관광진흥법」 제35조, 같은 법 시행령 제33조 및 별표 2에 따라 행정처분을 받았다는 사실(행정처분을 받은 사실이 없는 경우에는 없다는 사실) 및 행정처분의 절차가 진행 중인 사실(현재 진행 중인 행정처분 절차가 없는 경우에는 없다는 사실)을 양수인에게 알려주었습니다.

3. (양도인의 서명 또는 인을 생략한 경우) 양수인은 최근 1년(카지노업의 경우에는 3년) 이내에 제1호와 같이 「관광진흥법」 제35조, 같은 법 시행령 제33조 및 별표 2에 따라 행정처분을 받았다는 사실(행정처분을 받은 사실이 없는 경우에는 없다는 사실) 및 행정처분의 절차가 진행 중인 사실(현재 진행 중인 행정처분 절차가 없는 경우에는 없다는 사실)을 처분관서를 통해 확인했습니다.

4. 양수인은 「관광진흥법」 제8조제3항에 따라 위 행정처분의 효과가 승계될 수 있다는 사실과 위 행정처분에서 지정된 기간 내에 처분 내용대로 이행하지 않거나 행정처분을 받은 위반사항이 다시 적발된 때에는 같은 법 시행령 제33조제1항 및 별표 2에 따라 양도인이 받은 행정처분의 효과가 양수인에게 승계되어 가중처분된다는 사실을 알고 있음을 확인했습니다.

신고인 (대표자) 제출서류	1. 지위를 승계한 자(법인의 경우에는 대표자)가 내국인인 경우에는 성명 및 주민등록번호를 기재한 서류 1부 2. 지위를 승계한 자(법인의 경우에는 대표자 및 임원)가 외국인인 경우에는 「관광진흥법」 제7조제1항 각 호(여행업의 경우에는 「관광진흥법」 제11조의2제1항을 포함하고, 카지노업의 경우에는 「관광진흥법」 제22조제1항 각 호를 포함합니다)의 결격사유에 해당하지 않음을 증명하는 다음 각 목의 어느 하나에 해당하는 서류. 다만, 「관광진흥법」 또는 다른 법령에 따라 인·허가 등을 받아 사업자등록을 하고 해당 영업 또는 사업을 영위하고 있는 자(법인의 경우에는 최근 1년 이내에 법인세를 납부한 시점부터 신고 시점까지의 기간 동안 대표자 및 임원의 변경이 없는 경우로 한정합니다)는 해당 영업 또는 사업의 인·허가증 등 인·허가 등을 받았음을 증명하는 서류와 최근 1년 이내에 소득세(법인의 경우에는 법인세를 말합니다)를 납부한 사실을 증명하는 서류를 제출하는 경우에는 그 영위하고 있는 영업 또는 사업의 결격사유 규정과 중복되는 「관광진흥법」 제7조제1항 각 호(여행업의 경우에는 「관광진흥법」 제11조의2제1항을 포함하고, 카지노업의 경우에는 「관광진흥법」 제22조제1항 각 호를 포함합니다)의 결격사유에 한하여 다음 각 목의 서류를 제출하지 않을 수 있습니다. 　가. 해당 국가의 정부나 그 밖의 권한 있는 기관이 발행한 서류 또는 공증인이 공증한 신청인의 진술서로서 「재외공관 공증법」에 따라 해당 국가에 주재하는 대한민국공관의 영사관이 확인한 서류 1부 　나. 「외국공문서에 대한 인증의 요구를 폐지하는 협약」을 체결한 국가의 경우에는 해당 국가의 정부나 그 밖의 권한 있는 기관이 발행한 서류 또는 공증인이 공증한 신청인의 진술서로서 해당 국가의 아포스티유(Apostille) 확인서 발급 권한이 있는 기관이 그 확인서를 발급한 서류 1부 3. 양도·양수 등 지위승계를 증명하는 서류(시설인수 명세를 포함합니다) 1부
담당 공무원 확인사항	지위를 승계한 자의 법인 등기사항증명서(법인만 해당하며, 「관광진흥법 시행령」 제65조에 따라 관광협회에 위탁된 업종의 경우에는 해당 서류를 제출해야 합니다)

210㎜×297㎜[백상지 80g/㎡]

〈표 3-5〉 관광사업 휴업(폐업) [ ] 통보서
[ ] 신고서

관광진흥법 시행규칙 [별지 제24호서식] 〈개정 2020.12.10〉				
관광사업 휴업(폐업) [ ] 통보서 [ ] 신고서				
접수번호		접수일	처리기간	1일
신고인	성명(대표자)		생년월일 (외국인등록번호)	
	주소		전화번호	
영업소와 소재지(명칭)				
상호			전화번호	
영업의 종류			등록(허가)번호	
휴업 또는 폐업 사유				
휴업 또는 폐업 연월일				
휴업 또는 폐업 범위				
휴업기간				

「관광진흥법」 제8조제8항 및 같은 법 시행규칙 제17조에 따라 관광사업의 휴업 또는 폐업을 통보(신고)합니다.

년   월   일

통보(신고)인   (서명 또는 인)

[문화체육관광부장관 ·
  특별자치시장 ·
  특별자치도지사 ·]   귀하
  시장 · 군수 · 구청장
  지역별 관광협회장

참고사항

관광사업(카지노업 제외)의 폐업신고 시 「부가가치세법」 제8조제7항에 따른 폐업신고를 같이 하려는 때에는 「부가가치세법 시행규칙」 별지 제9호서식의 폐업신고서를 함께 제출해야 합니다. 이 경우 제출된 「부가가치세법 시행규칙」 별지 제9호서식의 폐업신고서는 관할 세무서장에게 송부됩니다.

첨부서류	휴업기간 또는 폐업 시 카지노기구의 관리계획에 관한 서류(카지노업의 경우만 해당합니다) 1부	수수료
		없음

처리절차			
신고서 작성 →	접수 →	검토 →	수리
신고인	처리기관 (문화체육관광부 · 특별자치시 · 특별자치도 · 시 · 군 · 구 · 지역별 관광협회)	처리기관 (문화체육관광부 · 특별자치시 · 특별자치도 · 시 · 군 · 구 · 지역별 관광협회)	처리기관 (문화체육관광부 · 특별자치시 · 특별자치도 · 시 · 군 · 구 · 지역별 관광협회)

210mm×297mm[백상지 80g/㎡]

공제 영업 보증서

증 서 번 호		제 13-22-0073 호			
피 공 제 자		한국여행업협회장			
공제계약서	상 호	(주)쿠폰트리	대 표 자	장정실	
	관광사업 등록번호	제351호	업 종	종합여행업	
	사 업 자 등록번호	616-81-89740	전화번호	064-800-3375	
			팩스번호	070-4850-8300	
	주 소	(63114)제주특별자치도 제주시 어영길 10-3 (용담삼동) 1층			
공 제 금 액		150,000,000원	분 담 금	222,000원	
공 제 기 간		2022년 02월 09일 (24시부터) ~ 2023년 02월 09일 (24시 까지) 365일간			
특 별 약 관					
특 기 사 항					

위 여행업체는 관광진흥법 제9조, 동법 시행규칙 제18조에 외거한 공제규정 제5조에 따라 공제회에 가입하였음을 증명합니다.

2022년 02월 09일

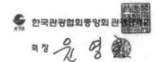

※ 증권발급 사실 확인 안내

발급협회   제주특별자치도관광협회
회 장   부동석
담 당 자   강재연 사원
전화번호   064-742-8961

한국관광협회중앙회 관광공제회
회장 윈 영

공제회장의 서명이 인쇄되지 아니하였거나 증서상의 공제금액 및 공제기간이 정정된 것은 무효입니다.

한국관광협회중앙회 관광공제회
Korea Tourism Mutual Aid Association

증서의 내용이 참여 사실과 같은지 여부를 반드시 확인하시기 바라며, 증서발급사실, 공제약관 등은
상기발급협회 또는 한국관광협회중앙회 관광공제회(www.ktash.or.kr)로 문의주시기 바랍니다.

제3절 여행사의 의무사항과 금지행위

1. 여행사의 의무사항

1) 보증보험등의 가입의무

① 여행업의 등록을 한 자(이하 "여행업자"라 한다)는 그 사업을 시작하기 전에 여행 알선과 관련한 사고로 인하여 관광객에게 피해를 준 경우 그 손해를 배상할 것을 내용 으로 하는 보증보험 또는 한국관광협회중앙회의 공제(이하 "보증보험등"이라 한다)에 가입하거나 업종별 관광협회(업종별 관광협회가 구성되지 않은 경우에는 지역별 관광 협회, 지역별 관광협회가 구성되지 아니한 경우에는 광역단위의 관광협의회)에 영업보 증금을 예치하고 그 사업을 하는 동안(휴업기간을 포함한다) 계속하여 이를 유지하여 야 한다(관광진흥법 제48조의9 제1항, 동법 시행규칙 제18조 제1항 〈개정 2017.2.28.〉).

② 여행업자 중에서 기획여행을 실시하려는 자는 그 기획여행 사업을 시작하기 전 에 보증보험등에 가입하거나 영업보증금을 예치하고 유지하는 것 외에 추가로 기획여 행과 관련한 사고로 인하여 관광객에게 피해를 준 경우 그 손해를 배상할 것을 내용으 로 하는 보증보험등에 가입하거나 업종별 관광협회(업종별 관광협회가 구성되지 아니 한 경우에는 지역별 관광협회, 지역별 관광협회가 구성되지 아니한 경우에는 광역단위 의 지역관광협의회)에 영업보증금을 예치하고 그 기획여행 사업을 하는 동안(기획여행 휴업기간을 포함한다) 계속하여 이를 유지하여야 한다(관광진흥법 제48조의9 제1항, 동법 시행규칙 제18조 제2항 〈개정 2017.2.28.〉).

여행업자가 가입하거나 예치하고 유지하여야 할 보증보험등의 가입금액 또는 영업 보증금의 예치금액은 직전사업연도의 매출액(손익계산서에 표시된 매출액을 말한다) 규모에 따라 아래의 〈별표 3〉과 같이 한다(동법 시행규칙 제18조 제3항).

[별표 3] 보증보험등 가입금액(영업보증금 예치금액) 기준(제18조 제3항 관련)(2021.09.24. 개정)

(단위 : 천원)

여행업의 종류 (기획여행 포함) / 직전사업연도의 매출액	국내여행업	국내외여행업	종합여행업	국내외여행업 의 기획여행	종합여행업 의 기획여행
1억원 미만	20,000	30,000	50,000	200,000	200,000
1억원 이상 5억원 미만	30,000	40,000	65,000		
5억원 이상 10억원 미만	45,000	55,000	85,000		
10억원 이상 50억원 미만	85,000	100,000	150,000		
50억원 이상 100억원 미만	140,000	180,000	250,000	300,000	300,000
100억원 이상 1,000억원 미만	450,000	750,000	1,000,000	500,000	500,000
1,000억원 이상	750,000	1,250,000	1,510,000	700,000	700,000

(비고) 1. 국내외여행업 또는 종합여행업을 하는 여행업자 중에서 기획여행을 실시하려는 자는 국내외여행업 또는 종합여행업에 따른 보증보험 등에 가입하거나 영업보증금을 예치하고 유지하는 것 외에 추가로 기획여행에 따른 보증보험 등에 가입하거나 영업보증금을 예치하고 유지하여야 한다.

2. 「소득세법」 제160조 제3항 및 같은 법 시행령 제208조 제5항에 따른 간편 장부대상자(손익계산서를 작성하지 아니한 자만 해당한다)의 경우에는 보증보험 등 가입금액 또는 영업보증금 예치금액을 직전 사업연도 매출액이 1억원 미만인 경우에 해당하는 금액으로 한다.

3. 직전 사업연도의 매출액이 없는 사업개시 연도의 경우에는 보증보험 등 가입금액 또는 영업보증금 예치금액을 직전 사업연도 매출액이 1억원 미만인 경우에 해당하는 금액으로 한다. 직전 사업연도의 매출액이 없는 기획여행의 사업개시 연도의 경우에도 또한 같다.

4. 여행업과 함께 다른 사업을 병행하는 여행업자인 경우에는 직전 사업연도 매출액을 산정할 때에 여행업에서 발생한 매출액만으로 산정하여야 한다.

5. 종합여행업의 경우 직전 사업연도 매출액을 산정할 때에, 「부가가치세법 시행령」 제33조 제2항 제7호에 따라 외국인관광객에게 공급하는 관광알선용역으로서 그 대가를 받은 금액은 매출액에서 제외한다.

2) 기획여행의 실시

(1) 기획여행의 의의

기획여행이란 여행업을 경영하는 자가 국외여행을 하려는 여행자를 위하여 여행의 목적지·일정, 여행자가 제공받을 운송 또는 숙박 등의 서비스 내용과 그 요금 등에 관한 사항을 미리 정하고 이에 참가하는 여행자를 모집하여 실시하는 여행을 말한다(관광진흥법 제2조 제3호).

여행은 주로 기획여행의 형태로 운용되고 있는데, 그동안 기획여행이 무분별하게 판매되어 왔으며, 여행업자 간의 과당경쟁으로 인하여 관광업계의 질서를 파괴하는 경우가 허다하였다. 이에 따라 국외여행의 질적 향상을 도모하고 여행자의 권익보호 및 과당경쟁 방지를 위하여 기획여행을 규제할 필요성이 제기됨으로써, 여행업자는 문화체육관광부령으로 정하는 요건을 갖추어 문화체육관광부령으로 정하는 바에 따라 기획여행을 실시할 수 있도록 한 것이다(동법 제12조).

(2) 기획여행의 실시요건

「관광진흥법」은 국외여행을 하려는 여행자를 위해 기획여행을 실시하도록 규정하고 있기 때문에 기획여행은 국외여행에 국한하고 있다. 그러므로 기획여행을 할 수 있는 여행업자는 일반여행업자와 국외여행업자이고 국내여행업자는 대상에서 제외된다.

따라서 기획여행을 실시하려는 자는 직전 사업연도의 매출액(손익계산서에 표시된 매출액을 말한다)에 따라 시행규칙 제18조 제3항 관련 〈별표 3〉과 같이 보증보험등에 가입하거나 영업보증금을 예치하고 이를 유지하여야 한다(동법 시행규칙 제18조 제3항).

(3) 기획여행의 광고

기획여행을 실시하는 자가 광고를 하려는 경우에는 다음 각 호의 사항을 표시하여야 한다. 다만, 2 이상의 기획여행을 동시에 광고하는 경우에는 다음 각 호의 사항 중 내용이 동일한 것은 공통으로 표시할 수 있다(동법 시행규칙 제21조).

1. 여행업의 등록번호, 상호, 소재지 및 등록관청
2. 기획여행명·여행일정 및 주요 여행지
3. 여행경비
4. 교통·숙박 및 식사 등 여행자가 제공받을 서비스의 내용
5. 최저 여행인원
6. 보증보험등의 가입 또는 영업보증금의 예치 내용
7. 여행일정 변경시 여행자의 사전 동의 규정
8. 여행목적지(국가 및 지역)의 여행경보단계 〈신설 2014.9.16.〉

3) 여행계약의 구체화(여행지 안전정보 제공 등)

(1) 여행업자는 여행자와 여행계약을 체결할 때에는 여행자를 보호하기 위하여 다음 각 호의 사항을 포함한 해당 여행지에 대한 안전정보를 서면으로 제공하여야 한다. 해당 여행지에 대한 안전정보가 변경된 경우에도 또한 같다(관광진흥법 제14조 제1항 〈개정 2015.2.3.〉 및 동법 시행규칙 제22조의4 제1항 〈개정 2015.8.4.〉).

① 「여권법」(제17조)에 따라 여권의 사용을 제한하거나 방문·체류를 금지하는 국가 목록 및 「여권법」(제26조 제3호) 위반시의 벌칙
② 외교부 해외안전여행 인터넷홈페이지에 게재된 여행목적지(국가 및 지역)의 여행경보단계 및 국가별 안전정보(긴급연락처를 포함한다)
③ 해외여행자 인터넷 등록제도에 관한 안내

(2) 여행업자는 여행자와 여행계약을 체결하였을 때에는 그 서비스에 관한 내용을 적은 여행계약서(여행일정표 및 약관을 포함한다) 및 보험 가입 등을 증명할 수 있는 서류를 여행자에게 내주어야 한다(관광진흥법 제14조 제2항 〈개정 2015.5.18.〉).

(3) 여행업자는 여행계약서(여행일정표 및 약관을 포함한다)에 명시된 숙식·항공 등 여행일정(선택관광 일정을 포함한다)을 변경하려면 해당 날짜의 일정을 시작하기 전에 여행자로부터 서면으로 동의를 받아야 한다. 이 서면동의서에는 변경일시, 변경내용, 변경으로 발생하는 비용 및 여행지 또는 단체의 대표자가 일정변경에 동의한다는 의사를 표시하는 자필서명이 포함되어야 한다(동법 시행규칙 제22조의4 제3항).

(4) 여행업자는 천재지변, 사고, 납치 등 긴급한 사유가 발생하여 여행자로부터 사전에 일정변경 동의를 받기 어렵다고 인정되는 경우에는 사전에 일정변경동의서를 받지 아니할 수 있다. 다만, 여행업자는 사후에 서면으로 그 변경내용 등을 설명하여야 한다(동법 시행규칙 제22조의4 제4항).

4) 유자격 국외여행인솔자에 의한 인솔의무

(1) 국외여행 인솔자의 자격요건

여행업자가 내국인의 국외여행을 실시할 경우 여행자의 안전 및 편의 제공을 위하여 그 여행을 인솔하는 자를 둘 때에는 문화체육관광부령으로 정하는 다음 각 호의 어느 하나에 해당하는 자격요건에 맞는 자를 두어야 한다(관광진흥법 제13조 제1항 및 동법 시행규칙 제22조 제1항). 다만, '제주자치도'에서는 이러한 자격요건을 「관광진흥법 시행규칙」이 아닌 '도조례'로 정할 수 있도록 규정하고 있다(제주특별법 제244조).

1. 관광통역관광통역안내사 자격을 취득할 것
2. 여행업체에서 6개월 이상 근무하고 국외여행 경험이 있는 자로서 문화체육관광부장관이 정하는 소양교육을 이수할 것
3. 문화체육관광부장관이 지정하는 교육기관에서 국외여행인솔에 필요한 양성교육을 이수할 것

(2) 국외여행 인솔자의 자격 등록

국외여행 인솔자의 자격요건을 갖춘 자가 내국인의 국외여행을 인솔하려면 문화체육관광부장관에게 등록하여야 한다. 이는 내국인 국외여행 인솔자에 대한 등록제도를 도입한 것이다.

국외여행인솔자의 자격요건을 갖춘 자로서 국외여행 인솔자로 등록하려는 사람은 국외여행 인솔자등록신청서(별지 제24호의2서식)에 다음 각 호의 어느 하나에 해당하는 서류 및 사진(최근 6개월 이내에 촬영한 탈모 상반신 반명함판) 2매를 첨부하여 관련 업종별 관광협회에 제출하여야 한다.

① 관광통역안내사 자격증
② 문화체육관광부장관이 지정하는 교육기관에서 국외여행 인솔에 필요한 소양교육 또는 양성교육을 이수하였음을 증명하는 서류

5) 관광종사원의 교육

관광사업의 최일선에서 관광객에게 서비스를 제공하는 자는 바로 관광종사원이다. 이러한 서비스의 질을 높이기 위하여 유능한 관광종사원을 양성하고 자질을 향상시키는 것은 관광진흥을 위하여 매우 중요한 일이다. 그런데 관광종사원의 질적 향상은 바로 교육훈련을 통하여 이루어진다고 하겠다.

종전에는 관광법규에서 관광종사원의 교육에 관한 의무를 정부, 관광사업자 및 관광종사원에게 각각 부여하는 규정을 두고 있었다. 즉「관광기본법」은 제11조에서 "정부는 관광에 종사하는 자의 자질을 향상시키기 위하여 교육훈련과 그 밖에 필요한 시책을 강구하여야 한다"고 규정하고, 이에 따라「관광진흥법」은 "관광종사원은 문화체육관광부장관이 실시하는 교육계획에 의하여 교육을 받아야 할 의무가 있다"고(제39조 제2항) 규정하고 있었다.

그러나 개정된「관광진흥법」은 "문화체육관광부장관 또는 시·도지사는 관광종사원과 그 밖에 관광업무에 종사하는 자의 업무능력 향상을 위한 교육에 필요한 지원을 할 수 있다"(제39조: 〈개정 2011.4.5〉)고 규정하고 있다. 이는 종전에 관광종사원으로 하여금 문화체육관광부장관이 실시하는 교육을 의무적으로 받도록 한 것이 그 실효성이 미흡하다고 인정됨으로써 2011년 4월 5일「관광진흥법」개정 때 관광종사원의 의무교육제도를 폐지하고 지원제도로 전환한 것으로 본다.

2. 여행업의 금지행위

여행업의 금지행위를 규정하는 것은 여행업자로 하여금 신의성실에 입각하여 사업을 경영케 함으로써 여행객과 관련 시설업자를 보호하고, 여행업자 상호 간의 과당경쟁을 방지하여 결과적으로 관광을 진흥시키고자 함이다.

여행업자는 다음과 같은 행위를 해서는 안 된다.

1) 관광진흥 저해행위

관광사업자 또는 사업계획의 승인을 얻은 자는 다음과 같은 행위를 해서는 안 된다.

① 관광사업의 경영 또는 사업계획을 추진함에 있어서 허위 또는 부정한 방법을 사용하는 행위

② 관광과 관련되는 시설을 경영하는 자로부터 부당한 수수료나 금품을 수수하는 행위

③ 관광사업과 관련하여 계약이나 약관을 위반하는 행위

④ 관광사업자 상호 간의 과당경쟁을 하는 행위

⑤ 기타 관광진흥을 저해하는 행위

- 퇴폐행위를 알선·유도하는 행위
- 허위 또는 과대광고를 하는 행위
- 다른 업체의 고객을 부당한 방법으로 유인하는 행위
- 물품의 과다구입을 유도하는 행위
- 종사원의 불성실한 업무수행으로 관광객에게 피해를 주는 행위

2) 여행업의 등록취소등

문화체육관광부장관, 시·도지사(특별시장·광역시장·도지사·특별자치도지사) 또는 시장·군수·구청장("등록기관등의 장"이라 한다)은 여행업자가 다음과 같은 사항에 해당되는 때에는 등록등 또는 사업계획의 승인을 취소하거나 6개월 이내의 기간을 정하여 그 사업의 전부 또는 일부의 정지를 명할 수 있게 규정하고 있다(관광진흥법 제35조).

① 관광사업자가 금지행위를 할 때

② 허가를 받지 않고 타인으로 하여금 사업을 하게 할 때

③ 정당한 사유없이 사업을 경영하지 아니한 때, 또는 사업계획의 추진실적이 극히 불량할 때

④ 자산상태 또는 경영상태의 현저한 불량 기타 사유로 그 사업을 계속하게 하는 것이 적합하지 아니하다고 인정된 때

⑤ 관광진흥법에 의한 명령이나 처분에 위반한 때

⑥ 고의로 계약 또는 약관을 위반한 때(여행업에 한함)

3) 여행업자의 결격사유

관광진흥법 제7조에 의거하여 관광사업자의 결격사유에 해당되는 자는 다음과 같다.

① 피성년후견인·피한정후견인

② 파산선고를 받고 복권되지 아니한 자

③ 「관광진흥법」에 따라 등록등 사업계획의 승인이 취소되거나 영업소가 폐쇄된 후 2년이 지나지 아니한 자

④ 「관광진흥법」을 위반하여 징역 이상의 실형을 선고받고 그 집행이 끝나거나 집행을 받지 아니하기로 확정된 후 2년이 지나지 아니한 자 또는 형의 집행유예 기간 중에 있는 자

⑤ 관광사업의 등록등을 받거나 신고를 한 자 또는 사업계획의 승인을 받은 자가 위의 각 호의 어느 하나에 해당하면 문화체육관광부장관, 시·도지사 또는 시장·군수·구청장("등록기관등의 장"이라 한다)은 3개월 이내에 그 등록등 또는 사업계획의 승인을 취소하거나 영업소를 폐쇄하여야 한다. 다만, 법인의 임원 중 그 사유에 해당하는 자가 있는 경우 3개월 이내에 그 임원을 바꾸어 임명한 때에는 그러하지 아니하다.

여행사의 경영

CHAPTER

4

여행사의 경영

여행사의 경영특성

여행상품은 일반제조업의 상품과는 전혀 다른 특성을 지니고 있어 이로 인해 여행은 타 산업과 다른 독특한 특성을 갖는다. 여행사의 특성은 크게 경영구조적 특성, 사회현상적 특성으로 나누어질 수 있는데, 각각의 주요한 특성 및 내용을 살펴보면 다음과 같다.

1. 경영구조적 특성

1) 입지 위주의 사업

여행사는 타 업종에 비해 고객이 이용하기 편리한 곳에 위치하고 있어야 한다. 여행사는 여행객이 쉽게 다가설 수 있는 접근성을 갖추어야 하는 입지의존성이 매우 중요한 사업이다. 이에 많은 여행사들은 인구가 밀집된 대도시의 도심에 밀집되어 있다.

2) 소규모 자본의 특성

여행사는 항공사나 호텔업과 달리 소규모 자본으로도 경영이 가능하며 타 업종에 비해 고정자본의 구성비가 낮고 운영비가 대부분을 차지하는 경향이 있다.

3) 노동집약적 사업

최근에 와서 컴퓨터의 보급·확대 및 정보통신의 발달 등에 힘입어 여행업 내에 사무자동화가 급속히 진전되고 있으나, 서비스의 특성상 다양한 여행객들의 요구를 수용하기 위해서는 자동화 자체가 한계를 지니고 있기 때문에 노동의존도가 매우 높은 게 현실이다. 여행사 경영에는 인간이 가장 중요한 자본으로 여겨지는 것도 이 때문이라 할 수 있다.

4) 인간 위주의 경영특성

여행사에서 판매되고 있는 여행상품의 질이 종사원에 의해 결정되기 때문에, 전문인력의 확보가 요구되며, 종사원의 사기도 매우 중요한 역할을 한다. 이에 경영주에게는 인간중심적인 기업경영이 필수적이라 할 수 있다.

5) 과당경쟁사업

여행사는 타 업종에 비해 설립이 매우 용이하기 때문에 신규진입이 쉽게 이루어지고 있다. 또한 여행상품이 지닌 무형성으로 인해 여행상품의 모방이 쉽다는 점에서 경쟁력 있는 여행상품은 타 여행사에게 쉽게 모방된다. 이에 여행사들 간 또는 여행상품 간에 과도한 경쟁이 이루어지고 있는 실정이다.

2. 사회현상적 특성

1) 계절 집중성

여행수요는 요일이나 계절에 따라 매우 탄력적이다. 즉 여행수요는 평일보다는 주말 또는 방학 때 집중되는 현상을 보이고 있으며, 겨울보다는 봄과 가을에 편중되는 실정이다.

2) 상품수명주기의 단명성

여행상품은 유형재와는 다른 무형재이므로 특허권이 없고, 모방이 가능하기 때문에 상품수명주기가 매우 짧은 경향을 보이고 있다.

3) 사회적 책임 중시

여행사의 경영속성상 여러 나라를 상대로 기업경영활동을 한다는 측면에서 여행객들의 여행지에서의 활동이 국가의 이미지와 직결되기 때문에 경영활동을 수행해 나가는 데 있어 여행사의 책임이 매우 중요시되고 있다.

4) 신용사업

여행객은 여행상품을 구매할 때 여행출발 전에 비싼 여행경비를 여행사에 지급하고 있으며, 여행소재 공급업자도 여행사에 대한 신뢰를 바탕으로 해서 여행소재 공급량을 조절하기 때문에 신용은 여행사 성공의 최대 열쇠가 된다고 할 수 있다.

제2절 여행업의 경영

1. 여행업의 경영조직

1) 여행업 경영조직의 특성

여행사는 여행사의 특성에 맞는 적절한 조직이 구성되어야 한다. 경영조직의 합리화는 종사원 개개인에게 책임과 권한을 명확히 해주고, 그들 스스로 조직의 일원으로서 자발적으로 협조하도록 동기를 부여함으로써 경영효율화를 달성할 수 있다. 또한 건전한 경영조직은 기업의 존립뿐만 아니라 나아가 기업의 다각화를 기할 수도 있고 사업확장과 종사원의 복지증진에도 기여할 것이다.

따라서 여행사의 경영조직은 여행사의 업무상 인적 의존도가 높다는 측면에서 종사원의 권한 여부가 매우 중요한 성패요인이 될 수 있다. 또한 여행사의 존립은 고객에 의해 좌우된다는 측면에서 조직의 구성은 고객지향적이어야 하며, 영업부문의 역할이 가장 강조된다. 아울러 경쟁이 심화되어 가는 환경에서 기존의 정형화된 조직구성으로는 새로운 환경에 적응할 수 없으므로 동적 조직으로 구성되어야 한다.

2) 여행업의 조직구조

여행업의 조직은 여행형태별로 특성이 있으므로 일반적으로 국내여행, 인바운드 여행, 아웃바운드 여행으로 구분하여 부서를 두고 전체를 위한 기획 및 판매부서, 국외지사의 부서를 운영하는 경향이 뚜렷하다.

(1) 부문별 조직구조

[그림 4-1] 여행사 경영조직의 일반적 형태

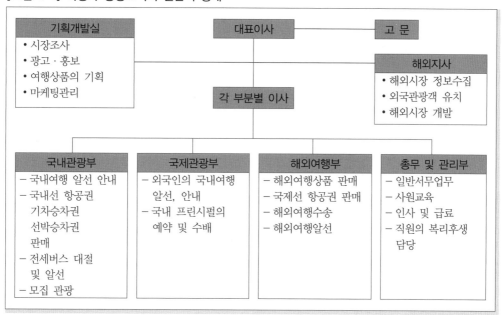

❶ 기능별 조직구조

기능별 조직은 업무의 기능별 분류에 의한 것으로서 기능별로 전문화함으로써 종사원은 한 기능에 집중할 수 있는 장점이 있고, 전문화와 표준화를 통해 효율성의 극대화를 이룰 수 있다. 우리나라의 경우 중·대형 여행사들은 일반적으로 기능별 조직구조를 택하고 있다.

[그림 4-2] 기능별 조직

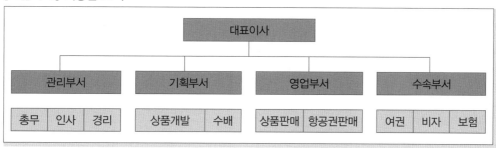

❷ 라인조직구조

라인조직은 소규모 여행사에 적합한 경영조직이다. 라인조직은 기능을 분화하기 어렵고, 지시계통의 일원화가 유지되어야 할 조직에 적합하다. 현재 우리나라의 많은 소규모 여행사들은 라인조직구조를 택하고 있다.

[그림 4-3] 라인조직

2. 여행사의 경영수익

1) 국내여행 경영수익

국내여행업무를 취급할 수 있는 여행사는 종합여행사와 국내외여행사, 그리고 국내여행사이다. 국내여행업무에서 발생되는 여행사의 수익을 항목별로 살펴보면 다음과 같다.

① 주문여행 상품판매에 따른 수익(상품원가의 약 10%)
② 포괄여행 상품판매에 따른 수수료(약 10%)
③ 항공권 및 철도 등 교통기관 이용권의 대리판매에 따른 수수료(약 5~10%)
④ 호텔객실 이용권의 대리판매에 따른 수수료(약 10%)
⑤ 관광기념품의 물품판매에 따른 수수료(약 10%)
⑥ 관광식당 이용에 따른 수수료(약 5~10%)
⑦ 전세버스 대여에 따른 수익

2) 인바운드 경영수익

외국인의 인바운드여행 업무에서 발생되는 여행사의 수익은 크게 지상경비에서 발생되는 수익과 선택여행의 판매수익이 큰 비중을 차지하고 있다. 외국인의 인바운드 여행업무에서 발생되는 여행사의 수익을 항목별로 살펴보면 다음과 같다.

① 여행상품 판매에 따른 지상경비 수익(약 10%)
② 국내 항공권 및 철도 등 교통기관 이용권의 대리판매에 따른 수익(약 5%)
③ 관광식당 이용에 따른 수수료(약 10%)
④ 관광사진 판매에 따른 수수료(약 10%)
⑤ 개인고객의 호텔예약에 따른 송객수수료(약 10%)
⑥ 쇼핑 알선에 따른 수수료(약 10%)
⑦ 골프, 카지노 등의 선택여행 판매에 따른 수수료(약 10%)
⑧ 통역안내 서비스 등의 기타 서비스 관련 수수료(약 10%)

3) 아웃바운드 경영수익

내국인의 아웃바운드 여행업무에서 발생되는 여행사의 수익은 아웃바운드 여행수속에 따른 수속대행 수수료와 각종 여행관련 소재의 이용권 판매에 따른 수수료, 지상경비의 수익 등으로 나눌 수 있다.

① 여권 및 비자발급 대행에 따른 대행수수료(약 5%)
② 국제선 항공권 판매에 따른 수수료(약 9%)
③ 기획여행상품 판매에 따른 수익(약 10%)
④ 국외에서의 선택여행 판매에 따른 수수료(약 10%)
⑤ 국외여행객의 쇼핑알선에 따른 수수료(약 5% 이상)
⑥ 국외 호텔의 이용에 따른 송객수수료(약 10%)
⑦ 타 여행사의 기획여행상품 판매에 따른 수수료(약 5%)

여행상품

CHAPTER

5

여행상품

1. 여행상품의 정의

여행상품은 제조업의 상품과는 다른 여러 가지 특성을 지니고 있으므로 이에 대한 정의와 특성을 살펴보는 일은 여행사에 대한 이해의 증진차원에서 매우 중요하다.

일반적으로 상품은 '기본적 욕구 또는 욕망을 충족시켜 줄 수 있는 가치의 다발'로서 시장에 출하되어 소비자에게 소비의 대상이 될 수 있는 것으로 인식되고 있다. 따라서 상품에는 유형재(tangibilities), 서비스, 아이디어, 장소, 조직, 사람 등이 포함된다. 여행상품은 상품의 하위개념으로서 여행객들의 욕구대상이 되고 여행을 만족시키는 데 관련된 유형·무형의 모든 대상이라고 할 수 있다. 즉 여행상품은 "여행업체가 생산하는 모든 재화와 서비스를 말하며, 여행객이 일정한 장소나 목적지에서 여행을 즐길 수 있도록 여행사가 만드는 여행코스와 일정"이라고 할 수 있다.

2. 여행상품의 구성요소

여행상품은 기본적으로 일반상품과는 전혀 다른 성격을 가지고 있다. 여행상품은 무형적이며, 사용에 있어서도 장소적·시간적 제약이 크다. 그리고 생산과 소비가 동시에 발생하여 저장이 불가능하다는 특성을 가지고 있다.

여행상품은 하나의 여행소재 혹은 수많은 여행소재들의 결합에 의해 이루어진다. 즉 여행상품은 교통, 숙박시설, 유흥, 안내, 기타 서비스 등 복합적 요소를 시간적·기능적으로 구성한 것이다. 여행상품의 구성요소들을 살펴보면 다음과 같다.

① 교통수단(항공기, 지상 교통수단, 여객선 등)
② 숙박시설(호텔, 모텔, 게스트하우스 등)
③ 요식업체(레스토랑, 식당 등의 식·음료 및 서비스)
④ 이벤트(관람, 오락시설 입장, 레크리에이션, 여러 종류의 특별 행사 참가)
⑤ 기념품(공예품, 특산물, 주류 등)
⑥ 지원시설(여행정보로서 지도, 카탈로그, TV, 방송매체 등 각종 대중매체)
⑦ 기타 여행서비스(인솔자나 관광통역안내사의 여행서비스, 수하물 운반 등)

여행상품이 조립형 상품이라 할지라도 각 부품의 독립성이 있다는 점에서 자동차나 컴퓨터 등과는 많은 차이가 있다. 자동차와 컴퓨터는 하나하나의 부품들은 개별적으로 커다란 가치를 지니지 못하지만, 여행상품의 경우에는 항공기, 호텔 등 하나하나의 요소가 독립적으로 그 가치가 소멸되지 않고 큰 가치를 가진다는 점에서 차이가 크다.

3. 여행상품의 특성

여행상품은 다른 유형재와는 상이한 몇 가지의 특성을 가지고 있는데, 무형성, 불가분성, 소멸성, 이질성, 계절성, 모방의 용이성, 상품의 유사성 등이 그것이다.

1) 무형성

여행상품은 그 자체가 무형성으로 유형재처럼 눈으로 보거나 손으로 쥐거나 혹은 냄새를 맡을 수 없다. 이 때문에 여행객은 여행상품의 구매에 있어 여행사의 광고보다 사용경험이 있는 다른 사람들의 구전에 크게 비중을 두게 된다. 또한 무형성 (intangibility)에서 초래하는 불확실성을 줄이기 위하여 여행객은 그 서비스에 관한 정보와 확신을 제공하는 유형의 증거를 찾게 된다. 예를 들면, 여행상품을 구매하는 고객은 여행사의 외관, 청결상태, 종사원의 용모 등의 유형요소를 통해 여행상품을 평가하게 된다. 따라서 많은 여행사들은 이러한 문제를 해결하기 위해서 유형요소의 탁월성을 알림으로써 여행상품의 우수성을 알리려고 노력하고 있다.

2) 불가분성

일반적으로 여행상품은 여행상품의 제공자와 여행객 양자가 매매의 성립을 위하여 그 장소에 함께 있어야 한다. 즉 여행서비스의 경우 여행안내사가 여행안내를 하는 과정에는 반드시 여행객이 그 장소에 함께 있어야 한다. 또한 여행사직원이 여행서비스를 하는 과정(생산)에서 여행상품이 바로 여행객에게 전달(소비)된다.

따라서 여행사직원은 여행상품의 매우 중요한 일부가 된다. 예를 들면, 여행사직원이 훌륭한 여행안내를 했다 하더라도 서비스를 제공하는 여행사직원의 태도가 좋지 않았다면, 여행객들은 여행상품의 종합적 평가를 낮추게 되고, 결과적으로 여행객은 만족하지 못하게 될 것이다.

따라서 이러한 여행상품의 특성인 불가분성으로 인해 여행사직원의 전문성이 매우 중요하게 여겨진다.

3) 소멸성

여행상품은 생산되는 즉시 소비되어진다. 따라서 여행상품은 저장이 불가능하다. 호텔객실, 항공좌석, 철도좌석 등의 여행상품을 예로 들어보자. 만약 100실을 보유한 호텔이 어느 날 밤 50실밖에 판매하지 못했다면 다음 날 밤에 몰아서 150실을 판매할 수는 없다. 나머지 50실을 판매하지 못하여 잃어버린 수입은 영구적으로 사라지는 것이다. 항공기 좌석도 또한 마찬가지이다. 비행기가 출발시간까지 판매되지 않는다면 잔여좌석의 판매가능성은 영원히 소멸되어 버린다. 따라서 많은 여행사들은 각종 특혜를 제공하거나 여행업자 간의 각종 협조체제를 구축하여 소멸성에 대한 위험부담을 최소화하려 노력하고 있다.

4) 이질성

여행상품은 생산과 소비가 동시에 이루어진다. 이러한 생산시점과 소비시점을 분리할 수 없는 불가분성으로 인해 표준화되어 대량 유통되는 유형재들과는 매우 이질적이다. 즉 여행상품의 질은 그것을 누가, 언제, 어떻게 제공하는가에 따라 매우 다르게 나타날 수 있다. 즉 여행상품 제공자의 기분에 따라 여행상품의 품질은 매우 달라질 수 있다. 한편, 여행상품을 제공받는 고객의 상황에 따라서도 여행상품의 품질은 달라질 수 있다.

5) 계절성

대부분의 여행상품은 계절적 요인에 좌우되는 경향이 두드러진다. 즉 여행상품에 대한 여행수요가 연중 특정시기에 편중되어 있다. 우리나라의 경우 봄·가을에는 여행수요가 증가하지만, 여름과 겨울에는 여행수요가 감소하는 경향이 있다.

또한 요일이나 하루의 시간대에 따른 여행상품 수요의 편중이 심하다. 즉 휴일과 주말에는 여행수요가 증가하고 주중에는 여행수요가 감소하는 것이 그러하다.

6) 모방의 용이성

여행상품은 무형성으로 인해 아무리 좋은 여행상품을 개발하였다 하더라도 특허권을 획득할 수 없다. 따라서 후발 여행사가 이러한 질 좋은 여행상품을 쉽게 모방할 수 있는 특징이 있다. 사실상 많은 여행업체들이 여행객의 기호를 철저히 분석하여 여행 상품 개발에 적극적이지 않는 것도 이러한 의미에서 해석할 수 있다.

7) 상품의 유사성

여행상품의 구성요인인 여행소재 공급업자가 현실적으로 제한되어 있기 때문에 여행객의 관점에서 보면 여행사의 여행상품이 거의 유사하게 느끼는 경향이 있다. 사실 여행업자의 관점에서 보면, 특정 여행지의 경우 독점노선의 항공기가 취항하고 숙박시설이 제한되어 있다면 어떤 여행상품을 개발하더라도 타 여행상품과 거의 유사할 수밖에 없는 것이 사실이다. 따라서 여행사의 측면에서 이러한 상품의 유사성에서 경쟁우위를 차지하기 위해서 여행소재 공급업자와의 친밀한 관계유지를 통해 가격차별화를 시도하는 것도 상품의 유사성에서 경쟁우위를 차지하기 위한 것이다.

제2절 여행상품의 개발

1. 여행상품 개발의 중요성

여행업자는 여행객들의 욕구를 효과적으로 충족시켜 고객만족을 창출할 수 있을 때 비로소 생존과 번영을 누릴 수 있는데, 이러한 사회·경제적 사명은 대체로 신상품의 개발을 토대로 하여 수행된다. 더욱이 대부분의 여행사에 있어서 주요한 목표는 전체 상품믹스로부터 얻을 수 있는 잠재수익을 극대화하는 것이므로 신상품 개발은 매우 중요하다.

기본적으로 여행업자에게 있어 신상품 개발의 중요성은 몇 가지 측면에서 검토될 수 있다. 첫째, 여행사는 바람직한 수익수준을 유지하기 위하여 적절한 신상품을 도입해야 하며, 둘째, 여행객은 소득의 증가에 따라 지속적으로 그들의 기호가 바뀌고 있는데 여행업자들은 그들의 새로운 열망에 부응하기 위하여 신상품개발에 노력을 기울여야 한다는 사실이다.

여행객의 환경요인들은 끊임없는 신상품의 개발을 촉구하고 있으므로 오늘날 신상품개발은 여행업자에게 있어 기업의 존속을 위한 필수적인 요건이 되었다.

2. 여행상품의 개발과정

대다수의 여행업자들은 여행상품이 무형재라는 특성으로 인해 인기있는 타 여행사의 여행상품을 쉽게 모방하여 사용하는 경우가 많으나, 초우량 여행사는 끊임없는 연구개발을 통하여 자체적으로 신상품을 개발하고 있다. 여행업자들에게 신상품은 간혹 우연히 개발되기도 하지만, 대체로 그들의 신중한 계획에 의해 개발되며 비용도 많이 소요된다. 신상품을 자체 개발하려는 경우에 거쳐야 하는 단계는 기본적으로 일곱 단계로 구성되는데, 각 단계에서의 의사결정은 신상품 개발과정을 지속할 것인지 또는 중단할 것인지의 여부이다.

여행사들이 신상품 개발을 통하여 달성하고자 하는 목표는 대체로 기업의 전체 상품들로부터 기대되는 잠재수익을 극대화하는 것이지만, 실제의 여행사들이 추구하고 있는 신상품 개발목표는 매출액 증진, 이익증대, 마진의 개선, 시장점유율 확대, 주당 수익률 개선, 가격조정 등 매우 다양하다.

1) 상품 아이디어의 창출

상품 아이디어를 창출하는 단계에서는 가능한 한 많은 아이디어들이 추구되며, 이후의 단계들은 모두 아이디어의 수를 축소하는 작업이다. 신상품 개발에 있어서 아이디어는 고객, 여행전문가, 경쟁자, 중간업자, 최고경영자 등이 중요한 원천이 되고 있다.

2) 아이디어의 여과

상품 아이디어의 수를 감소시켜 나가는 첫 번째 단계는 아이디어의 여과이다. 아이디어가 성공적인 신상품으로 전환될 수 있는가에 대한 판단은 현재의 자원과 능력의 평가를 통해 성공가능성이 낮은 아이디어를 배제한다.

3) 신상품개념의 개발과 개념시험

신상품개념의 개발은 상품으로 전환시킬 때 수익성이 있다고 판단되는 아이디어를 잠재고객의 관점에서 상품으로 구체화한 것을 의미한다.

일단 상품개념이 구체화되면 개념시험에 들어가게 되는데, 개념시험(concept testing)이란 신상품 개념을 묘사하고 그것에 대한 잠재고객들의 선호나 태도 등 반응을 평가하는 일이다.

4) 임시적 마케팅전략의 개발과 사업성 분석

잠재고객들이 신상품 개념에 대하여 우호적인 반응을 보였다면, 그 신상품의 여행업자는 사업성을 분석하기 위하여 표적시장을 선정하고 마케팅믹스를 구성하는 등 임시적으로 마케팅전략을 개발해야 한다. 그 다음은 추정된 수요를 전제로 하여 사업계획을 수립하고 신상품의 사업성을 평가하여야 한다.

5) 상품생산과 기능시험

사업성 분석단계를 통과한 신상품 개념은 이제 비로소 시상품(prototype)으로 만들어 다시 시험마케팅에 이용되기 전에 제대로 기능을 발휘하고 있는가를 확인하기 위한 기능시험(functional tests)을 거쳐야 한다.

6) 시험마케팅

대량생산을 통하여 신상품을 본격적으로 시장에 도입하기에 앞서서 여행업자는 최종적으로 실제의 시장환경 내에서 잠재고객들의 반응을 평가해야 하는데, 이러한 일을 시험마케팅이라고 부른다. 즉 여행업자는 신상품을 포함한 마케팅 프로그램을 실제의 시장여건에 적용해 봄으로써 신상품의 시장 수용도를 파악할 수 있다. 이러한 시험마케팅은 신상품 개발에 많은 자금이 투자되었거나 마케팅위험이 높을 때 광범위하게 실시되어야 하지만, 신상품 도입이 시간적으로 긴박하거나 시험마케팅의 비용이 많이 소요될 경우라면 비교적 소규모로 실시되는 경향이 있다.

7) 신상품화

시험마케팅의 결과를 근거로 하여 여행업자가 신상품을 대량생산하여 시장에 도입하기로 결정하였다면 우선 완전한 생산설비를 갖추어야 할 뿐 아니라 다음과 같은 네 가지의 부수적 의사결정을 내려야 한다.

❶ 시기(when)

신상품이 시장에서 신속하게 뿌리내리기 위해서는 적절한 도입시기가 중요하며 그것은 신상품 실패율과도 관련된다. 특히 여행상품에 대한 수요가 성수기와 비수기에 뚜렷한 차이가 나타나기 때문에 비수기를 피해야 한다.

❷ 장소(where)

신상품의 마케팅노력을 집중시킬 표적시장을 지역이라는 측면에서 정의하기 위하여 여행업자는 각 지역시장의 규모와 성장전망, 경쟁의 강도 등을 평가해야 한다.

❸ 고객(to whom)

신상품을 시장에 도입하기 위하여 여행업자는 표적시장을 매우 신중하게 선정해야 하는데, 신상품 도입단계에서 유망한 잠재고객들은 혁신수용성향이 강하고 대량으로 소비하며(heavy user) 기업에게 우호적인 의견선도자의 역할을 수용하되 적은 비용으로 접근할 수 있어야 한다.

❹ 방법(how)

여행업자는 일정한 지역시장에서 표적고객을 대상으로 상품을 도입하기 위한 구체적인 실행계획을 수립해야 하는데, 이러한 실행계획은 마케팅믹스의 각 요소별로 마케팅자원을 어떻게 배분할 것인지에 대한 지침을 준다.

제3절　여행상품 수명주기

　모든 상품은 인간의 욕구와 필요를 충족시켜 주지만, 그들의 유용성은 영구적일 수 없음을 유의해야 한다. 즉 상품은 잠재고객들의 필요를 근거로 하여 처음 시장에 도입된 후 고객만족을 창출하면서 인기를 끌다가 가치를 잃게 되면 다른 욕구충족 수단에게 자리를 물려주고 시장에서 물러나게 된다. 이러한 상품의 일생을 상품수명주기라고 하는데, 많은 시사점을 제공해 준다.

1. 여행상품 수명주기의 개념과 특성

　여행상품 수명주기는 매우 단순한 개념이지만 상품의 성장과 발전전망을 검토하기 위한 개념적 근거를 제공할 뿐 아니라 경영계획을 수립하기 위한 실천적 근거를 제공해 준다. 즉 마케팅목표와 전략은 상품들이 수명주기상의 단계를 확인하여 상품계열 내의 전반적인 수명주기 믹스를 결정하고 그러한 수명주기 믹스의 추세와 영향을 평가한다면 그는 개별상품의 수명주기를 조정하고 통제하거나 상품계열의 전반적인 수명주기 믹스를 개선함으로써 장기적인 수익성을 증대시킬 수 있을 것이다.

1) 여행상품 수명주기의 개념

　여행상품이 시장에 도입된 후 시간경과에 따른 매출액 수준을 나타내는 시장수요의 변화패턴을 여행상품 수명주기라고 한다. 이러한 시장수요의 패턴은 수요와 관련된 여러 가지 특성에 따라 대체로 도입기, 성장기, 성숙기, 쇠퇴기로 구분할 수 있는데, 이러한 단계들은 일종의 상품수명주기(PLC, product life cycle)를 구성한다.

　그러나 아직은 상품별 수명주기상의 단계를 확인하거나 각 단계의 지속기간 및 단계이행 요인, 매출액 등을 예측하기 위해 필요한 기법들이 충분히 개발되어 있지 않기 때문에 상품수명주기의 개념은 단지 시장수요의 패턴을 묘사하는 데 유용할 뿐이며, 상품성과를 예측하거나 마케팅전략을 수립하기 위한 도구로 이용하기에는 미흡하다.

2) 여행상품 수명주기의 특성

모든 상품이 수명주기를 갖고 있으며 대체로 공통적인 몇 가지의 특성을 보인다.

첫째, 상품수명주기는 대체로 [그림 5-1]과 같은 형태(누적매출액은 S형 곡선임)를 취하며 수요수준을 근거로 하여 도입기, 성장기, 성숙기, 쇠퇴기로 구분할 수 있다. 물론 일부 상품들이 도입기에서 실패하여 도중하차하거나 성장기에서 곧바로 쇠퇴기로 넘어가기 때문에 모든 상품이 반드시 네 단계를 모두 거치는 것은 아니다. 또한 상품에 따라서는 전체 수명주기가 몇 주일로부터 수십 년에 이르기까지 다양한 기간을 포괄하며, 수명주기상의 각 단계가 지속되는 기간도 상품에 따라 매우 다르다.

둘째, 이익은 도입기에 적자였다가 성장후기에서 극대점에 이르며, 성숙기를 지남에 따라 점차로 감소한다.

셋째, 모든 상품은 결국 쇠퇴기를 맞이하며 신상품의 개발계획을 조기에 수립하도록 촉구한다.

넷째, 성숙기는 대체로 수명주기상에서 가장 긴 기간을 차지하는데, 오늘날 시장성공을 거두고 우리에게 친숙한 상품들은 대체로 이 단계에 처해 있으며, 대부분의 마케팅이론도 성숙기에 처해 있는 상품들을 위한 것이다.

[그림 5-1] 여행상품 수명주기와 이익곡선

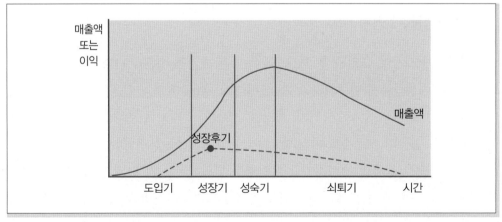

2. 각 단계의 특성 및 마케팅전략 방향

여행상품 수명주기는 학자에 따라 다양하게 구분되지만, 단계의 수는 별로 중요하지 않으며 단지 수요 및 경쟁특성이 유사한 단계를 구분하여 마케팅전략의 일반적인 방향을 제시하는 것은 매우 중요한 일이다.

1) 도입기(introduction stage)

상품이 시장에 처음으로 등장하여 잠재고객들의 관심을 끌고 구매를 자극해야 하는 단계를 말한다. 도입기는 상품이 시장에 도입된 시간이 많이 경과하지 않았으므로 상품의 인지도가 낮고 잠재고객들이 많은 위험을 지각하므로 수요가 매우 적다. 그러나 상품에 대한 인지도가 낮기 때문에, 매출액이 적은 데도 불구하고 초기의 집중적인 촉진활동과 유통망 확보에 많은 비용이 지출되기 때문에 대체로 적자가 나기 쉽다. 또한 상품이 최초로 도입되는 단계이므로 상품실패의 가능성이 높으며, 시장반응에 따라 상품이 자주 수정되기도 한다.

2) 성장기(growth stage)

성장기는 상품이 일단 매출액의 완만한 증가단계(도입기)를 거쳐 체증적으로 증가하기 시작하는데, 이러한 현상은 새로운 고객의 구매와 만족한 기존고객들의 반복구매에 기인한다. 성장기는 가속적인 구매확산과 대량생산을 통한 가격인하의 연쇄관계가 형성됨에 따라 전체시장의 규모가 급속하게 확대된다. 또한 상품을 취급하려는 중간기관들의 수가 증가하며, 그들이 재고를 갖춰감에 따라 매출액은 더욱 신장되며 이익도 흑자로 돌아 증가하기 시작한다.

3) 성숙기(maturity stage)

매출액이 체감적으로 증가하거나 안정된 상태를 유지하는 단계를 성숙기라고 하는데, 마케팅전략의 초점은 대체로 재마케팅과 관련된 과업들을 통하여 [그림 5-1]과 같이

상품수명주기를 소생시키는 일이다. 성숙기에는 많은 시장참여자들과 과잉생산능력에 의하여 경쟁이 심화된다. 과도한 가격인하 경쟁과 유통망 확보 및 판매촉진 비용의 증대로 이윤이 감소하며, 한계적인 경쟁자들이 시장에서 탈락하기 시작한다. 또한 다양한 상품을 공급하는 경쟁자가 많기 때문에 오히려 상품차별화의 기회가 제한을 받는다.

4) 쇠퇴기(decline stage)

모든 상품은 여러 가지 환경요인들의 변화에 따라 결국 수요가 지속적으로 감소하는 쇠퇴기를 맞게 마련인데, 쇠퇴기는 첫째, 소비자의 기호변화가 일부 상품의 수요를 감소시키거나 없앨 수 있다. 둘째, 우수하고 저렴한 대체품의 등장으로 동일한 욕구에 소구하던 기존상품의 수요가 잠식당한다. 셋째, 경쟁자가 훨씬 우월한 마케팅전략을 구사하여 상대적 경쟁우위를 차지하여 본 상품의 경쟁력이 떨어지게 됨으로써 쇠퇴기를 맞게 된다.

제4절 여행상품의 가격결정

1. 여행상품의 가격구성요소

여행업자는 각 필요한 구성요소를 생산·조립하여 생산된 여행상품을 유통경로를 통해 경로구성원들, 즉 여행소매업자나 여행객들에게 판매한다. 여행업자는 여행구성요소를 소유하고 있지 않기 때문에 여행소재 공급업자들의 공급능력에 매우 의존하고 있는 실정이다.

따라서 여행상품에 대한 수요가 일시적으로 급증한다고 해도 항공좌석과 호텔 객실 등과 같은 여행구성요소를 신축적으로 공급할 수가 없다. 따라서 여행상품은 여행소재 공급업자들의 공급능력 수준에 맞게 판매할 수 없으며, 그들과의 긴밀한 유대관계의 유지가 매우 중요하다. 또한 국외여행의 경우에는 국제항공운송협회(IATA)의 규정에 따라 여행상품 가격이 항공운임, 숙박을 포함한 총경비가 소정의 최저판매가격(MTP, minium tour price) 수준 이하로 내려가서는 안 된다.

여행상품의 가격결정에는 몇 가지 특징이 있다.

첫째, 여행업자는 기본적으로 여행소재들을 소유하고 있지 않기 때문에 여행소재 공급업자가 제시하는 요금에 의해 좌우되는 경향이 있다.

둘째, 해당 관계기관으로부터 많은 제약을 받는다.

셋째, 여행소재 공급능력이 유한하기 때문에 공급의 경직성을 가지고 있어 공급능력에 맞게 여행상품을 공급할 수밖에 없다.

여행상품의 가격구성에 있어서 기초가 되는 원가의 대부분이 숙식비와 교통비로 이루어져 있다. 특히 여행상품의 가격은 상품구성요소 중의 하나인 교통비를 총괄하는 교통기관의 정책에 달려 있다. 또한 국외여행상품의 구성요소 중에서 일반적으로 가장 비중이 큰 것은 항공요금인데, 이는 국제항공운송협회의 규정에 의존하고 있는 실정이다.

일반적으로 여행상품의 가격은 직접비와 간접비에 이익을 합산하여 이루어지는데, 여행상품 가격의 계산공식은 다음과 같다.

> 여행상품 가격 = 직접비+간접비+이익(이윤)
> = (교통비+지상경비)+간접비+이익(이윤)

〈표 5-1〉 여행상품의 가격구성요소

직접비	+	간접비	+	이익
• 교통운임 - 항공료, 유류할증료, 　선박요금 등 • 지상경비 - 숙박비(객실료) - 식사비 - 관광교통비(렌터카 등) - 관광지 입장료, 관람료 - 현지가이드 비용		• 여행보험료 • T/C의 여행경비 • 예비비 - 판촉, 광고선전비 등		• 판매원가의 10% - 계절에 따라 변동

직접비는 교통비와 지상경비로 이루어지며, 지상경비에는 숙박비, 안내비, 식사비, 입장료 및 관람료 등이 포함된다. 간접비는 알선이나 수배 등에 소요되는 여러 비용으로서 광고선전비, 판촉비, 보험료, 기타경비 등이 포함된다.

2. 여행상품의 가격결정요소

여행상품의 가격결정에 영향을 미치는 요인은 다음과 같다.

❶ 여행기간

여행기간이 길면 길수록 그만큼 체재경비가 많이 들어가기 때문에 여행상품의 가격이 올라간다.

❷ 여행거리

여행상품의 가격구성요소에서 항공료가 많은 부문을 차지하고 있다. 이때 항공요금은 주로 거리에 비례하여 책정되기 때문에 여행거리가 멀수록 가격이 올라간다.

❸ 수요의 유동성

여행상품을 구매하는 수요는 계절적인 영향을 받는다. 성수기에는 수요가 많기 때문에 가격이 올라가고, 비수기에는 수요가 적기 때문에 가격이 내려간다. 또한 여행인원의 수에 따라서도 가격이 영향을 받는데, 항공 운임의 경우에는 단체여행일 때 인원에 따라 할인혜택을 받을 수 있다. 따라서 여행수요가 많으면 많을수록 여행상품의 가격은 내려간다.

❹ 여행상품의 구성내용

여행상품의 가격은 구성내용에 따라 달라진다. 즉 교통비의 경우 항공기는 1등석인가 2등석인가에 따라 달라지고, 숙박비의 경우에도 숙박시설의 등급, 객실당 이용인원에 따라 달라질 수 있다. 또한 식사, 방문관광지의 수, 체재시간 등도 여행상품의 가격에 영향을 미치며 관광통역안내사의 유무, 고령자를 위한 의사동반 유무 등도 가격에 영향을 미친다.

❺ 간접요소

간접요소인 여행사의 서비스수준, 공신력, 여행사와 여행상품의 이미지, 판매수량, 경쟁력, 외환변동 등도 가격에 영향을 미친다.

3. 여행상품의 가격결정방법

여행상품의 가격은 기업내부적 요인으로 원가, 기업의 마케팅 목표, 마케팅믹스, 조직 등에 따라, 기업의 외부적 요인으로 시장의 특성과 수요, 경쟁, 그 밖의 환경적 제약 등에 따라 달라질 수 있다. 여행상품의 가격결정방법은 원가지향적 가격결정방법, 경쟁자지향적 가격결정방법, 소비자지향적 가격결정방법 등이 있다. 여행상품은 다른 일반상품과는 달리 여행에 관련된 소재공급업자들의 공급가격을 원가로 사용하여 가격을 결정해야 하므로 주로 원가지향적 가격결정방법을 사용하는 경향이 뚜렷하다.

1) 원가지향적 가격결정방법

원가지향적 가격결정방법에는 원가가산 가격결정법과 목표이익 가격결정법의 두 가지 방법이 가장 널리 이용되고 있다. 원가가산 가격결정은 상품원가에 일정률의 이익을 더해 판매가격을 결정하는 가장 기본적인 가격결정의 방법이다. 대부분의 여행사들이 이러한 가격결정법을 많이 선호하고 있는데, 이는 기업이 원가에 대한 정확한 내부자료를 갖고 있으며, 같은 업계 내의 모든 여행사들이 업계의 관행으로 받아들여지는 이익률을 이용하여 가격을 정하면 불필요한 가격경쟁을 피할 수 있으며, 업계의 가격결정이 매우 용이하기 때문이다.

목표이익 가격결정은 기업이 목표이익률을 정하여 이를 기준으로 상품의 가격을 결정하는 방법이다. 이 방법은 미국의 General Motors가 처음 사용하여 다른 기업들에게 널리 알려지게 되었다.

원가가산법과 목표이익 가격결정은 판매량에 영향을 미치는 수요의 탄력성과 경쟁자의 가격을 고려하지 못하는 단점이 있다.

2) 경쟁자지향적 가격결정방법

자사상품의 원가나 수요보다 경쟁자의 상품가격을 근거로 자사상품의 가격을 결정하는 방법이다. 이러한 방법은 여행사가 자사상품의 생산비용 측정이 어려운 경우나 시장에서 경쟁기업의 반응이 불확실한 경우에 사용될 수 있다. 가격에 관한 의사결정은 근본적으로 경쟁을 고려하게 되지만, 여기서는 가격결정이 경쟁상품의 가격에 맞추어 이루어지는 것을 말한다.

일반적으로 여행사는 시장경쟁상황이나 상품의 특성에 따라 주요 경쟁자의 상품가격과 동일하게 책정하거나, 낮거나 높게 정할 수 있다.

(1) 상대적 저가격 전략

이 전략은 경쟁자보다 낮게 가격을 결정하는 것으로 대개 시장점유율을 높이기 위한 마케팅전략으로 사용된다. 업계의 후발주자로서 시장리더의 점유율을 잠식하기 위해 소비자에게 추가적인 가치를 제공해 주어야 하므로 저가격으로 출시하는 것이다.

(2) 상대적 고가격 전략

이 정책은 경쟁상품에 비해 높은 가격을 책정하는 방법이다. 대개 경쟁상품과 품질에서 별 차이가 없더라도 기업의 명성이 높거나 상표인지도가 높은 경우에 이 정책을 많이 사용한다.

(3) 경쟁자모방 가격전략

이 정책은 가격을 결정하기 위하여 특별히 노력하기보다는 경쟁자가 현재 구사하고 있는 가격을 그대로 모방하는 것으로, 이러한 경쟁자 모방가격은 대단히 경쟁적인 시장에서 동질적인 상품을 마케팅하는 여건에서 보편적이다.

3) 소비자지향적 가격결정방법

이 방법은 상품생산에 소요된 원가나 목표수익률을 고려하여 가격을 결정하지 않고 소비자가 상품에 대하여 지각하고 있는 가치를 기준으로 가격을 결정하는 방법이다. 여행사는 자사상품에 대한 소비자의 지각된 가치를 알려면 자사상품이 고객에게 주는 편익은 무엇이고, 고객이 이러한 편익에 부여하는 가치가 어느 정도인지를 파악하여야 한다. 소비자가 자사상품에 대해 높은 가치를 부여한다면 생산비에 관계없이 고가격을 책정할 수 있을 것이다.

이 방법은 원가지향적 가격결정에 비해 돈을 지불할 대상인 소비자지향적이라는 데서 그 합리성을 찾을 수 있지만, 소비자의 지각된 가치에 대한 객관적인 파악이 어렵다는 문제가 있다.

제5절 여행상품의 유통과 판매

1. 유통경로의 성격

여행상품의 유통경로(distribution channels)란 여행상품의 생산업자로부터 여행객에게 상품과 서비스를 이용하게 하는 과정에서 포함되는 모든 조직의 집합을 말한다. 유통경로는 여행소재 공급업자, 여행도매업자, 여행소매업자, 여행객을 포함하고 있다.

여행소재 공급업자, 여행도매업자 등이 실제로 여행소매업자를 활용하는 이유에는 몇 가지가 있는데, 이는 다음과 같다.

첫째, 상당수 많은 여행상품의 생산업자(여행소재 공급업자, 여행도매업자 등)들이 최종 여행객에게 직접 상품을 유통시킬 만한 자금을 갖고 있지 못하기 때문이다. 설사 독자적인 자신의 경로를 구성할 수 있는 능력이 있다 하더라도 이 자금을 그들의 주요 사업에 집중투자함으로써 훨씬 많은 이윤을 내기 때문이다.

둘째, 여행소매업자들은 표적시장의 고객들이 상품을 원하는 시간에, 그리고 편리한 장소에서 훨씬 용이하게 구입할 수 있게 해주는 역할을 한다.

셋째, 여행소매업자들은 여행공급업자(여행소재 공급업자, 여행도매업자 등)가 생산한 상품의 구색을 소비자들이 원하는 구색으로 전환시켜 주는 기능을 하고 있다. 유통경로를 통해서 여행소매업자들은 많은 여행공급업자들로부터 대량으로 구입하여, 여행객들이 원하는 다양한 구색을 갖추어 소량으로 판매한다.

2. 여행상품 유통경로의 기능

유통경로는 상품을 여행공급업자로부터 소비자에게 이전시키는 과정에서 시간, 장소, 소유 및 형태의 효용을 제공하는 역할을 담당하며 다음과 같은 주요 기능을 한다.

❶ 시간효용(time utility)

소비자가 원하는 시간에 언제든지 상품이나 서비스를 구매할 수 있는 편의를 제공해 준다.

❷ 장소효용(place utility)

소비자가 어디에서나 원하는 장소에서 상품이나 서비스를 구매할 수 있도록 편의를 제공해 준다.

❸ 소유효용(possession utility)

생산자 중간상으로부터 상품이나 서비스가 거래되어 소유권이 이전되는 편의를 제공해 준다.

❹ 형태효용(form utility)

상품과 서비스를 고객에게 좀 더 매력적으로 보이기 위하여 형태나 모양을 변경시켜 편의를 제공해 준다.

유통경로는 이러한 네 가지 효용을 제공하기 위하여 여러 가지 기능을 수행하고 있는데, 그 기능을 크게 나누면 다음과 같다.

❶ 정보(information)기능

마케팅환경에 대한 마케팅조사와 전략에 필요한 정보를 수집하고 제공해 주는 기능을 한다.

❷ 촉진(promotion)기능

제공물에 대해 설득력 있는 커뮤니케이션을 개발하고 확산시키는 기능을 한다.

❸ 접촉(contact)기능

잠재구매자를 발견하고 커뮤니케이션하는 기능을 한다.

❹ 조합(matching)기능

제조, 규격, 집하 및 포장 등의 작업을 포함하여 구매자의 욕구를 충족시킬 상품을 조합하는 기능을 한다.

❺ 교섭(negotiation)기능

소유권을 이전할 수 있게 가격과 상품, 그 밖의 조건에 동의하게 하는 기능을 한다.

❻ 물적 유통(physical distribution)기능

상품의 운송 및 보관하는 기능을 한다.

❼ 재무(financing)기능

채널 업무 비용을 충당하기 위한 자금을 획득하고 사용하는 기능을 한다.

❽ 위험부담(risk taking)기능

재고에 대해 충분히 이익을 내고 판매할 수 있는 재무상의 위험을 부담하는 기능을 한다.

유통경로의 기능 중 정보, 촉진, 접촉, 조합, 교섭의 기능은 거래를 성취하는 데 기여한다. 그리고 물적 유통, 재무, 위험부담의 기능은 완성된 거래를 실현하는 데 기여한다.

3. 여행상품의 유통경로

유통경로는 경로수준의 수에 의해 설명할 수 있다. 경로수준은 상품 및 서비스의 소유권을 최종소비자에게 더욱 가까이 이동시키기 위해 각종의 다양한 일을 담당하고 있는 각 계층을 말한다. 보통 경로수준은 경로의 길이를 나타내는 자료로 이용되고 있다. 경로의 길이는 중개자의 수에 따라 여러 유형으로 달라질 수 있다.

[그림 5-2] 여행상품의 유통경로

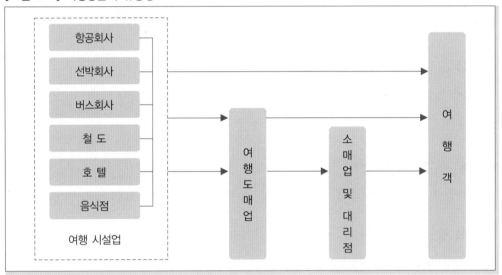

여행상품의 유통과정은 생산자가 생산한 상품을 최종 여행객에게 이동시키는 과정을 조직화한 것이다. 이와 같은 유통과정이 발생된 원인은 생산자와 최종 소비자 간의 시간적·장소적 차이를 극복하려는 데 있다.

여행상품의 유통과정은 여행사가 생산한 상품을 최종 소비자인 여행객에게 전달시키는 방법으로 다음과 같이 나눌 수 있다.

1) 여행소재 공급업자 → 여행객의 경로

여행소재 공급업자가 여행관련 상품을 유통과정을 거치지 않고 여행객에게 직접 판매하는 것으로서 직접 유통과정이다. 이러한 유통경로는 여행시장의 규모가 작거나 지역적으로 밀집되어 있어서 여행소재 공급업자가 여행객과의 직접적인 접근이 용이할 때 이루어진다. 여행소재의 유통은 지금도 매우 활성화되어 있는 실정이다. 또한 이러한 유통경로는 여행객의 측면에서 컴퓨터의 발달로 인해 시간과 장소의 제약을 벗어나 직접적으로 여행소재 공급업자와의 접촉이 가능하다는 점에서 더욱더 선호되고 있다. 이러한 단계의 장점은 다음과 같다.

첫째, 여행소재 공급업자의 측면에서는 여행객과 직접 접촉함으로써 고객을 관리하기가 쉽고 재판매 기회가 확대된다.

둘째, 여행기간과 내용을 변경하기 쉽다.

셋째, 여행객에게 직접 판매함으로써 이윤 폭이 커진다.

넷째, 여행소재 공급업자의 측면에서는 여행객과 직접적인 거래를 하기 때문에 추천판매가 가능하다.

다섯째, 여행소재 공급업자의 측면에서는 여행객과의 직접적인 거래를 하므로, 중개인에게 줄 수수료를 절약할 수 있어 결과적으로 이윤이 증가할 수 있다.

여섯째, 관광계획이 간단할 때 여행객들은 일부 여행소재를 직접 구입하는 것이 중개인을 통하는 것보다 더욱 빠르다.

일곱째, 여행객의 측면에서 중개인이 존재하지 않고 공급업자와 직접 거래하므로 더욱더 정확성을 기할 수 있다.

2) 여행소재 공급업자 → 여행업자 → 여행객의 경로

여행시장이 확대되고 경쟁업자의 경쟁력이 커지면서 여행소재 공급업자들이 여행객과 직접적으로 접촉하여 판매하는 것에 한계가 있고, 경쟁력 강화를 위해 생산되는 여행상품의 품질에 매진해야 하는 치열한 경쟁상황에서 매우 적합한 유통경로라고 할 수 있다. 여행사는 여행소재 공급업자를 대리하여 여행소재를 여행객에게 판매하고, 판매대가로 공급업자로부터 일정률의 수수료를 받는다. 이러한 단계의 장점은 다음과 같다.

첫째, 여행업자를 통하여 판매함으로써 직접판매 비용이 절감되며, 둘째, 새로운 시장을 개척하기가 쉽다는 것이다.

3) 여행소재 공급업자 → 여행도매업자 → 여행소매업자 → 여행객의 경로

이 형태는 가장 발달된 유통과정이라 할 수 있다. 이 형태는 여행소재의 단순한 알선을 통한 판매보다는 부가가치가 높은 여행상품을 개발하여 적극적인 판매에 주력함으로써 그 기능이 여행도매업자와 여행소매업자로 나뉜다. 즉 여행도매업자는 여행객의 수요를 미리 예측하고, 호텔의 객실을 대량 예약하거나 항공기를 전세하는 등 일괄적으로 여행요소를 구매한다. 그리고 구매한 객실, 항공기 좌석 등을 조립함으로써 하나의 여행상품을 만들어 여행소매업이나 대리점에 판매하고 여행소매점이나 대리점은 다시 여행객에게 판매한다. 이러한 단계의 유통경로의 장점은 다음과 같다.

첫째, 여행도매업자가 여행상품을 개발하여 판매함으로써 비수기에 판매가 촉진된다. 둘째, 여행도매업자가 다량으로 구매하여 판매함으로써 가격이 저렴해진다. 셋째, 여행상품의 생산과 판매기능이 분리됨으로써 전문성이 이루어진다.

4. 여행상품의 유통기관

1) 여행도매업자

여행도매업자는 수요를 예상하여 여행목적지로의 수송, 객실 및 다른 가능한 서비스(여행, 여흥 등)를 준비하여 이를 완전한 서비스상품으로 만들어 여행소매업자를 통해 공급하는 유통과정상의 기관이라 할 수 있다. 즉 다양한 여행소재 공급업자들이 제공하는 상품 및 서비스를 결합하여 여행상품을 계획, 준비, 판매, 관리하는 여행업자이다. 따라서 여행도매업자의 특징은 여행상품을 고객에게 직접 판매하지 않고 여행소매업자를 통해서 판매한다는 점이다.

여행도매업은 아웃바운드 여행, 인바운드 여행 또는 양쪽(인바운드와 아웃바운드 여행)에 대한 여행상품 개발을 전문적으로 담당한다. 여행도매업자는 수요를 미리 예상하여 여행목적지까지 교통수단과 목적지에서의 숙박, 식사, 관광 등을 조합하여 이를 완전한 여행상품으로 만들어 여행소매업자에게 유통시킨다. 여행도매업자의 역할을 살펴보면 다음과 같다.

첫째, 여행소재 공급업자로부터 자기 부담하에 여행소재를 다량으로 구입하여 여행상품을 기획한다. 둘째, 여행객의 기호를 조사하여 여행상품을 기획함으로써 여행객에게 보다 좋은 상품을 제공한다. 셋째, 여행상품의 판매는 소비자를 대상으로 직접 판매하지 않고, 여행소매업자를 통하여 간접판매를 한다. 넷째, 여행객의 기호 변화에 따른 적절한 상품개발에 선도적인 역할을 한다. 다섯째, 여행소매업자에게 시장정보와 경영 자문서비스를 제공한다. 여섯째, 여행상품의 생산과 판매업무를 분업화하여 전문성과 능률성을 높인다. 일곱째, 여행소재의 대량구입으로 원가를 절감시켜 여행상품 가격을 저렴화시킨다.

2) 여행소매업자

여행소매업자는 여행도매업자나 여행소재 공급업자로부터 여행상품을 공급받아 여행객에게 직접 판매하고, 이들로부터 판매실적에 상응하는 일정한 수수료를 받고 여행객에게 여행과 관련된 모든 정보를 제공하는 여행사이다. 여행소매업자의 특징은 여행상품을 기획, 생산하지는 않고, 단지 여행도매업자로부터 공급받은 여행상품을 판매하고, 그에 따른 부수적인 서비스를 제공한다는 점이다. 즉 여행소매업자는 여행소재 공급업자인 항공사나 호텔 등의 여행관련 상품 또는 여행도매업자의 여행상품을 지정된 가격으로 여행시장에 판매하도록 인정받는 업체로서, 다만 중간업자로서의 역할만을 수행함으로써 판매수량에 상응한 일정률의 수수료를 받는다.

여행소매업자는 여행도매업자에 비하여 여행상품 단위당 수익률은 낮으나 여행상품을 생산하거나 생산에 따른 비용부담이 없어 사업상 안정성을 유지할 수 있다는 장점이 있다.

여행도매업자와 여행소매업자의 구분은 법규상의 분류는 아니다. 이러한 구분은 유통구조상의 분류일 뿐이며, 사실상 여행도매업자와 소매업자는 내용과 기능에서 별로 차이가 없다. 여행사는 도매업을 하면서 소매업을 겸업하기도 하고 순수하게 도매업이나 소매업에만 주력하기도 하기 때문에 도매업이나 소매업의 역할을 모두 수행하고 있는 것이라고 할 수 있다.

3) 투어오퍼레이터

투어오퍼레이터(tour operators)는 여행목적지에서 행해지는 여행활동(호텔숙박, 식사, 교통운송, 관광, 안내 등)에 대하여 예약 및 알선해 주는 업자이다. 따라서 투어오퍼레이터는 목적지에 도착하는 여행객에게 자사상품을 직접 판매하거나 여행도매업자로서 여행소매업자를 통해 여행상품을 판매한다. 지상수배업무의 여행공급업자로서 투어오퍼레이터는 계약을 통해 여행도매업자에게 지상패키지를 공급하기도 한다.

투어오퍼레이터는 특정한 여행패키지의 전문화된 서비스를 제공하는 데 역점을 둔다. 투어오퍼레이터는 공급업자로서는 자신들이 직접 버스, 호텔 및 기타 설비를 제공할 수도 있고, 그것들은 다른 투어오퍼레이터나 타 여행소재 공급업자, 호텔업자, 버스업자, 렌터카업자, 레스토랑업자 등으로부터 공급받을 수 있다.

5. 여행상품의 판매

1) 인적 판매

(1) 인적 판매의 정의

인적 판매는 커뮤니케이션의 대인경로가 판매자와 구매자 사이에 확립되어 있는 촉진의 한 형태이며, 정보를 제공하고, 고객을 설득시키고, 수요를 환기시켜 구매행동으로 유도하기 위한 중요한 역할을 수행하는 활동을 말한다. 인적 판매는 구매를 설득하기 위해서 복잡한 설명을 해야 하는 경우나 고객들에게 자사상품의 경쟁적 차별점들을 효과적으로 설명해야 할 때에는 가장 효과적인 커뮤니케이션 수단이 된다.

인적 판매는 훨씬 탄력성이 있는 유리한 점을 내포하고 있다. 판매원은 필요, 욕구, 동기 또는 각 고객의 행동에 알맞은 판매제시(sales presentation)를 할 수 있다. 또한 판매원은 특정 판매방법으로 고객의 반응을 보고 그때그때 알맞은 방법을 이용할 수 있다. 광고의 경우에는 비용의 대부분이 고객이 아닌 사람들에게 메시지를 보내는 데 사용되지만, 인적 판매에서는 다른 촉진방법보다 훨씬 효과적으로 표적시장에 접근하는 기회를 갖는 것이다.

(2) 인적 판매과정

마케팅관리자가 판매원의 기본적 역할(구매자와 판매자의 상호관계에 관한 이론)을 이해한다면 아마 그는 판매원이 수행해야 할 효과적인 판매절차를 보다 더 합리적으로 설정할 수 있을 것이다. 인적 판매과정은 크게 준비단계, 설득단계 및 사후관리단계로 구성된다.

❶ 판매직 준비

인적 판매를 위한 첫 단계는 판매원의 준비가 되었는가를 확인하는 일이다. 이것은 판매원이 상품, 시장 그리고 판매기법을 철저히 통달하고 있느냐를 뜻하는 것이다. 판매원은 고객을 처음으로 방문하기 전에 그들의 시장표적의 동기유발과 구매행동에 관하여 잘 알고 있어야 하며, 경쟁사 및 상품의 성격과 그 지역의 기업환경 등을 이해하고 있어야 한다.

❷ 잠재고객의 예측 및 파악

잠재고객을 예측하고 파악해야 할 두 번째 단계는 이상적인 고객의 인적사항을 파악하는 것으로, 우선 고객을 예측하기 위하여 과거와 현재의 고객기록을 검토하는 일이 수행된다. 이 인적사항을 검토해서 적당한 고객의 명단이나 회사명을 작성한다.

다른 방법으로 고객의 명단을 얻는 데에는 판매관리자의 도움을 필요로 한다. 현재의 고객이 다른 잠재고객을 소개할 때도 있고, 현재의 사용자가 새로운 모델이나 다른 상품을 구매할 뜻을 밝힐 수도 있다. 판매원은 경쟁기업의 고객명단을 작성해서 그 가운데서 표적을 선정할 수도 있다. 보험회사, 가구상, 전화설비상 등은 건축허가공고를 보고 고객의 후보를 포함하는 예도 있다.

❸ 접근 이전단계

잠재고객을 방문하기 전에 판매하고 싶은 대상자나 회사들에 관하여 알아낼 수 있는 모든 것을 익히도록 해야 한다. 이를테면 그들이 현재 사용하고 있는 상표는 무엇이며, 그 상표에 대한 반응은 어떠한가를 탐지하는 것도 필요하다. 잠재고객의 습관, 개성, 기호 등에 관한 모든 정보를 입수하여 그의 판매제시를 개별적 고객에 알맞도록 준비할 수 있는 것이다.

❹ 판매제시

실제적인 판매제시는 잠재고객의 주의를 환기시키는 일에서 시작된다. 그리고 나서 고객의 관심을 유지시키면서 다른 한편 욕구를 형성시키게 된다. 다음에는 판매에 관한 계약을 체결하도록 노력을 경주하게 된다. 즉 구체적 행동(action)을 유발하는 것이다. 이때 판매제시절차를 주의(attention), 관심(interest), 욕구(desire) 그리고 행동(action)의 머리글자를 따서 AIDAS기법이라고 할 수 있는바, S는 구매 후 고객의 만족(satisfaction)을 보장한다는 뜻이다. 판매제시과정을 통해서 판매원은 고객의 명시적 또는 묵시적 반대의사에 직면할 마음의 준비를 하고 있어야 한다.

❺ 판매 후 활동

효과적인 판매직무는 주문서가 작성되었다고 완수되는 것은 아니다. 판매의 성공이란 반복구매에 의해 좌우되는 것이다. 뿐만 아니라 만족한 고객은 꼬리를 물고 올 다른 고객의 호의를 형성하고 장기간에 걸친 거래관계의 기반을 구축하는 일련의 판매 후 서비스로 이어지는 것이다. 고객에게 아낌없이 사후서비스를 제공하여 만족(satisfaction)을 보장해 주어야 한다.

(3) 인적 판매방법

❶ 창구판매

창구판매(counter sales)는 여행사에 직접 찾아오는 손님(walk-in guest)을 상대로 카운터 직원이 상담을 통해 여행상품을 판매하는 방법이다. 창구판매를 위해서는 사무실이 고객이 접근하기 용이한 곳에 위치해야 하며 고객이 머무르면서 상담할 수 있도록 구조나 설비가 편리해야 한다. 특히 점두판매형 여행사는 창구판매가 가장 중요한 여행상품 판매수단이 되고 있다.

❷ 방문판매

방문판매(filed sales)는 여행사종사원이 잠재여행객을 현장에 직접 찾아가서 자사의 여행상품을 판매하는 방식이다. 방문판매는 세일즈맨(salesman) 판매라고도 하는데, 대형여행사뿐만 아니라 소형여행사에서도 폭넓게 사용하고 있다. 방문판매는 흔히 사업체, 조직, 대규모 그룹에 여행상품을 팔기 위해서 많이 이용된다.

❸ 표본제시판매

표본제시판매(presentation sales)는 무형으로서 현물제시가 불가능한 여행상품을 유형화하여 일정표, 브로슈어 등을 제시하여 판매하는 방법이다. 여행에 관련된 박람회나 전시회, 국제회의 등에 참가해서 자사의 부스(booth)를 설치하여 판매하는 방법이다. 이때 상품의 이해를 돕기 위해서 비디오 테이프나 슬라이드 등 시청각자료를 이용하여 프레젠테이션을 하기도 한다.

❹ 전화판매

전화판매(telephone call sales)는 전화를 통해서 항공권이나 기차표 또는 패키지여행 설명 등을 행하는 판매방법이다. 최근에는 기획상품의 판매를 위해 텔레마케팅(tele-marketing)을 실시하기도 하며 전담요원까지 두는 곳도 있다.

2) 비인적 판매

(1) 광고

광고(advertising)란 확인할 수 있는 광고주(sponsor)가 광고대금을 지급하고 그들의 아이디어 상품 또는 서비스에 관한 메시지를 비인적(non-personal)으로 구두나 시청각을 통하여 제시하는 모든 활동이다.

일반적으로 광고의 목적은 다음과 같이 요약할 수 있다.

첫째, 상품이나 상품의 신용도, 가격변경, 상품의 성능, 제공되는 여러 가지 서비스 등의

내용을 알리거나 기업이나 상품에 대한 잘못된 인상을 수정하고 소비자의 상품에 대한 우려를 줄이고 좋은 기업이미지를 형성하려는 의도에서 시행하거나(정보제공), 둘째, 상표선호를 생기게 하고, 경쟁사의 상표를 사용하는 소비자가 사용상표를 변경하도록 하거나 소비자가 다르게 인식하고 있는 상품의 어떤 속성의 중요성에 대한 지각을 변경시키거나, 지금 곧 구매를 하도록 권유하기 위해서 시행을 하거나(설득), 셋째, 소비자로 하여금 가까운 시일 내에 상품이 필요하게 되리라는 것이나 어디서 구매할 수 있는가 하는 것을 상기시키거나, 비수기 동안 마음속에 상품을 기억하고 있게 하거나 혹은 최상위의 인지(top-of-mind awareness)를 유지하게 하기 위해서이다.

(2) 판매촉진

미국마케팅협회(American Marketing Association)는 "판매촉진(sales promotion)이란 인적 판매(personal selling), 광고(advertising)와 퍼블리시티(publicity)를 제외한 마케팅활동으로서 소비자의 구매와 취급상의 효율성을 자극하는 것으로 이에는 일상업무로 볼 수 없는 상품전시, 진열, 전시회 등을 포함하는 것이다"라고 정의하고 있다. 판매촉진은 단기간에 매출증대를 목적으로 하고 있다. 예를 들면, 광고가 소비자의 구매를 설득하기 위한 심리적 과정에 영향을 미친다면, 판매촉진은 직접적인 구매를 유도하기 위해 경품 등의 추가적인 인센티브를 제공한다.

마케팅환경의 급격한 변화로 판매촉진의 요구가 가일층 압력을 받게 되었다. 예컨대 상표의 종류가 증가함에 따라 소매상에서의 스페이스에 대한 경제적 압력이 더해가고 있어 공급업자 또는 제조업자들에게는 자사상품에 대한 판매촉진활동의 필요성이 증대되고 있다.

소매점 판매에 관한 소비자불만은 판매촉진활동을 통해서 어느 정도는 완화시킬 수 있을 것이다. 소매상에서 점점 셀프서비스를 실시하고 있고 판매원을 이용하지 않고 있음에 비추어 판매촉진활동의 필요성은 더욱 절실해지고 있다. 판매촉진용 물품은 구입시점에서만 제공할 수 있는 유일한 판매촉진의 방안일 것이다.

판매촉진은 누구를 대상으로 수행하느냐에 따라 다음과 같이 세 가지로 나누어진다.

❶ 사내 판매촉진(intracompany sales promotion)

판매부서 내 각 부문 간의 활동이 서로 조정되어 통일적으로 수행되도록 각 부문과 긴밀한 연락을 취해 다른 부문의 활동을 지원 내지 협조하는 활동이다. 예를 들면 기획실에서 개발한 여행상품의 특성을 일선 여행종사원들에게 알려줌으로써 고객에게 어울리는 여행상품을 추천할 수 있도록 하는 것이다.

❷ 판매점 원조

판매점인 도매상이나 소매상에 대해 판매나 경영상의 여러 가지 원조 내지 지도를 하는 판매촉진활동으로서 이와 같은 활동을 통해 판매경로상에 있는 판매점의 동기를 유발하고 아울러 그들의 협조를 얻을 수 있게 된다. 이에는 다음과 같은 여러 가지 활동이 있다.

- 점포설계, 시설의 제공, 대여 및 이용 등과 같은 시설의 원조
- 점포경영지도, 경영진단, 장부정리 및 회계처리 등의 지도
- 진열창, 판매대(counter) 등에의 구매시점(point of purchase) 진열물의 원조, 지도
- 상품광고 및 판매경진대회(sales contest)의 개최 등을 알려주기 위한 판매업자의 모임이나 연구회 등의 개최, 원조 및 지도
- 판매업자의 광고에 대한 조언과 선전재료의 지원 및 공조광고의 실시와 그 비용 분담
- 판매점의 판매원 모집, 선발 및 훈련 등의 지도와 원조
- 개축 등의 소요자금의 융자나 지원

❸ 소비자 판매촉진

소비자에게 직접 상품지식을 제공하거나 그들의 호의를 획득하여 이들의 구매의욕이 환기되고 또한 판매저항이 줄어들게 하기 위해 수행되는 판매촉진활동으로서 쿠폰(coupon), 사은품(premium)의 제공, 경연(contest)과 추첨(sweepstake), 견본제시(sampling), 가격할인(price-off) 등 여러 가지가 있다.

(3) PR

PR(public relations)은 기업이 공중과의 이상적인 관계 정립을 위해 벌이는 여러 가지 활동이라 할 수 있다. 이를 기업의 관점에서 다시 표현하면 PR은 기업이 다양한 이해 관계자들로 하여금 긍정적 이미지를 갖도록 하고, 나아가 고객에게 선호를 창출하는 것이라 할 수 있다.

최근에 와서 광고업계에서는 광고비가 계속적으로 상승하고 있음에도 불구하고 오디언스(audience)에 대한 도달은 계속 저하하고 있다. 또한 광고의 혼란은 광고의 영향력을 약화시키고 있다. 경로 내의 중간업자는 가격인하와 수수료 인하 등의 유리한 거래를 요구하고, 판매촉진비용도 증대되고 있다. 이러한 환경하에서 마케팅관리자들은 가장 효율적인 촉진수단으로 PR의 중요성을 인식하고, PR이 다른 촉진믹스 요소와 통합되어야 할 필요성을 느끼게 되었다. 마케팅 PR활동은 기업에 상표인지도의 제고, 소비자에 대한 정보제공 및 교육, 기업 및 상품에 대한 이해 증진, 신뢰의 구축, 소비자에 대한 구매동기 부여 등의 이점을 제공할 수 있다.

많은 마케팅관리자들은 PR과 홍보(publicity)를 동일한 개념으로 사용하고 있는데, 이는 PR활동의 많은 부분을 언론매체를 통한 메시지의 전달이 차지하기 때문이다. 사실 홍보는 기업 PR의 한 부분이라고 볼 수 있으며, PR은 그보다 훨씬 많은 영역에서 이루어지고 있으며 또한 매우 다양하다. PR의 주요 수단으로는 간행물, 행사, 언론보도, 회견, 공공캠페인 등이 많이 활용되고 있다.

CHAPTER

6

여행사의 주요 공통업무

6 여행사의 주요 공통업무

여행사의 업무 중 국제여행부, 해외여행부, 국내여행부에서 공통적으로 하는 대표적인 업무는 여정작성업무와 원가계산업무로 대별할 수 있다.

제1절 여정작성업무

여정작성업무는 여행사 업무 중에서 가장 기본적이면서도 가장 중요한 업무라고 할 수 있다. 왜냐하면 여행일정표는 여행상품의 원가계산과 여행조건서 등을 작성하는 기초가 될 뿐만 아니라 고객의 문의에 따라 정보를 제공하고 고객의 요구를 반영할 수 있기 때문이다. 따라서 보다 효율적이고 경제적이며 편리한 여행을 하기 위해서는 보다 정확하고 상세하며, 성의있는 여정작성이 필요하다.

1. 고객에 대한 기본적 문의사항

1) 여행목적

여행일정을 작성할 때에는 고객의 여행목적이 무엇인가를 먼저 정확하게 파악하여야 한다. 여행객의 여행목적이 신혼여행, 연수참가, 상용여행, 겸목적 여행인지 확인하여야 한다. 대체로 여행객은 여행목적이 주된 요소가 되고 여행일수와 여행경비는 부수적인 요소로 보는 경향이 있다.

2) 여행일수

여행에 소요될 여행일수는 여행객이 미리 정하는 경우와 여행일수에 제한 없이 여행하려는 경우가 있으므로, 어떠한 것을 기준으로 해서 일정을 작성하느냐에 따라 여행일정이 달라진다. 따라서 여정작성에서 여행일수의 파악은 매우 중요한 사항이다.

3) 여행경비

지출경비를 얼마나 예상하고 있는지 파악하는 것이 중요하다. 여행경비는 여행객의 지급능력, 즉 경제적 능력을 의미하기 때문에 매우 민감한 부분이다.

2. 여행일정 작성요령

여행은 여행일정이 구체적으로 일정표라는 형태로 작성됨으로써 비로소 여행상품의 기능을 발휘하게 된다. 여행일정은 여행목적지, 여행기간, 이용교통수단과 숙박시설, 그리고 식사 및 관광 등의 내용을 시간대별로 구체적으로 기록한 것이다.

이러한 일정표를 작성하는 요령은 다음과 같다.

① 여행객의 여행목적에 알맞은 여행지와 여행경로의 순서를 정한다.
② 여행객의 부담능력이나 여행경비를 고려하여 결정한다.
③ 일정에 따라 고른 분포로 숙박지를 결정한다.
④ 숙박과 식사의 배분은 지방색을 가미하고 내용의 변화를 추구한다.
⑤ 시간표에 의해 이용교통수단의 출발시간과 도착시간을 기입한다.
⑥ 여행객의 희망사항에 부응하고, 타 여행사 상품과의 경합을 피한다.

3. 여행일정표 작성의 일반적 요령

① 여행객은 몇 시쯤 목적지에 도착하기를 원하는지를 파악한다.

② 다양한 교통기관이 병행될 경우, 어느 교통기관을 이용하는 것이 시간적·경제적으로 유리한지 판단한다.

③ 여행일정 도중에 볼 만한 곳이 있는 경우에 여행객이 구경하기 위하여 도중하차를 희망하는지 알아본다.

④ 교통이 혼잡한 성수기에는 시간적 여유를 고려해야 한다.

⑤ 항공기를 이용할 때에는 기상에 따라 변경될 경우에 대비하여 다른 일정도 생각해 둔다.

⑥ 너무 일찍 출발하거나 너무 늦게 도착하는 일정은 피해야 한다.

⑦ 계절적인 특성을 고려하여 일정을 작성한다.

⑧ 일주일 이상의 장기 여행 시 최종일은 최대한 편안한 일정으로 작성한다.

⑨ 어린이나 노약자가 포함된 여행일정은 이들을 기준으로 작성한다.

〈표 6-1〉 여행일정표 예

(기간 : 2023년 ○월 ○일부터 2023년 ○월 ○일까지)

날 짜	장 소	교통편	시 각	여 정
제1일	서울	ZZ#003 전용차	12 : 00 13 : 00 16 : 00 18 : 00	인천국제공항 도착 입국수속 후 시내관광 : 창덕궁, 비원, 북악 스카이웨이 등 호텔 체크인 석식 : ○○요리점에서 연회 숙박 : ○○호텔 (TEL)
제2일	서울		08 : 00 10 : 00 12 : 00 14 : 00 18 : 00	조식 : 호텔 남대문시장 쇼핑 중식 : ○○식당 (TEL :) 자유시간 석식 : ○○식당 (TEL :) 숙박 : ○○호텔 (TEL :)
제3일	서울	ZZ#006 전용차	09 : 00 11 : 30 13 : 15	조식 : 호텔 출발 전까지 자유시간 인천국제공항 도착 출국수속 후 출국

원가계산업무

1. 원가계산의 산출기초

여행상품의 가격은 생산원가에 알선수수료를 더한 것을 의미하며, 알선수수료는 곧 마진을 의미한다. 여행상품의 가격은 일반적으로 여행인원 수, 여행기간, 여행목적지, 이용교통기관, 여행시기, 여행내용, 여행목적 등에 따라 항상 달라지므로 여행상품의 가격을 설정할 때에는 매우 신중을 기해 원가계산을 해야 한다. 여행상품의 원가계산 시 주요한 원가요소의 항목에는 운임, 지상경비, 기타 필요경비 등이 포함된다.

1) 운 임

(1) 항공운임

운임이란 각종 교통운송시설의 이용료를 말하며, 대표적인 것으로는 항공운임이 있다. 통상적으로 항공운임은 국제항공운송협회(IATA, International Air Transport Association)에서 정하는 계산방법에 근거하여 산출된다.

항공운임은 목적지, 여행인원 수 그리고 여행조건에 따라 달라지므로 어떤 종류의 운임을 적용하느냐가 중요하다. IATA에서 규정한 포괄여행으로 판매할 경우에는 보통 운임보다 싼 운임이 적용되므로 이의 이용 여부를 결정하여 운임을 산출해야 한다. 또한 왕복 할인, 소인과 유아의 할인, 동승원의 할인, 등급별 할인, 계절별 할인 등의 적용가능성 유무를 확인하고 운임을 산출해야 한다.

(2) 선박운임

선박은 항공운임과 달리 세계 각국을 통일한 요금표가 없으므로 각 선박별로 운임을 계산해야 한다. 선박운임은 등급별로 운임이 다양하기 때문에 먼저 이용할 등급을 결정하고, 각 선박회사의 요금표를 이용하여 적절하게 산출해야 한다.

또한 교통수단으로 항공기와 선박을 모두 이용할 경우에는 항공운임과 선박운임을 별도로 계산하고, 포괄여행으로 판매할 경우에는 항공회사와 선박회사 상호 간에 요금협정이 체결되어 있는지를 알아보고 운임을 산출해야 한다. 또한 왕복할인, 소아와 유아할인, 국외여행인솔자의 할인, 단체할인, 계절할인, 대리점할인 유무 등을 확인해야 한다.

2) 지상경비

지상경비는 통일된 공시요금표가 없어 산출근거가 다양하고 내역도 많으며, 또 가변적인 요소도 많아서 정확한 계산을 하기가 쉽지 않다. 지상경비에는 숙박비, 식사비, 지상교통비, 관광비, 안내비, 세금, 봉사료, 선전비, 기타 비용 등이 포함된다.

(1) 숙박비

숙박비는 장소, 시설, 등급, 규모 등의 조건에 따라서 달라지며, 행선지의 물가지수나 화폐가치에 따라서도 달라진다. 따라서 숙박시설을 사용할 때 봉사료 및 세금이 포함된 가격인지 또는 객실요금에 식사가 포함된 가격인지를 사전에 살펴보아야 한다.

이를테면 호텔의 요금운영방식에 따라 3가지로 구분되며, 당연히 객실요금은 달라진다.

① European Plan : 객실요금만 징수하는 방식
② American Plan : 3식의 식사를 포함하는 객실요금
③ Continental Plan : 조식이 포함된 객실요금방식

(2) 식사비

식사비(meal charge)는 여행일정에 식사가 1일 3식인가 1식인가에 따라 다르며, 식사를 숙소에서 하는가 비행기에서 하는가, 현지의 레스토랑에서 하는가 등 식사장소에

따라서도 가격의 차이가 발생한다. 항공기 탑승 시엔 기내식사가 무료이므로 원가계산 시 식사횟수에 착오가 발생하지 않도록 확인할 필요가 있다.

(3) 지상교통비

여행목적지에 도착한 후 이용하는 교통기관 즉 기차, 버스, 선박, 렌터카 등의 사용비용을 전부 합한 것이 지상교통비이다. 가장 많이 이용하는 전세버스의 경우는 이용거리와 대절 기간에 따른 요금기준에 좌석 수, 차체설비(에어컨, 차내 화장실 유무 등),

면허의 유무(관광버스 또는 일반 대절버스 등)에 따라 요금이 달라진다.

또한, 기차와 선박의 경우도 거리에 따른 기준요금에 속력에 의한 등급, 좌석의 등급, 예약의 유무에 따라 요금이 달라지며, 렌터카의 경우는 임대기간, 차종, 대리운전자의 동승 유무에 따라 요금이 달라진다.

(4) 관광비용

관광비용에는 관광지의 입장료, 안내요금, 기념사진 대금 등이 포함된다.

(5) 트랜스퍼 비용

트랜스퍼 비용(transfer charge)은 여행객이 여행목적지의 공항, 역 또는 항구에 도착한 후 호텔로 이동하거나 그 역순으로 이동할 때 소요되는 경비이다. 일반적으로 지상교통비 안에 포함시키고 있으나, 버스로 이동하는 동안 동승하는 가이드나 현지보조자의 유무에 따라 요금이 달라질 수 있다. 여행객과 수하물을 별도로 이동시킬 경우에는 수하물비용을 따로 계산해야 하는 경우도 있다.

(6) 포터비

포터비(porterage charge)는 공항, 역, 부두 등과 숙박호텔에서 손님들이 짐을 들지 않고 포터를 통해 이동시키는 데 소요되는 비용으로 포터의 이동횟수와 짐의 개수에 따라 달라진다. 일반적으로 1인당 1개씩의 짐을 기준으로 하여 산출된다.

(7) 세 금

세금(tax charge)은 여행객이 여행 중에 시설과 서비스를 이용하거나 상품을 구매할 때 부과되는 각종 세금을 말하는데, 공항세(airport tax) 또는 공항사용료(airport facility cahrge), 통행세, 유흥음식세 등이 여행비용에 가산된다.

(8) 수 당

가이드나 운전기사의 수당은 정식직원이냐 또는 임시직원(part guide)이냐에 따라 지상경비에 차이가 난다.

3) 기타 필요경비

기타 필요경비는 원가계산에 포함시킬 수 있는 것과 포함시킬 수 없는 비용으로 나뉜다.

(1) 여행경비에 포함할 비용

① 인솔자의 운임 및 육상경비, 출장여비 등의 비용
② 여행업자가 여객의 화물에 내는 보험료
③ 출발 시 공항의 대합실을 이용하는 경우의 비용
④ 공항까지 드는 국내경비
⑤ 여객의 가방 및 수하물에 매는 꼬리표 등을 배포하는 경우에 드는 비용
⑥ 일정표를 작성할 경우 선전하기 위한 인쇄비 등

(2) 여행경비에 포함되지 않는 비용(개인적인 비용)

① 여권대, 비자수수료, 예방주사비, 임의보험료

② 기타 관광지에서의 선물비

③ 개인적인 여행비용(호텔에서의 전화사용료, 세탁비 등)

④ 여행과 관련된 팁

2. 원가계산의 예

여행상품에 대한 원가계산은 여행상품을 구성하는 항목에 따라 판매가격이 결정된다. 여행상품의 원가계산은 두 가지 방법으로 이루어지고 있다.

① 각 항목별로 1인당 요금을 기준으로 요금을 산출해서 총항목을 합산하는 방법

② 각 항목별로 전체 인원의 요금을 산출해서 총항목 합산하여 다시 총인원으로 나누는 방법

일반적으로 원가계산서는 크게 개인경비와 공동경비로 나눌 수 있는데, 숙박비, 항공비, 공항세, 식사비, 입장료 등은 인원수에 관계없이 1인당 동일하게 부담하게 되고, 공동경비인 전세버스 이용료, 주차료 및 고속도로비, 운전기사 및 인솔자 수당 등은 인원수에 따라 1인당 부담비용이 달라진다.

따라서 인바운드 여행인 경우 원가계산에서 1인당 여행경비는 기본경비와 공동경비를 계산한 후 합산한 총액을 국외여행업자의 해당국가 통화단위로 환산하면 된다.

〈표 6-2〉 지상요금 원가계산 산출표

단체명				견적 요구처	
인원수	남 26명, 여 6명, 무료 2명, 계 32명			입국 예정일	2023년 ○월 ○일
산출명세					
숙박비	X X 호텔	₩ 100,000 × 1박 × 16실			₩3,200,000
		(소 계)			₩3,200,000
식사비	조식 : ₩ 13,000 × 2식 × 32명				₩832,000
	중식 : ₩ 10,000 × 1식 × 32명				₩320,000
	석식 : ₩ 12,000 × 2식 × 32명				₩768,000
	(소 계)				₩2,560,000
교통비	(구간) 제1일 인천 공항→시내관광→호텔				₩300,000
	(구간) 제3일 호텔→인천 국제 공항				₩150,000
	(소 계)				₩450,000
기타	안내료 : ₩ 60,000 × 3일 × 1명				₩180,000
	입장료 : ₩ 8,000 × 32명				₩256,000
	포터비 : ₩ 1,000 × 2회 × 32명				₩64,000
	잡 비 : ₩ 5,000 × 2일(운전사, 잡비)				₩100,000
	기 타 :				₩
	(소 계)				₩600,000
원가합계					₩6,280,000
수익(10%)					₩628,000
견적금액					₩6,908,000
비고	제3일 : 석식 불포함(연회) 환율 : $ 1 = ₩ 1,200 ₩ 6,908,000 ÷ 1,200 ÷ 30 = $ 192(1인당 경비)				

국내여행업무

CHAPTER

7

국내여행업무

국내여행사의 업무는 우리나라의 경우 종합여행사와 국내외여행사, 그리고 국내여
행사가 할 수 있다. 국내여행사의 업무는 국내를 여행하는 내국인을 대상으로 상품을
기획, 생산, 판매하는 업무이다.

국내여행사에서는 모든 부서가 이 업무에 직접적으로 관련되는 업무를 하고 있으며,
종합여행사와 국내외여행사에서는 일반적으로 국내여행부를 별도로 두어 국내여행업
무를 담당하고 있다.

국내여행업무는 국외여행업무에 비해 비교적 업무가 복잡하지 않다는 측면에서 여
행업무에 대한 이해의 필요성이 경시되어 온 경향이 있다.

실제로 국내여행은 국외여행에 비해 출입국수속이 없고, 외국어를 필요로 하지 않으
며, 예약수배가 편리하다는 점에서 여행객의 입장에서도 여행사의 필요성을 크게 인식
하지 못하고 있다. 또한 대다수의 정부입장에서도 외화획득의 수단으로 관광정책을 수
립하고 전개함으로써 국내관광은 매우 소홀히 취급되어 왔다.

그러나 국내여행은 여행시설의 수요창조에 직·간접적으로 기여한다는 측면에서 인
바운드 여행과 같이 동등하게 취급되어야 한다.

국내여행업무는 크게 ① 자사 여행상품의 기획 및 판매, ② 타사상품의 전매, ③ 전

세버스의 판매, ④ 주문상품의 판매(신혼여행, 수학여행 등), ⑤ 각종 권류(券類: 국내항공권, 철도 등)의 판매, ⑥ 국내여행 안내업무로 구분할 수 있는데, 특히 전세버스의 판매와 각종 권류(券類)의 판매업무가 국내여행사의 수입 근간이 되고 있다.

제2절 국내여행업무 내용

1. 국내여행상품의 기획 및 판매

국내여행상품이란 여행사가 사전에 여행부품들을 대량으로 구입한 후, 여행상품을 기획하여 생산한 후 불특정 다수의 잠재 여행객들에게 판매하는 것이다. 따라서 기획여행상품은 여행상품의 생산에 앞서 잠재 여행객들의 욕구를 파악하기 위한 시장조사가 필수적이다. 이때 실시하는 시장조사에는 연령별·취미별·계절별·자연조건별 등으로 여행객들의 기호에 맞게 기획하는 것이 중요하다.

시장조사는 여행상품을 기획·생산할 때 이용가능한 정보를 수집할 목적으로 자료를 획득하여 분석하고 해석하는 객관적이고 공식적인 과정이다.

시장조사를 통해 사전에 여행객의 욕구를 잘 파악하여 그들의 요구를 충족시킬 수 있는 상품을 생산함으로써 여행시장에서 여행객들이 구매하고 싶은 생각을 가지게 해야 한다. 따라서 여행상품을 생산하기 위해서는 여행요소인 호텔객실과 항공좌석을 확보할 수 있는 능력은 물론, 여행상품의 품질을 유지할 수 있는 예약·알선·판매능력과 여행정보 수집 및 제공능력 등을 갖추어야 한다.

여행사에서 판매되는 기획여행상품은 사전에 여행지, 여행일정, 여행조건, 여행일자 및 여행요금을 산정하여 여행객을 모집하고 계약을 체결함으로써 판매가 이루어진다. 기획여행상품의 판매방법에는 인터넷 광고, 텔레비전, 라디오, 신문, 전문잡지, DM 등의 비인적 판매와 판매원의 회원조직 등과 같은 특정 다수를 대상으로 판매하는 인적 판매가 있다.

또한 최근 들어 가장 보편적으로 이용되고 있는 유통판매방식의 하나는 집객력이 있는 유통구조를 통해서 타 여행사, 백화점, 홈쇼핑 등을 통해 대리판매하는 방식이 많이 이용되고 있다.

기획여행상품의 대표적인 경우는 패키지여행상품을 들 수 있다. 그러므로 기획여행상품의 기획자는 여행시장에서 현장판매의 풍부한 경험, 아이디어 창출능력, 그리고 과학적인 분석 및 기획의 풍부한 경험 등을 갖추어야 한다.

2. 주문여행의 기획 및 판매

주문여행상품은 기획여행상품과는 달리 여행객으로부터 의뢰를 받아 여행객이 희망하는 여행조건에 따라 기획·생산한다. 이러한 여행상품은 고객의 주문에 따라 여행목적, 여행기간, 여행경비 등이 달라진다. 그리고 여행객의 주문은 실제로 그 하나하나가 단독으로 요청하는 것이 아니라 몇 개를 합쳐서 의뢰하기 때문에 어디에 가장 중점을 둘 것인가를 고객과 충분히 논의하여 고객의 요구사항을 최대한으로 반영할 수 있도록 고려해야 한다. 때로는 여행상품을 기획하기에 어려운 여행조건을 요구하는 경우도 발생한다. 따라서 여행의뢰자에게 상황을 충분히 설명하고, 이에 상응하는 다른 방법을 권유하여 여행객의 요구조건을 최대한 수용하면서 여행상품을 기획해야 하다.

주문여행상품의 판매방법은 인적 판매가 주류를 이루고 있으며, 우리나라 여행상품 판매의 대부분을 차지하고 있다. 판매대상은 기업이나 법인, 학교, 협회, 각종 단체 등을 대상으로 판매원이 조직의 책임자나 여행할 의사가 있는 단체의 책임자와 연결하여 판매한다.

3. 타 여행사 기획여행상품의 전매

타 여행사의 기획여행상품을 소개 판매하는 것이다. 타 여행사의 기획여행상품을 판매하는 것은 자사의 기획여행상품에 비해 수익면에서는 비록 못 미치지만, 위험이 적고 판매수수료가 확실하게 보장되기 때문에 소규모 여행사들이 타사 기획여행상품의 판매를 선호한다.

4. 전세버스의 판매

전세버스업은 여행사와는 다른 독립된 업종이지만, 여행객을 수송한다는 측면에서 그 업무는 여행사와 불가분의 관계에 있으며, 현재 국내여행사의 주된 수입원이 되고 있다.

전세버스업은 등록제로 여객자동차운수사업법의 등록기준을 준수해야 하고, 특히 영업장소에 운송요금표 및 전세버스 이용자가 알아야 할 운송약관 등을 공시해야 한다.

1) 전세버스 업무조직

전세버스 업무조직은 차량보유대수 및 여행사의 종류에 따라 달라질 수 있는데, 기본적으로 본사의 관리부서와 현장인 차고의 운행부서로 나누어지며, 그 업무영역은 다음과 같다.

❶ 관리부서의 업무
- 영업 및 판매
  - 일반전세 : 대기업 출·퇴근
  - 여행사전세 : 여행사의 행사
- 차량배차
- 영업수입일보 작성
- 인력관리(운전기사, 관광통역안내사, 정비사 등)
- 각종 문서처리(장부정리 및 조합에 대한 보고서 작성)
- 부품의 구입 및 통제

❷ 운행부서의 업무

- 현장 업무일지 작성
- 운행 및 수입일보 작성
- 물품 및 부품의 수급관리
- 차량검사 관계업무
- 차량 일일점검 및 작업상황 일일보고
- 유류 사용현황 작성
- 차량수리, 유류소비의 통계작성

2) 전세버스업무

　전세버스 판매는 일반적으로 다양하게 이루어지는 경향이 있다. 우선 전세버스를 보유하지 않은 여행사를 대상으로 전세버스를 대여해 주기도 한다. 또한 비록 전세버스를 보유한 여행사라 할지라도 회사가 소유하고 있는 전세버스가 모두 예약이 완료되어 대여가 불가능할 때에는 다른 회사의 전세버스를 알선하여 주기도 한다. 전세버스는 내국인의 국내여행과 외국인의 국내여행에 필요한 여행관련 요소로 판매되거나 여행상품을 구성하는 부품요소로 판매된다.

　전세버스는 좌석판매와 전세버스 판매로 구분된다. 좌석판매는 관광자원으로서 매력이 높은 관광지나 특별행사 등이 개최되는 장소를 정기적으로 운행하면서 좌석을 하나의 상품단위로 판매한다.

　전세버스는 여행관련 요소로서 다른 여행사에 판매되거나, 기업이나 각종 학교를 위한 용도로 판매되기도 한다. 이러한 전세버스가 운행되기 위해서는 우선 고객과 전세버스계약을 맺어야 한다. 계약서에는 계약신청자의 주소 및 성명, 운송구간, 사용시간, 운임요금과 계약금 잔액, 전세버스 차종 및 승차 정원, 여행객의 준수사항, 상호 간의 규약 및 요망사항 등을 기재한다.

〈표 7-1〉 차량 전세 계약서

<table>
<tr><td colspan="2" align="center">차량 전세 계약서</td></tr>
</table>

□ 아래의 "갑"과 "을"은 다음 계약서 조항에 의거 차량전세에 관한 계약을 체결키로 한다.

<table>
<tr><td>(갑) 주 소 :
    단체명 :
    대표자 :</td></tr>
<tr><td>(을) 주 소 :
    단체명 :
    대표자 :</td></tr>
</table>

1. 목적
   "을"은 본 계약서에 정한 바에 따라 "갑"에게 차량임대기간동안 소정의 성과를 올릴 수 있도록 안전하게 운행, 도착시킴을 목적으로 한다.
2. 차량운행 세부사항
   가. 운행기간 :
               2023 년   월   일   ~   년   월   일

   나. 운행구간 :   ↔
   다. 출발시간 : 20○○ 년   월   일   ○○시   ○○분
   라. 출발장소 : 별도고지
3. 임차료 및 운행대수
   가. 임 차 료 : 총액   원
   나. 차량운행대수 : 차량좌석은 45석 1 대로하여 인원수에 의거 증감할 수 있다.
4. 임차료 지급
   가. 임차료는 차량 운행 종료 다음날로 한다.
5. 운행 중 경비부담
   가. 운행 중 고속도로비, 주차료, 기사수고비 등은 "을"이 부담한다.
6. "을"의 준수사항
   가. 차량운행 중 고장 시에는 일정에 무리를 주지 않도록 신속히 조치한다.
   나. 운전기사는 "갑"에게 일체의 부담감 및 금품을 강요하지 않는다.
7. 비고사항
   가. 상기 내용에 명시되지 않은 사항은 일반 관례를 따르며 상기 내용을 준수하기 위하여
      "갑"과 "을"은 계약서를 각각 1통씩 보관한다.

                     2023년   월   일

(갑) 주 소 :
    단체명 :
    대표자 :

(을) 주 소 :
    단체명 :
    대표자 :

전세버스 운임계산방법은 거리운임과 대기료를 합하여 산출된다. 거리운임은 기본 거리 요금에 초과거리 요금을 합하여 산출하고 대기료는 대기시간에 시간당 요금을 곱하여 산출한다. 조기출발 및 심야귀경 시에는 기본요금기준표상의 시간당 전세요금을 추가 징수한다. 이 밖에 유료도로 통행료, 도선료 및 기타 추가비용은 대개 여행객이 부담한다.

5. 각종 권류의 판매

국내여행사에서의 권류는 국내항공권을 비롯하여 열차표, 승선권, 각종 문화행사의 입장권, 호텔 및 콘도이용권 등을 말하며 여행시설업자를 대리하여 판매한다. 특히 각종 권류 판매수입의 주가 되는 것은 항공권과  열차표이다. 이러한 각종 권류의 판매수익은 국내여행사에서 전세버스의 판매와 더불어 가장 중요한 수입원의 하나가 되고 있다.

국내항공권은 항공사의 대리점계약에 의하여 판매할 수 있으며, 열차표의 판매는 철도청의 국유철도여객매표 대리점계약에 의거하여 판매할 수 있다. 판매대리점계약을 체결하면 표의 공급자는 단말기(CRT : Cathod Ray Tube)를 통해 좌석에 대한 전반적인 정보를 파악할 수 있다. 여행사는 단말기의 사용에 따른 월별단위로 단말기 사용료를 공급회사인 항공사와 철도청에 지급한다.

6. 국내여행 안내업무

국내여행 안내업무는 국내를 여행하는 내국인을 대상으로 생소한 지방의 풍물을 소개하고 여행에 관련되는 제반 편의를 도와주면서, 건전한 여행문화로 선도하는 역할을 한다. 국내여행 업무는 일반적으로 국내여행 안내가 안내업무와 병행하고 집행업무과정은 행사준비 → 행사집행 → 정산 순으로 진행된다.

1) 행사준비

국내여행 관광통역안내사는 여행조건과 여행사항의 일치 여부 및 시설의 예약상태를 확인해야 한다. 예약상황을 최종 확인한 다음에는 예약확인자의 직급과 성명을 기록하고, 예약확인서를 준비해야 한다. 국내여행 관광통역안내사가 사전에 점검할 준비사항에는 다음과 같은 것들이 있다.

- 주민등록번호 및 주소가 기재된 여행객 명단
- 인원수에 맞는 일정표 및 여행사 명찰
- 일정표 및 원가계산서를 바탕으로 작성한 행사보고서
- 열차나 항공기를 이용하는 경우, 인원수에 맞는 좌석표
- 대형 단체일 경우에는 숙박시설과 차량별 여행객 배치 명단
- 전체 차량번호 및 운전기사 실명

2) 행사집행

행사의 집행은 여행의 출발에서 도착까지의 전 과정이 해당된다. 이때 일정표에 의거하여 단체의 책임자와 상의하면서 집행하여야 한다. 혹시 사고나 그 밖의 불가피한 사정으로 일정표와 동일하게 진행하기가 곤란한 경우에는 사전에 여행객들에게 충분히 설명하고 이해시켜 불만이 없도록 하여야 한다. 행사 집행 시의 유의사항은 다음과 같다.

- 여행객이 차량의 출발시간을 반드시 지킬 수 있도록 고지한다.
- 여행객의 요구사항과 행사집행보고서가 일치하는지를 확인해야 한다.
- 출발전에 다음 목적지의 모든 상황을 확인해야 한다.
- 여행객이 여행도중 일정의 변경을 요구하면 전체가 동의하는지를 확인하고 변경하여야 한다.
- 대형 단체의 경우에는 행사집행자는 단체가 목적지에 도착하기 이전에 숙박시설의 객실배정, 식당의 좌석배정, 교통편 예약 등의 업무를 처리해 두어야 한다.

〈표 7-2〉 관광행사 및 정산보고서

관광행사{ 예산 / 정산 }보고서

행사번호				결재	담당	주임	대리	과장	차장	부장	이사	사장
행 선 지												
행 사 명												

기 간	2023. . . ~ . . .	(박 일)	인 원	유료 : 명 무료 : 명	(총인원 : 명)

회비내역			
총 회 비	총 지 출 액	금 액	비 고

지출내역		금 액	지급처	세부내용
수탁금	숙 박 비			
	식 사 비			
	차량 자사			
	차량 타사			
	기타교통 항공			
	기타교통 철도			
	기타교통 선박			
	유 람 선			
	입 장 료			
	유료도로			
	주 차 비			
	기 념 품			
	간 담 회			
	소 계			
경비	통 신 비			
	출 장 비			
	안 내 비			
	소 계			
합 계				

차량번호		호
기 사 명		
안 내 자		
정산내역	전 도 금	
	현지수금	
	① 소 계	
	현지지출	
	인계금액	

미지급금	업 체 명	금액	일자

미수금	업 체 명	금액	일자

2023 . . .

작성자 : ㉶

경 리	담당	대리	과장	부장	임원	비 고	

7. 정산업무

정산업무는 행사가 완료된 직후 행사보고서를 작성하고, 단체에 대한 수익과 지출을 근거로 서류를 첨부하여 회상으로 결산하는 업무이다. 따라서 관광통역안내사는 행사가 완료된 직후 이미 제시된 행사계획서의 내용과 실제 진행된 내용과를 비교·검토해야 한다. 또한 행사에 쓰기 위해 회사로부터 미리 수령한 비용의 지출내역과 행사로 인해 발생한 수익을 빠짐없이 기록하여 행사에 대한 손익을 확정한다. 이때 지출경비에 대한 증빙서류인 영수증을 첨부해야 한다. 또한 원가계산서와 대조하여 차액이 발생한 부분에 대해서는 원인을 규명하고 단체의 수익금이 얼마인지를 명시해야 한다.

 국내여행안내사 자격증

1) 자격증 제정배경

부존자원이 부족한 우리나라에서 관광사업은 중요한 위치를 차지하고 있다. 관광산업은 관광객을 실어 나르는 항공, 여행사에서부터 안내, 통역 및 각종 관광상품의 개발 등 다양한 분야에서 전문인력이 필요하게 됨에 따라 여행알선 관련자격으로 국내여행안내사를 규정하고 있으며 자격증을 제정하게 되었다.

2) 업무의 내용

여행은 단지 경치를 구경하는 것이 아니라 그 지방의 사람들과 그들이 이루어 놓은 삶의 문화를 배워 스스로의 견문을 넓히는 데 목적이 있다. 따라서 여행을 제대로 하기 위해서는 여행을 할 때 그 지방에서 어디를 가봐야 하는지, 특산물이 무엇인지, 교통편, 명승지는 어떠한지를 알아야 한다. 그렇지 않으면 몸은 피곤하고 제대로 얻은 것이 없는, 실속 없는 여행이 될 것이다.

이처럼 경제적인 여행, 실속 있는 여행을 위해 필요한 여행전문인이 바로 국내여행안내사이다. 국내여행안내사는 단체여행을 하는 국내관광객에 대한 내국관광을 안내하고, 명승지, 유래, 특성 등을 소개하여 여행을 풍부하고 유익하게 만들어주는 사람이다. 국내여행안내사가 일하는 곳은 일반여행업체, 외국여행사, 무역회사, 외국인상사, 공항, 항공회사 등 여행과 관련된 업체들이며 가장 일반적인 경우는 국내여행업체에 취직하여 업무편성에 따른 안내를 맡는 경우이다.

국내관광안내사는 관광통역안내사에 비해 업체에 소속되는 비중이 더 높다는 특징이 있다. 그래서 관광통역안내사의 본봉은 적지만 수당이 많은 데 비해 국내여행안내사는 본봉은 상대적으로 많지만 수당은 적은 편이다.

[그림 7-1] 국내여행안내사

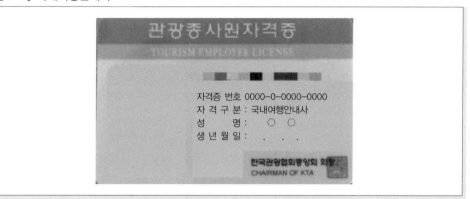

155

국외여행업무

CHAPTER

8

국외여행업무

제1절 **국외여행업무의 의의**

　국외여행업무는 내국인들이 국외여행의 알선 및 국외여행상품의 판매와 국외여행에 필요한 수속(여권의 발급, 비자의 취득, 국제공인 예방접종증명서의 발급, 외화의 구입, 항공권의 구입 등), 여행안내 등의 업무와 관련하여 일정수익을 창출하는 업무이다.

　최근 들어 국외여행이 급속히 증가하고 있는데, 이는 국민소득이 증가하고 내국인의 해외에 대한 관심이 고조되었기 때문으로 여겨진다. 이에 국외업무를 취급할 수 있는 여행업체는 급속히 증가하고 있으며, 여행업자 간의 경쟁 또한 매우 심화되는 경향을 보이고 있다.

　국외여행에 관련된 주요 업무를 살펴보면 ① 국외여행상품 판매업무, ② 수속업무, ③ 국외여행 안내업무, ④ 정산업무 등이다.

제2절 국외여행상품 판매업무

여행상품의 판매업무는 그 업무내용에 따라 인적 판매업무와 비인적 판매업무로 나눌 수 있다. 인적 판매업무를 다시 세분화하면 창구판매, 방문판매, 표본제시판매, 전화판매로 나눌 수 있다. 또한 비인적 판매업무는 광고, 판매촉진으로 세분화할 수 있다.

1. 인적 판매

1) 창구판매

창구판매(counter sales)는 여행사에 직접 찾아오는 손님(walk-in guest)을 상대로 카운터 직원이 상담을 통해 여행상품을 판매하는 방법이다.

2) 방문판매

방문판매(filed sales)는 여행사종사원이 잠재여행객을 현장에 직접 찾아가서 자사의 여행상품을 판매하는 방식이다.

3) 표본제시판매

표본제시판매(presentation sales)는 무형으로서 현물제시가 불가능한 여행상품을 유형화하여 일정표, 브로슈어 등을 제시하여 판매하는 방법이다.

4) 전화판매

전화판매(telephone call sales)는 전화를 통해서 항공권이나 기차표 또는 패키지여행 설명 등을 행하는 판매방법이다.

2. 비인적 판매

1) 광 고

여행사가 광고대금을 지급하고 그들의 아이디어, 신상품 또는 서비스에 관한 메시지 및 비인적(non-personal)으로 구두나 시청각을 통하여 제시하는 모든 활동을 전개하고 있다.

2) 판매촉진

여행사가 여행객의 구매율을 자극하는 것으로 상품전시, 진열, 전시회 등을 포함하는 단기간에 매출증대를 목적으로 업무를 전개하고 있다.

3) PR

PR(public relations)은 여행사가 공중과의 이상적인 관계를 정립하기 위해 벌이는 여러 가지 활동이다. PR은 여행사가 다양한 이해관계자들로 하여금 긍정적 이미지를 갖도록 하고, 나아가 고객에게 선호를 창출하는 업무를 전개하고 있다.

제3절 수속업무

1. 여권(passport) 수속

수속업무란 여행사의 국외업무에서 가장 기본적이면서도 중요한 업무인 여권(passport) 및 비자(visa)의 발급 등과 관련된 제반 수속업무를 말한다. 해외여행의 수속은 해외여행을 출발하기 전까지 완료해야 하므로 시간적 제약이 있으며, 수속업무는 여행객의 여행일정에 맞추어 계획적이고 능률적으로 무리없이 진행시키는 것이 매우 중요하다.

1) 여권의 의의와 종류

(1) 여권의 개념

외국에 여행하려면 여권이 반드시 필요하다. 여권은 국민이 외국 여행을 할 때 본국이 여행자의 신분과 국적을 증명하고 아울러 상대국에게 여행자의 안전한 통과를 위한 편의제공과 보호를 요청하는 공문서이다.

일반적으로 여권 또는 이에 갈음하는 증명서(여행증명서)를 소지하지 아니한 자는 입국할 수 없다. 우리나라에 있어서도 원칙적으로 여권을 소지하지 아니한 외국인의 입국은 금지되어 있으며, 외국에 여행하고자 하는 국민은 여권법 규정에 의하여 발급된 여권을 소지하여야 한다.

(2) 여권의 종류

여권은 발급대상자를 기준으로 일반여권, 관용여권, 외교관여권으로 분류된다. 외교관여권은 외교관과 그 가족에 대한 것이며, 관용여권은 외교관 이외의 사람으로서 국가의 업무로 나가는 사람과 그 가족에 대한 것이다. 기타의 국민에게는 일반여권이 발급된다.

또 여권에 의한 출국횟수를 기준으로 단수(單數)여권과 복수(複數)여권으로 나눈다. 단수여권은 1회에 한하여 외국여행을 할 수 있으며, 발행일로부터 1년간 유효하다. 복수여권은 그 유효기간이 만료할 때까지 횟수에 제한 없이 외국여행을 할 수 있는 여권을 말한다.

여권은 국내에 있어서는 외교부장관이 발급하며, 국외에 있어서는 영사가 발급한다. 여권발급원자는 특히 필요하다고 인정하는 경우 여권에 갈음하는 여행증명서를 발급할 수 있다. 여행증명서의 발급 및 효력에 관하여는 여권에 관한 규정이 준용된다.

▶ 여권 종류

• 일반 여권

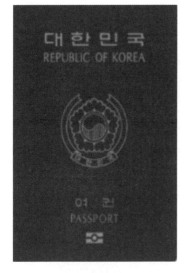

종전 여권

차세대 여권(2021년부터 발급)

• 관용 여권, 외교관 여권

관용 여권

외교관 여권

▶ 여권 표지 디자인

• 종전 일반 전자여권(녹색) • 차세대 일반 전자여권

종전여권	표지	앞표지 이면

▶ 개인정보면

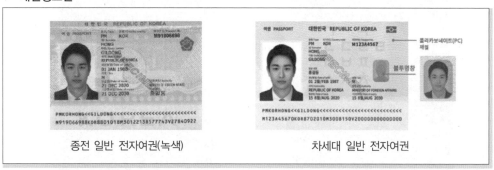

종전 일반 전자여권(녹색)   차세대 일반 전자여권

▶ 사증면

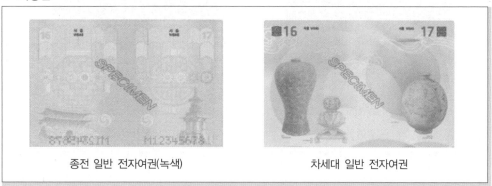

종전 일반 전자여권(녹색)   차세대 일반 전자여권

2) 여권의 발급

(1) 여권의 발급권자

여권은 외교부장관이 발급한다. 외교부장관은 일반여권 및 여행증명서의 발급·기재사항 변경·재발급 및 반납명령(일반여권의 발급등 및 몰취)에 관한 권한을 영사나 지방자치단체의 장에게 대행하게 할 수 있다(여권법 제21조 및 동법 시행령 제37조). 여기서 지방자치단체의 장이라 함은 시·도지사, 특별자치도지사(제주)와 시장·군수·자치구의 구청장을 말하고, 영사는 재외공관에 근무하는 외교관으로 우리나라 국민이 외국에서 신청하는 여권발급사무를 대행한다.

외교부장관의 권한을 대행하는 사람은 그 권한의 행사 현황을 외교부장관에게 보고하여야 하며, 외교부장관은 권한을 대행하는 사람이 대행사무를 위법하거나 부당하게 처리하고 있다고 인정할 때에는 중지시키거나 취소·변경하게 할 수 있다(동법 제37조 제2항·제4항).

(2) 여권발급의 신청과 기재사항 변경

여권의 발급을 받고자 하는 자는 외교부장관에게 발급을 신청하여야 한다. 그러나 일반여권의 발급·기재사항변경·유효기간연장·재발급을 신청하고자 하는 자는 여권발급권자에게 이를 신청할 수 있다. 신청은 여권발급신청서에 의한다. 여권발급권자는 여권발급신청서류의 내용과 사진 등의 심사와 확인을 위하여 필요하다고 인정되는 경우에는 신청인 기타 관계인에 대하여 면담을 요구할 수 있다.

여권의 발급을 받은 자는 그가 발급받은 여권의 기재사항을 변경할 필요가 생겼을 때에는 외교부장관에게 그 기재사항의 변경을 신청할 수 있다. 외교관여권 또는 관용여권의 기재사항을 변경하고자 하는 자는 기재사항변경등신청서를 외교부장관에게 제출하여야 하는데, 이 경우 유효기간 연장의 경우에는 관계기관의 장의 허가서, 기타의 경우에는 이를 증명하는 서류를 첨부하여야 한다. 일반여권의 기재사항변경은 여권발급 후의 사정변경으로 유효기간을 연장하거나 동반자녀에 관한 사항을 정정하는 경우에 행한다.

다만, 당해연도 1월 1일부터 12월 31일까지의 사이에 18세 이상 30세 이하가 되는 남자로서 군필 또는 복무 중인 자가 아닌 자, 기타 외교부장관이 특히 필요하다고 인정하는 자의 여권의 기재사항은 변경하여서는 안 된다.

(3) 여권의 재발급

여권의 발급을 받은 자는 그가 발급받은 여권을 멸실하거나 현저하게 훼손한 경우, 성명 등의 정정이 필요한 경우 또는 여권 분실 등의 경우에는 여권의 재발급을 신청할 수 있다.

여권의 재발급을 신청하고자 하는 자는 재발급사유서, 여권용사진 1매, 기타 외교부령이 정하는 서류를 첨부하여야 한다. 여권을 재발급하는 경우에는 특별한 사유가 없는 한 그 기재사항은 이미 발급한 여권과 동일하여야 한다.

여권의 생년월일·주민등록번호 또는 한글성명을 정정하고자 하는 자는 주민등록초본 1부를 첨부하여 재발급을 신청하여야 한다. 다만, 질병 등 부득이한 사유로 본인이 직접 신청할 수 없는 경우에는 그 사유를 소명하여 대리인으로 하여금 신청하게 할 수 있다.

여권을 훼손한 경우에는 구여권과 훼손사유서를 갖추어 재발급을 신청하여야 한다.

3) 일반여권의 발급

(1) 일반여권의 발급신청

일반여권을 발급받고자 하는 자는 다음의 서류를 외교부장관에게 제출하여야 한다. 다만, 국외에 체류 중인 자가 여권의 발급을 받고자 할 때에는 외교부장관은 외교부령이 정하는 바에 따라 일부 서류의 제출을 면제할 수 있다(여권법 시행령 제5조).

① 여권발급신청서

② 여권용 사진 1매(6개월 이내에 모자 등을 쓰지 않고 촬영한 천연색 상반신 정면 사진, 가로 3.5cm×세로 4.5cm). 다만, 재외공관에서 발급하는 여권·여행증명서·단수여권 등의 발급을 신청하는 경우에는 동일한 사진 2매

③ 그 밖에 병역관계 서류 등 외교부령으로 정하는 서류

▶ **여권사진 규격**

외교부

여권사진 규격 안내

<2022. 10. 개정>

여권사진의 규격은 국제민간항공기구(ICAO)에서 정한 기준을 따르고 있습니다. 여권은 해외여행시 인정되는 유일한 신분증으로 여권사진은 본인임을 확인하는데 매우 중요한 요소입니다. 여권사진은 여권발급 신청일 전 6개월 이내 촬영된 사진으로 본인임을 확인할 수 있도록 실제 소지인을 그대로 나타내어야 하며, 변형하여서는 안됩니다.

여권사진 규격에 적합하지 않은 사진을 제출하여 여권접수가 지연 또는 반려되거나 출입국 심사(자동출입국 시스템 포함)시 불편을 겪지 않도록 아래 기준에 맞는 적합한 사진을 제출하여 주시기 바랍니다.

기본사항

• 여권발급 신청일 전 6개월 이내에 촬영한 천연색 상반신 정면 탈모(모자나 머리 장신구 불가) 사진을 제출해야 함

• 본인이 직접 촬영한 사진은 여권사진 규격에 적합한 경우에만 사용 가능함

• 사진 편집 프로그램, 사진 필터 기능 등을 사용하여 임의로 보정한 사진은 허용 불가함

〈표 8-1〉 여권발급비용(국제교류기여금 포함)

종류	구분			여권발급 수수료			국제교류기여금		합계	
					국내	재외공관	국내	재외공관	국내	재외공관
전자여권	복수여권	10년 이내 (18세 이상)		58면	38,000원	38불	15,000원	15불	53,000원	53불
				26면	35,000원	35불			50,000원	50불
		5년 (18세 미만)	만 8세 이상	58면	33,000원	33불	12,000원	12불	45,000원	45불
				26면	30,000원	30불			42,000원	42불
			만 8세 미만	58면	33,000원	33불	–	–	33,000원	33불
				26면	30,000원	30불			30,000원	30불
		5년 미만		26면	15,000원	15불	–	–	15,000원	15불
		4년 11개월 종전 일반 여권〈녹색〉)		24면/48면[2]						
	단수여권	1년 이내			15,000원	15불	5,000원	5불	20,000원	20불
비전자여권	긴급여권	1년 이내			48,000원	48불	5,000원	5불	15,000원	15불
					15,000원	15불	5,000원	5불	20,000원	20불
기타	여행증명서	스티커 부착식			23,000원	23불	2,000원	2불	25,000원	25불
	남은 유효기간 부여 여권[2] (58면, 26면 선택)			58면	25,000원	25불	–	–	25,000원	25불
				26면					1,000원	1불
	여권사실증명	여권발급기록증명서			1,000원	1불	–	–	1,000원	1불
		여권발급신청서류증명서			1,000원	1불	–	–	1,000원	1불
		여권사본증명			1,000원	1불	–	–	1,000원	1불
		여권실효확인서			1,000원	1불	–	–	1,000원	1불
		여권정보증명서			1,000원	1불	–	–	1,000원	1불

1) 여권발급 등에 관한 수수료에 포함되어 있는 국제교류기여금(한국국제교류재단법 제16조 및 동법 시행령 제5조)은 한국국제교류재단의 각종 국제교류, 공공외교 사업 및 운영을 위한 주요 재원으로 사용되고 있습니다.
2) 24면 선 발급 후 소진 시 48면 순차 발급
3) 친족 사망 또는 위독 관련 증빙서류 제출 시
4) 유효기간이 남아 있는 여권의 소지자가 수록정보 변경, 분실, 훼손, 사증란 부족 등으로 새로운 여권을 발급받을 경우, 기존 여권에 대하여 남아 있는 잔여 유효 기간만큼만 부여하여 발급받는 여권
5) 무인민원발급기 이용 시 수수료 무료

(2) 일반여권의 유효기간

① 일반여권의 유효기간은 10년으로 한다. 그러나 외교부장관은 다음 각 호의 어느 하나에 해당하는 사람에게는 다음 각 호에 따른 기간을 유효기간으로 하는 일반여권을 발급할 수 있다(동법 시행령 제6조 제1항·제2항 〈개정 2012.6.8., 2013.3.23.〉).

1. 여권법 시행령 제6조에 따라 18세 이상인 사람이 복수 여권을 신청할 경우는 유효기간 10년의 여권이 발급되며, 기간 선택은 불가함을 참고해야 한다. (「여권 법령」 국내법 참조)

2. 18세 이상 25세 미만으로 제1국민역, 승선근무예비역 또는 보충역(복무·의무종사 만료기간이 2개월 이내인 경우, 복무·의무종사를 마친 경우에는 제외한다)에 해당하는 사람 : 5년으로 하되, 다음 각 목의 경우를 제외하고는 여권을 발급받는 해에 24세 이하인 경우에는 24세가 되는 해의 말일까지만 유효기간을 부여할 수 있다.

　㉮ 「병역법」 제70조에 따라 지방병무청장이나 병무지청장의 국외여행 허가를 받은 경우

　㉯ 사증(VISA)의 취득 등을 위하여 부득이하다고 외교부장관이 인정하는 경우

3. 25세 이상으로 제1국민역, 승선근무예비역 또는 보충역(복무·의무종사 만료기간이 2개월 이내인 경우 복무·의무종사를 마친 경우는 제외한다)에 해당하는 사람으로서 다음의 어느 하나에 해당하는 경우

　㉮ 승선근무예비역 또는 보충역으로서 복무·의무종사 중인 사람 : 5년

　㉯ 제1국민역에 해당하는 사람이나 보충역으로서 복무·의무종사하고 있지 아니한 사람 : 국외여행 허가서의 허가기간이 6개월 이상 1년 이하인 경우에는 1년을, 허가기간이 1년을 초과하는 경우에는 그 허가기간의 만료일까지

4. 재판에 계류 중인 사유 등으로 인하여 관계 행정기관의 장이 일정기간 동안의 국외여행만 가능하다고 통보한 사람 : 통보된 기간

② 외교부장관은 위의 규정에도 불구하고 다음 각 호의 어느 하나에 해당하는 경우로서 본인이 원하는 경우에는 다음 각 호에 따른 기간을 유효기간으로 하는

일반여권을 발급할 수 있다(동법 시행령 제6조 제3항).

1. 법 제11조에 따라 여권의 재발급을 신청하는 경우 : 여권을 재발급받은 날부터 기존 여권에서 정하고 있는 유효기간의 만료일까지의 기간
2. 여권에 공백의 사증란이 남지 않게 되어 새로 여권발급을 신청하는 경우 : 새로운 여권을 발급받은 날부터 기존 여권에서 정하고 있는 유효기간의 만료일까지의 기간

4) 관용여권의 발급

(1) 관용여권의 발급신청

관용여권을 발급받고자 하는 자는 ① 여권발급신청서, ② 발급대상자임을 증명하는 서류, ③ 외교부령이 정하는 국외여행을 위한 병역관계서류(일반여권의 경우와 같다), ④ 여권용사진 2매를 외교부장관에게 제출하여야 한다(여권법 시행령 제8조).

(2) 관용여권의 발급대상자

관용여권을 발급받을 수 있는 자는 다음 각 호의 1에 해당하는 자로 한다(여권법 시행령 제7조).

1. 공무원, 한국은행, 한국수출입은행, 그 밖에 「공공기간의 운영에 관한 법률」에 따른 공공기간으로서 외교부장관이 정하는 기관의 임원·집행간부 또는 직원으로서 공무(公務)로 국외에 여행하는 사람과 해당 기관이 추천하는 그 배우자, 27세 미만의 미혼인 자녀 및 생활능력이 없는 부모
2. 한국은행, 한국수출입은행, 그 밖에 「공공기관의 운영에 관한 법률」에 따른 공공기관으로서 외교부장관이 정하는 기관의 국외 주재원과 그 배우자 및 27세 미만의 미혼인 자녀
3. 정부에서 파견하는 의료요원, 태권도사범, 재외동포 교육을 위한 교사와 그 배우자 및 27세 미만의 미혼인 자녀
4. 재외공관에 두는 업무보조원과 그 배우자 및 27세 미만의 미혼인 자녀

5. 외교부소속 공무원(기능직공무원 제외) 및 「외무공무원법」 제31조에 따라 재외공관에 근무하는 다른 국가공무원이 가사보조를 받기 위하여 동반하는 사람

6. 그 밖에 원활한 공무수행을 위하여 특별히 관용여권을 소지할 필요가 있다고 외교부장관이 인정하는 사람

(3) 관용여권의 유효기간

① 관용여권의 유효기간은 5년으로 한다. 다만, 다음 각 호의 어느 하나에 해당하는 사람에게는 다음 각 호에 따른 기간을 유효기간으로 하는 관용여권을 발급할 수 있다(동법 시행령 제9조 제1항).

1. 재외공관에 두는 업무보조원과 그 배우자 및 27세 미만의 미혼인 자녀, 외교부소속 공무원 및 재외공관에 근무하는 다른 국가공무원이 가사보조를 받기 위하여 동반하는 사람, 그 밖에 원활한 공무수행을 위하여 특별히 관용여권을 소지할 필요가 있다고 외교부장관이 인정하는 사람 : 2년. 다만, 외교부장관이 필요하다고 인정하는 경우에는 유효기간을 3년으로 할 수 있다.

2. 제1국민역에 해당하는 사람 또는 보충역으로서 복무·의무종사하고 있지 아니한 사람 : 국외여행 허가서의 허가기간이 6개월 이상 1년 이하인 경우에는 1년을, 허가기간이 1년을 초과하는 경우에는 그 허가기간의 만료일까지

3. 관용여권 발급대상자 중 배우자, 27세 미만의 미혼인 자녀 및 생활능력이 없는 부모 : 해당 관용여권을 발급받는 사람의 공무 국외여행 기간에 6개월을 더한 기간. 다만, 27세 미만의 미혼인 자녀(정신적·육체적 장애가 있거나 생활능력이 없는 미혼인 동반자녀는 제외한다)의 경우 유효기간의 만료일 이전에 27세가 되는 때에는 27세가 되는 날의 전날까지로 한다.

② 관용여권을 발급받은 자가 발급대상자가 되는 신분을 상실하게 될 때에는 그때부터 유효기간 이내라도 그가 발급받은 관용여권은 효력을 상실한다. 다만, 그가 국외에 체류하고 있을 때에는 귀국에 소요되는 상당한 기간(관용여권 발급대상자에 해당하지 아니하게 된 때로부터 2월)은 그러하지 아니하다(동법 시행령 제9조 제2항, 동법 시행규칙 제10조 제1항).

③ 관용여권을 발급받은 자가 발급대상자가 되는 신분을 상실하게 된 때에는 그 소속기관의 장은 당해 관용여권(그 배우자·직계비속 또는 부모가 발급받은 관용여권이 있는 경우에는 이를 포함한다)을 회수하여 외교부장관에게 반납하여야 한다(동법 시행규칙 제10조 제2항).

5) 외교관여권의 발급

(1) 외교관여권의 발급신청

외교관여권을 발급받고자 하는 자는 ① 여권발급신청서, ② 발급대상자임을 증명하는 서류, ③ 국외여행을 위한 병역관계서류(일반여권의 경우와 같다), ④ 여권용 사진 2매를 외교부장관에게 제출하여야 한다(동법 시행령 제11조).

(2) 외교관여권의 발급대상자

외교부장관은 다음 각 호의 어느 하나에 해당하는 사람에게 외교관여권을 발급할 수 있다(동법 시행령 제10조).

1. 대통령(전직 대통령을 포함한다), 국무총리와 전직 국무총리, 외교부장관과 전직 외교부장관, 특명전권대사, 국제올림픽위원회 위원, 외교부 소속 공무원, 「외무공무원법」 제31조에 따라 재외공간에 근무하는 다른 국가 공무원 및 현역군인과 다음 각 목의 어느 하나에 해당하는 사람

   가. 다음에 해당하는 사람의 배우자와 27세 미만의 미혼인 자녀

   ① 대통령   ② 국무총리

   나. 다음에 해당하는 사람의 배우자, 27세 미만의 미혼인 자녀 및 생활능력이 없는 부모

   ① 외교부장관, ② 특명전권대사, ③ 국제올림픽위원회 위원, ④ 공무로 국외여행을 하는 외교부 소속 공무원, ⑤ 「외무공무원법」 제31조에 따라 재외공관에 근무하는 다른 국가공무원

   다. 전직 국무총리 및 전직 외교부장관의 동반배우자. 다만, 외교부장관이 인정하는 경우에 한한다.

라. 대통령, 국무총리, 외교부장관, 특명전권대사와 국제올림픽위원회 위원을 수행하는 사람으로서 외교부장관이 특히 필요하다고 인정하는 사람

2. 국회의장과 전직 국회의장 및 다음 각 목의 1에 해당하는 사람

　가. 국회의장의 배우자와 27세 미만의 미혼인 자녀

　나. 전직 국회의장의 동반배우자. 다만, 외교부장관이 인정하는 경우에 한한다.

　다. 국회의장을 수행하는 사람으로서 외교부장관이 특히 필요하다고 인정하는 사람

3. 대법원장, 헌법재판소장, 전직 대법원장, 전직 헌법재판소장 및 다음 각 목의 어느 하나에 해당하는 사람

　가. 대법원장과 헌법재판소장의 배우자와 27세 미만의 미혼인 자녀

　나. 전직 대법원장과 전직 헌법재판소장의 동반배우자. 다만, 외교부장관이 인정하는 경우에 한한다.

　다. 대법원장과 헌법재판소장을 수행하는 사람으로서 외교부장관이 특히 필요하다고 인정하는 사람

4. 특별사절 및 정부대표와 이들이 단장이 되는 대표단의 단원

5. 그 밖에 원활한 외교업무 수행이나 신변보호를 위하여 외교관여권을 소지할 필요가 특별히 있다고 외교부장관이 인정하는 사람

(3) 외교관여권의 유효기간

① 외교관여권의 유효기간은 5년으로 한다. 다만, 다음 각 호의 어느 하나에 해당하는 사람에게는 다음 각 호에 따른 기간을 유효기간으로 하는 외교관여권을 발급할 수 있다(동법 시행령 제12조 제1항).

　1. 시행령 제10조 제4호 또는 제5호에 해당하는 사람 : 외교업무 수행기간에 따라 1년 또는 2년. 다만, 제10조 제5호에 따른 외교업무 수행 목적의 외교관여권 발급의 경우 그 수행기간이 계속하여 2년 이상인 경우에는 5년의 한도에서 해당 기간에 6개월을 더한 기간의 만료일까지로 한다.

　2. 제1국민역에 해당하는 사람 또는 보충역으로서 복무·의무종사하고 있지 아니한 사람 : 국외여행 허가서의 허가기간이 6개월 이상 1년 이하인 경우에는

1년을, 허가기간이 1년을 초과하는 경우에는 그 허가기간의 만료일까지

3. 시행령 제10조의 외교관여권 발급대상자 중 27세 미만의 미혼인 자녀(정신적·육체적 장애가 있거나 생활능력이 없는 미혼인 동반자녀는 제외한다) : 5년. 다만, 유효기간 만료일 이전에 27세가 되는 때에는 27세가 되는 날의 전날까지로 한다.

② 외교관여권을 발급받은 사람이 외교관여권 발급대상자로서의 신분을 상실하게 되면 그 외교관여권은 유효기간 이내라도 그때부터 효력을 상실한다. 다만, 그가 외국에 체류하고 있는 때에는 귀국에 필요한 기간 동안(2개월 동안)은 그 효력이 유지된다(동법 시행령 제12조 제2항).

6) 여행증명서의 발급

외교부장관은 특히 필요하다고 인정하는 자에 대하여 여권에 갈음하는 여행증명서를 발급할 수 있다. 여행증명서는 여권을 갈음하는 증명서로, 유효기간은 1년 내(행정제재자의 편도 귀국용은 1개월 이내)로 부여하고 발행목적이 성취된 때 그 효력이 상실된다.

여행증명서를 발급받을 수 있는 자는 ① 여권법 제14조, 시행령 제16조, 제17조에 의거하여 아래에 해당하는 자, ② 출국하는 무국적자, ③ 해외입양자, ④ 「남북교류협력에 관한 법률」 제10조에 따라 여행증명서를 소지하여야 하는 사람으로서 여행증명서를 발급할 필요가 있다고 외교부장관이 인정하는 사람, ⑤ 「출입국관리법」 제46조에 따라 대한민국 밖으로 강제 퇴거되는 외국인으로서 그가 국적을 가지는 국가의 여권 또는 여권을 갈음하는 증명서를 발급받을 수 없는 자로서 위의 사유에 준하는 사람으로서 긴급하게 여행증명서를 발급할 필요가 있다고 외교부장관이 인정하는 자이다.

여행증명서의 발급신청에 관하여는 일반여권의 발급신청과 같다. 다만, 외교부장관은 필요하다고 인정할 때에는 외교부령이 정하는 바에 따라 일부 서류의 제출을 면제할 수 있다(여권법 시행령 제17조).

여행증명서의 유효기간은 1년 이내로 하되, 그 증명서의 발행목적이 성취된 때에는 그 효력을 상실한다(여권법 제14조 제2항).

〈표 8-2〉 여권발급신청서

여권법 시행규칙 제3조 [별지 제1호서식] 〈개정 2021.12.21〉

여권발급신청서

※ 뒷쪽의 유의사항을 반드시 읽고 검은색 펜으로 작성하시기 바랍니다. (앞쪽)

여권 선택란	※ 아래 여권 종류, 여권 기간, 여권 면수를 선택하여 해당란에 [✔] 표시하시기 바랍니다. 표시가 없으면 일반여권의 경우 10년 유효기간의 58면 여권이 발급되며, 자세한 사항은 접수 담당자의 안내를 받으시기 바랍니다.		
여권 종류	□ 일반 □ 관용 □ 외교관 □ 긴급 □ 여행증명서(□ 왕복 □편도)	여권 면수	□ 26 □ 58
여권 기간	□ 10년 □ 단수(1년) □ 잔여기간 담당자 문의 후 선택		□ 5년 □ 5년 미만

필수 기재란 ※ 뒤쪽의 기재방법을 읽고 신중히 기재하여 주시기 바랍니다.

사 진 · 신청일 6개월 이내 촬영한 천연색 상반신 정면 사진 · 흰색 바탕의 무배경 사진 · 색안경과 모자 착용 금지 · 가로 35㎜, 세로 45㎜ [머리 (턱부터 정수리까지) 길이 : 32㎜~36㎜]	한글성명	□□□□□□□□	
	주민번호	□□□□□□ - □□□□□□□	
	본인연락처	□□□□□□□□□□□	※ '_'없이 숫자만 기재
	※ 긴급연락처는 다른 사람의 연락처를 기재하십시오.(해외여행 중 사고발생시 지원을 위해서 필요)		
	긴급연락처 성명　　　　관계　　　　전화번호		

※ 뒷쪽의 유의사항과 영문성명 기재방법을 읽고 신중히 기재하여 주시기 바랍니다.

추가기재란	※ 로마자성명은 여권을 처음 신청하거나 기존의 로마자성명을 변경하는 경우에만 기재하시고, 뒤쪽 아래의 로마자성명기재방법을 읽고 신중히 기재하여 주시기 바랍니다.	
로마자 성 (대문자) 이름	□□□□□□□□□□□□□□□□ □□□□□□□□□□□□□□□□	
등록기준지	담당공무원의 요청이 있을 경우 기재합니다.	

선택기재란 ※ 원하는 경우에만 기재합니다.

배우자의 로마자 성(姓)	□□□□□□□□	※ 기재하는 경우 여권에 배우자의 ○○○ of 로마자 성 ○○대로 표기하여, 대문자로 기재해 주시기 바랍니다.
점자여권	□ 희망　□ 희망 안 함	※ 시각장애인일 경우에만 네모 칸에 [✔] 표시하시기 바랍니다.
우편배송 서비스	□ 희망　□ 희망 안 함	(상세주소 기재)
문자알림 설비스	□ 동의　□ 동의 안 함	※ 동의하는 경우, 「여권법 시행령」 제○○조 및 제○○조에 관계하여 고유식별정보가 통신사에 제공하여, 국내 휴대전화로 여권 유효기간 완료일자 및 발급진행상황 등을 알리는 문자메시지가 발송됩니다.

1. 뒤쪽의 유의사항을 확인하고 위의 내용을 작성하였으며, 기재한 내용이 사실임을 확인합니다.
2. 「여권법」 제9조 또는 제11조에 따라 여권의 발급을 신청합니다.

년　　월　　일

신고인(여권 명의인) 성명　　　　　　(서명 또는 인)

외교부장관 귀하

행정정보 공동이용 동의서

본인은 여권 발급 신청과 관련하여 담당 공무원이 「전자정부법」 제36조에 따른 행정정보 공동이용 등을 통하여 본인의 아래 정보를 확인하는 것에 동의합니다.(* 동의하지 않는 경우에는 신청인 또는 위임받은 사람이 해당 서류를 제출해야 합니다.)

년　　월　　일

신청인(여권 명의인) 성명　　　　　　(서명 또는 인)

※ 담당공무원 확인사항 : ① 「병역법」에 따른 병역관계 서류, ② 「가족관계의 등록 등에 관한 법률」에 따른 가족관계등록전산정보자료, ③ 「주민등록법」에 따른 주민등록전산정보자료, ④ 「출입국관리법」에 따른 출입국전산정보자료, ⑤ 장애증명서

접수 담당자 기재란

접수번호				(영수 확인)
특이사항				
심사란	접수자	심사자	발급자	

210mm×297mm[백상지 80g/㎡]

(뒤쪽)

유 의 사 항

1. 이 신청서의 기재사항에 오류가 있을 경우 신청인(여권명의인)에게 불이익이 있을 수 있으므로 정확하게 기재하시기 바랍니다.
2. 이 신청서는 기계로 읽혀지므로 접거나 찢는 등 훼손되지 않도록 주의하시기 바랍니다.
3. 유효기간이 남아있는 여권이 있는 상태에서 새로운 여권을 발급받으려면 유효기간이 남아있는 기존 여권을 반드시 반납해야 합니다. 새로운 여권이 발급되면 여권번호는 바뀝니다.
4. 사진은 여권 사진 규정에 부합해야 하며, 여권용 사진 기준에 맞지 않는 사진에 대해서는 보완을 요구할 수 있습니다.
5. 긴급연락처는 해외에서 사고 발생 시 지원을 위하여 필요하오니, 본인이 아닌 가족 등의 연락처를 기재하시기 바랍니다.
6. 로마자성명 기재방법은 아래 별도 설명을 참고하시기 바랍니다.
7. 등록기준자는 담당 공무원의 요청이 있을 경우 기재하시기 바랍니다.
8. 여권 유효기간 만료일자 및 발급진행상황 알림 서비스는 국내 유대전화만 가능합니다.
9. 무단으로 다른 사람의 서명을 하거나 거짓된 내용을 기재할 경우 「여권법」 등 관련 규정에 따라 처벌을 받게 되며, 여권명의 인도 불이익을 받을 수 있습니다.
10. 여권발급을 위해 담당 공무원이 신청인의 병역관계 정보, 가족관계등록정보, 주민등록정보, 출입국정보, 장애인증명서 등을 확인해야 하는 경우 신청인은 관련 서류를 제출해야 하며, 담당 공무원이 행정정보 공동이용을 통해 이러한 정보를 확인하는 것에 동의하는 경우에는 해당서류를 제출할 필요가 없습니다.
11. 단수여권과 여행증명서는 유효기간이 1년 이내로 제한됩니다. 단수여권으로는 발급지 기준 1회만 출·입국할 수 있으며, 여행증명서로는 표기된 국가만 여행할 수 있습니다.
12. 18세 미만인 사람은 법정대리인 동의서를 제출해야 하며, 유효기간 5년 이하의 여권만 발급받을 수 있습니다.
13. 여권 발급을 신청한 날부터 수령까지 처리기간은 근무일 기준 8일(국내 기준)입니다.
14. 발급된 지 6개월이 지나도록 찾아가지 않는 여권은 「여권법」에 따라 효력이 상실되며 발급 수수료도 반환되지 않습니다.
15. 여권은 해외에서 신원확인을 위해 매우 중요한 신분증이므로 이를 잘 보관하시기 바랍니다.
16. 여권을 잃어버린 경우에는 여권의 부정사용과 국제적 유동을 방지하기 위하여 여권사무 대행기관이나 재외공관에서 또는 온라인으로 분실신고를 하시기 바랍니다. 분실신고가 된 여권은 되찾았다 하더라도 다시 사용할 수 없습니다.

로마자성명 기재 유의사항

1. 여권의 로마자성명은 해외에서 신원확인의 기준이 되며, 「여권법 시행령」에 따라 정정 또는 변경이 엄격히 제한되므로 신중하고 정확하게 기재해야 합니다.
2. 여권을 로마자성명은 가족관계등록부에 등록된 한글성명을 문화체육관고아부장관이 정하여 고시하는 표기 방법에 따라 음절 단위로 음역(音譯)에 맞게 표기하며, 이름은 각 음절을 붙여서 표기하는 것을 원칙으로 하되 음절 사이에 붙임표(-)를 쓸 수 있습니다.
3. 여권을 처음 발급받는 경우 특별한 사유가 없을 때에는 이미 여권을 발급받아 사용 중인 가족(예: 아버지)의 로마자 성(姓)과 일치시키기ㄹㄹ 권장합니다.
4. 여권의 로마자성명은 여권을 재발급받는 경우에도 동일하게 표기되며 [배우자 성(姓) 표기 및 로마자성명 띄어쓰기 포함], 「여권 시행령」 제3조의2제1항에 규정된 사유에 한정하여 예외적으로 정정 또는 변경할 수 있습니다.

처리절차

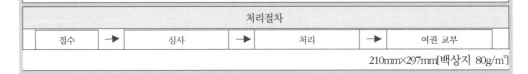

접수	→	심사	→	처리	→	여권 교부

210mm×297mm[백상지 80g/m²]

〈표 8-3〉 여권 분실 신고서

여권법 시행규칙 [별지 제2호서식] 〈개정 2019.6.12〉

여권 분실 신고서

※ 색상이 어두운 칸은 신고인이 적지 않으며, [ ]에는 해당되는 곳에 √표를 합니다.
※ 뒤쪽 유의사항을 확인하시고 작성하여 주시기 바랍니다. (앞쪽)

접수번호		접수일시	처리기간 즉시

신고인	성명(한글)	주민등록번호
	주소	
	전화번호	휴대전화

대리인 (대리 신고의 경우에만 작성합니다)	성명(한글)	주민등록번호
	신고인과의 관계	

여권 정보	여권 번호	발급일	기간 만료일

분실경위	일시(추정)	년 월 일 시		
	장소(추정)	국가		
		도시		
		세부주소		
		건물 등 세부장소		
	분실 사유	[ ] 본인 분실	[ ] 절도·강도 등 범죄피해	
	상세내용			
	분실 후 조치사항			
	당시 목격자 (목격자가 있는 경우에만 적습니다)	이름	관계	연락처
	분실 사유에 대한 증명자료			
	최근 5년간 여권 분실 횟수 및 경위	[ ] 1회 [ ] 2회 [ ] 기타(회)		
		첫 번째 분실		
		두 번째 분실		
		그 밖의 추가 분실		

210㎜× 297㎜[백상지 80g/㎡]

〈표 8-4〉 여권 기재사항 변경신청서

■ 여권법 시행규칙 [별지 제5호서식] 〈개정 2023.2.28〉 | 전자여권용

여권 기재사항 변경신청서

※ 검은색 펜으로 색깔있는 부분에만 적습니다.

신청종류	□ 구 여권번호 기재 □ 출생지 기재	※ 해당란에 [✔] 표시를 합니다.

신청자 정보	한글성명	□ □ □ □ □ □ □ □
	여권번호	□ □ □ □ □ □ □ □ □
	발급일자	□□□□년 □□월 □□일
	주소	
	전화번호	

신청 내용	구 여권번호	
	출생지	(시/군 단위)

위의 기재한 내용은 사실과 다름이 없으며, 「여권법」 제15조 및 같은 법 시행령 제22조에 따라 여권 기재사항 변경을 신청합니다.

년   월   일

신청인(여권 명의인) 성명 _____ 서명 _____

외교부장관 귀하

행정정보 공동이용 동의서

본인은 이 건의 업무처리와 관련하여 담당 공무원이 「전자정부법」 제36조제1항에 따른 행정정보의 공동이용 등을 통하여 주민등록 등·초본 또는 가족관계등록부를 확인하는 것에 동의합니다.
* 동의하지 않는 경우에는 신청인이 직접 관련 서류(가족관계등록부를 확인해야 하는 경우에는 기본증명서를 말합니다)를 제출해야 합니다.

년   월   일

신청인(여권 명의인) 성명 _____ 서명 _____

외교부장관 귀하

제출서류	기재사항변경 신청인 본인의 유효한 여권을 제출해주시기 바랍니다.			
접수 담당자 기재란	접수번호			(영수확인)
	특이사항			
	심사란	접 수 자	심 사 자	발 급 자

접 수	→	심 사	→	처 리	→	여권 교부

210㎜× 297㎜[백상지 80g/㎡]

〈표 8-5〉 비자노트 신청서

비자노트 신청서

(반드시 영문으로 작성하시기 바랍니다)

1. 인적사항 및 출장목적

* 미국 비자 신청 시 생년월일 기재(그 외 지역 성명, 소속, 직위만 작성)

※비자노트에 기재하는 '여행목적, 여행도시명' 등 내용이 외국대사관에 제출할 비자신
청서(Visa Application) 기재 내용과 일치하도록 유의 바랍니다.

성명, 소속, 직위	여권번호	출장목적(기간, 지역포함)
HONG Gildong (01 JAN 1990)* *Ministry of Foreign Affairs Ambassador*	*G000A110 1*	*To attend "Kick off meeting" and "Preliminary Design Review" of Korea Targeting Pod Program by Lockheed Martin in Orlando, Florida, USA from February 21 to March 01, 2000.*
KIM Gilsun (01 AUG 1995) *Ministry of the Interior and Safety Director*	*G000A110 2*	※출장의 주목적이 여타 활동인데도 불구하 고단순히 "대사관.총영사관 방문"으로 기재하는 사례는 지양하여 주시고, 약자 는 반드시 풀어서 기재하여 주시기 바 랍니다.
KANG Gilsung (01 AUG 1985) *Ministry of the Interior and Safety Deputy Director*	*G000A110 3*	

2. 여행목적 관련, 세부사항

　　가. 여행국 도시 및 체류기간(언제부터 ~ 언제까지) :
　　　　ex) *Washington DC, USA/2022.1.1.~1.10*
　　나. 회의, 근무, 방문, 연수, 연구 등 관련기관명 :
　　다. 초청기관 :

3. 비자노트 신청 공문의 첨부 서류

　　가. 비자노트 신청서
　　나. 모든 신청 대상자의 관용여권 사본
　　다. (미국 비자노트를 신청하는 경우) 초청장 사본

※ 여권과에서 비자노트 수령 시, 신청 대상자의 영문 성명, 여권번호 및 여행목적 등을
　 확인하시기 바랍니다.

〈표 8-6〉 병역의무자 국외여행(기간연장) 허가 신청서

■ 병역법 시행규칙 [별지 제132호서식] 〈개정 2021.10.14.〉

병역의무자 국외여행(기간연장) 허가(취소) 신청서

※ 유의사항과 첨부서류를 확인하시고 작성하여 주시기 바랍니다 (앞쪽)

접수번호		접수일자		처리기간	국외여행허가: 2일 국외여행기간연장허가: 10일 국외여행(기간연장)허가 취소: 1일

병역 의무자	성명		생년월일	
	집 전화번호		휴대전화번호	
	전자우편주소			
	주소	국내		
		국외		

병역사항 (허가기관 기재사항)		대조	
		확인	

최초 허가 신청	당초 허가번호	제 호
	여행기간	. . . ~ . . . (년 월 일간)
	여행국명	여행목적

국외체류 중인 사람 기간연장 허가 신청	재외공관장 확인 : (인)	접수 및 확인번호	
	최초 허가사항	여행 목적	여행국명
		병무청 허가번호	출국 연월일
		병무청 허가기간 20 . . . ~ 20 . . . (일간)	
	기간연장 허가 신청	체재목적	체재국명
		기간연장 요청기간 20 . . . ~ 20 . . . (일간)	

허가 취소	취소 사유(필요한 경우 작성):

국내 가족사항	성 명	관계	주 소	전화번호	전자우편주소

「병역법」 제70조제1항·제3항, 같은 법 시행령 제145조부터 제147조의2에 따라 위와 같이 [   ] 국외여행(기간연장)허가 · [   ] 국외여행(기간연장) 허가 취소를 신청합니다.

년   월   일

신청인: (서명 또는 인)
의무자와의 관계

○ ○ 지방병무청(병무지청)장 귀하

신청서 제출 시 별도의 수수료는 없습니다.   210㎜× 297㎜[일반용지 60g/㎡]

(뒤쪽)

첨부서류

구분	신청인 제출서류	담당 공무원 확인사항
국제경기(전지훈련을 포함한다) 및 해외공연에 참가하는 경우	문화체육관광부장관, 학교장, 대한체육회장 또는 소속프로경기단체협의회 추천서	없음
연수·견학 및 문화교류의 경우	해당 기관의 계획서 또는 허가서	없음
국외파견 및 국외출장의 경우	소속기관 또는 병역지정업체의 장의 국외출장 증명서 또는 파견명령서	없음
국외를 왕래하는 선박의 선원 및 항공기의 승무원의 경우	근로계약서	없음
국외취업의 경우	재외공관의 장이 확인한 취업증명서	없음
질병치료의 경우	병무용 진단서	없음
유학의 경우	입학허가서 또는 재학증명서	없음
국외이주의 경우	가족 거주사실 확인서	해외이주신고 확인서
그 밖에 병무청장이 필요하다고 인정하는 경우	출국목적을 확인할 수 있는 서류	없음

행정정보 공동이용 동의서

본인은 이 건의 업무처리와 관련하여 담당 공무원이 「전자정부법」 제36조제1항에 따른 행정정보의 공동이용 등을 통하여 위의 담당 공무원 확인 사항을 확인하는 것에 동의합니다.
* 이용수수료는 없으며 동의하지 않는 경우 신청인이 직접 관련 서류를 제출해야 합니다.

년　월　일

신청인　성명 _____ (서명 또는 인) _____

외교부장관 귀하

유의사항

☐ 국외여행허가 의무 위반자에 대한 조치
- 「병역법」 제70조에 따라 국외여행(기간연장) 허가를 받아야 하는 사람이 이를 위반한 경우 같은 법 제76조제5항 및 제94조, 같은 법 시행령 제145조제4항제3호에 따라 다음과 같이 형사처벌 및 제재를 받게 됩니다.
- 형사처벌
  - 병역의무를 기피하거나 감면받을 목적으로 「병역법」 제70조제1항 또는 제3항에 따른 허가를 받지 않고 출국한 사람 또는 국외에 체류하고 있는 사람은 1년 이상 5년 이하의 징역에 처함.
  - 「병역법」 제70조제1항 또는 제3항에 따른 허가를 받지 아니하고 출국한 사람, 국외에 체류하고 있는 사람 또는 정당한 사유 없이 허가된 기간에 귀국하지 않은 사람은 3년 이하의 징역에 처함.
- 제재내역
  - 공무원 및 임직원의 임용 및 관허업의 인허가 등 제한(40세까지)
  - 국외여행허가의 제한
- 인적사항 등의 공개
  - 「병역법」 제81조의2에 따라 인적사항과 병역의무 미이행 사항 등을 병무청 누리집(홈페이지)에 공개함.

신청서 처리 절차

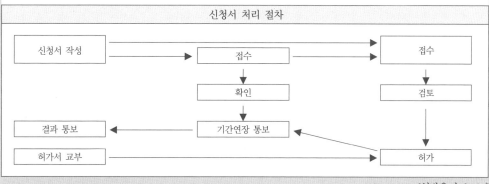

〈표 8-7〉 국외여행 허가 추천서

■ 병역의무자 국외여행 업무처리 규정 [별지 제7호서식]

국외여행 허가 추천서

* [   ]에는 해당되는 곳에 V표를 합니다.

여행자 인적사항	성명		생년월일	
	주소			

추천내용	여행국	
	여행목적	* 구체적으로 기재하시기 바랍니다.
	여행(추천)기간	* 실제 출국예정 일자부터 입국예정 일자까지 기재하시기 바랍니다. (주말 및 공휴일포함) 20 . . . 부터 20 . . .까지
	* 단기여행의 경우 기재 (보충역 또는 대 체역으로 복무 중 인 사람 해당)	○ 전체 연가일수( ), 사용한 일수( ) -1년차 연가일수( ), 사용한 일수( ) -2년차 연가일수( ), 사용한 일수( ) ○ 금회 국외여행 시, 연가 사용 예정 일수( )　　[ ] 공가　　[ ] 특별휴가 [ ] 병가　　[ ] 경조(청원)휴가 기간 : 20 . . .부터20 . . .까지

　　「병역법 시행규칙」 제108조 및 「병역의무자 국외여행 업무처리 규정」 제5조의 규정에 따라
위와 같이 국외여행허가를 추천합니다.

년　　월　　일

발급 담당자 성명
(연락전화:　　　　　　　)　　　　　　(서명 또는 인)

　　　　　소속기관(업체)의 장　　[직인]

210㎜× 297㎜[일반용지 60g/㎡]

2. 비자(visa) 수속

1) 비자의 개념

비자(visa)란 여행하고자 하는 나라로부터 입국허가를 받았다는 공문서로서, 일반적으로 상대국 대사관이나 영사관에서 발급받을 수 있다. 그러나 비자는 당연한 입국허가증이 아니라 입국지점의 출입국 담당심사관이 최종결정하기 때문에 비자소지자라도 자국에 피해를 입힐 경우라고 판단되면 입국거부나 비자기간과 동일한 체류기간을 허가하지 않을 수 있다.

최근에는 이러한 불편을 덜기 위하여 양국 간에 상호 비자면제협정을 맺는 경향이 늘고 있다.

2) 비자의 종류 및 발급절차

비자는 사용횟수에 따라 1회 입국하여 출국하면 효력이 상실되는 단수비자와, 유효기간 내에는 몇 번이라도 출입국이 가능한 복수비자로 분류된다. 또한 비자는 여행목적, 체재기간에 따라 입국비자와 통과비자로 구분된다. 입국비자는 여행하고자 하는 나라에 가는 것을 주목적으로 하는 경우에 교부되는 비자로서 그 목적에 따라 관광, 상용 및 영주 등으로 구분되어 발급된다. 통과비자는 여행객이 여행하고자 하는 나라로 가는 여행경로상 필요에 의해 도중에 다른 나라에 들리는 경우 경유국에서 발급된다. 비자의 발급은 나라마다 차이가 있으며, 일부 국가에서는 비자신청서의 기재내용에 대한 철저한 심사와 함께 영사와 직접 면담까지도 해야 하는 복잡한 과정을 거쳐 비자를 발급하기도 한다.

이러한 비자의 기재사항으로는 비자번호, 발급국가의 문장표시, 비자의 종류, 비자의 유효기간, 단수 또는 복수, 비자 발급대상자의 성명 등이 포함된다.

 사증면제제도

국가 간 이동을 위해서는 원칙적으로 사증(입국허가)이 필요하다. 사증을 받기 위해서는 상대국 대사관이나 영사관을 방문하여 방문국가가 요청하는 서류 및 사증 수수료를 지불해야 하며 경우에 따라서는 인터뷰도 거쳐야 한다. 사증면제제도란 이런 번거로움을 없애기 위해 국가 간 협정이나 일방 혹은 상호 조치에 의해 사증 없이 상대국에 입국할 수 있는 제도이다.

⟨표 8-8⟩ 비자(사증) 면제협정 체결 국가 현황(2022.9.22. 기준)

외교여권	관용여권	일반여권	선원수첩
112/111 *발효 대기 포함 (에티오피아 '19.08.26. 서명)	110/109 *발효 대기 포함 (에티오피아 '19.08.26. 서명)	70/67 *일시 정지 포함 (방글라데시, 파키스탄, 라이베리아)	21/19 *일시 정지 포함 (방글라데시, 라이베리아)

주별	적용대상	국가명
아시아주	일반	카자흐스탄(30일), 태국(90일)
	외교	우즈베키스탄(60일), 요르단(90일)
	외교, 관용	라오스(90일), 몽골(90일), 방글라데시(90일), 베트남(90일), 아르메니아(90일), 이란(3개월), 인도(90일), 일본(90일), 조지아(90일), 중국(30일), 카자흐스탄(90일), 카르키즈스탄(30일), 캄보디아(60일), 쿠웨이트(90일), 타지크스탄(90일), 태국(제한없음), 투르크메니스탄탄(30일), 파키스탄(3개월), 필리핀(제한없음), 요르단,
	외교, 관용, 일반	말레이시아(3개월), 싱가포르(90일), 아랍에미리트(90일), 이스라엘(90일), 투르키에(90일)
	외교, 관용, 공무	오만(90일)
	선원수첩	태국(15일)
미주	일반	멕시코(3개월), 베네수엘라(30일), 브라질, 칠레(90일)
	외교	에콰도르(제한없음),
	외교, 관용	멕시코(9일), 베네수엘라(30일), 벨리즈(90일), 볼리비아(90일), 브라질(90일), 아르헨티나(90일), 칠레(90일),
	외교, 관용, 일반	과테말라(90일), 그레나다(90일), 니카라과(90일), 도미니카공화국(90일), 도미니카연방(90일), 바베이도스(90일), 바하마(90일), 세인트루시아(90일), 세인트벤센트그레나딘(90일), 세인트키츠네비스(90일), 수리남(3개월), 아이티(90일), 아르헨티나(90일), 아이티(90일), 엘사바도르(90일), 자메이카(90일), 코스타리카(90일), 콜롬비아(90일), 트리니다드(90일), 파나마(90일), 페루(90일)
	선원수첩	그레나다(15일), 나키라과(15일), 도미니카연방(15일), 바베이도스(15일), 바하마(15일), 세인트벤센트그레나딘(15일), 세인트키츠네비스(15일), 아이티(15일), 앤티카바부다(15일), 엘살바도르(15일), 자메이카(15일), 코르타리카(15일), 토바고(15일), 페루(15일)

유럽주	일반	그리스(3개월), 독일(90일), 러시아(60일), 루마니아(90일), 오스트리아(90일),
	외교, 관용	그리스(제한없음),독일, 러시아(90일), 벨라쿠스(90일), 몰도바(90일), 사이프러스(90일), 아제르바이잔(30일), 오스트리아(180일), 우크라이나(90일), 크로아티아(90일)
	외교, 관용, 일반	네덜란드(3개월), 노르웨이(90일), 덴마크(90일), 라트비아(90일), 룩셈부르크(3개월), 리두아니아(90일), 리히텐슈타인(3개월), 몰타(90일), 벨기에(3개월), 불가리아(90일), 스웨덴(90일), 스위스(3개월), 스페인(90일), 슬로바키아(90일), 아이슬란드(90일), 아일랜드(90일), 에스토니아(90일), 영국(90일), 이탈리아(90일), 체코(90일), 포르투칼(90일), 폴란드(90일), 프랑스(90일), 핀란드(90일), 헝가리(90일)
	선원수첩	스페인(15일), 포르투칼(15일)
아프리카주	외교, 관용	가봉(90일), 베냉(90일), 알제리(90일), 앙골라(30일), 이집트(90일), 카보베르데(30일), 모잠비크(90일), 탄자니아(90일),
	외교, 관용, 일반	레소토(60일), 모로코(90일), 튀니지(30일)
	외교, 관용, 공무	적도기니(90일)
	선원수첩	모로코(15일)
대양주	외교, 관용, 일반	뉴질랜드(3개월)
	외교, 관용	바누아트(90일)

무사증입국허가

일반여권(45)+관용여권(1)=46개국		
일반여권 (46개국)	아시아 (9개국)	바레인(30), 브루나이(30), 사우디아라비아(30), 오만(30), 마카오(90), 일본(90), 쿠웨이트(90), 홍콩(90), 타이완(90)
	북아메리카 (2개국)	미국(90), 캐나다
	남아메리카 (5개국)	가이아나(30), 아르헨티나(30), 온두라스(30), 파라과이(30), 에콰도르(90)
	유럽 (11개국)	모나코(30), 몬테네그로(30), 바티칸(30), 사이프러스(30), 산마리노(30), 안도라(30), 알바니아(30), 보스니아헤르체코비나(30), 크로아티아(90), 세르비아(90), 슬로베이나(90)
	오세아니아 (13개국)	괌(30), 나우르(30), 뉴칼레도니아(30), 마샬군도(30), 사모아(30), 솔로몬군도(30), 키리바시(30), 팔라우(30), 피지(30), 통가(30), 투발루(30), 마이크로네사아(30), 호주(90)
	아프리카 (5개국)	남아프리카공화국(30), 모리셔스(30), 세이셸(30), 스와질랜드(30), 보츠와나(90)
외교, 관용 (1개국)	레바논(30)	

*코로나19에 따른 무사증 입국 장점정지 국가 : 일본, 대만, 마카오, 솔로몬제도, 사모아, 통가, 마이크로네시아, 키리바시(단, 8. 4일부 일본, 대만, 마카오는 한시적 무사증 입국 허용)

사증면제국가 여행 시 주의할 점

사증면제제도는 대체로 관광, 상용, 경유일 때 적용된다. 사증면제기간 이내에 체류할 계획이라 하더라도 국가에 따라서는 방문 목적에 따른 별도의 사증을 요구하는 경우가 많으니 입국 전에 꼭 방문할 국가의 주한공관 홈페이지 등을 통해 확인해야 한다.

특히, 미국 입국 시에는 ESTA라는 전자여행허가를 꼭 받아야 하고, 영국 입국 시에는 신분증명서, 재직증명서, 귀국항공권, 숙소정보, 여행계획을 반드시 지참해야 한다.

※ 첨부파일에 명시된 입국허가요건은 해당국의 사정에 따라 사전 고지없이 변경될 수 있으므로, 해당 국가로 여행하고자 하는 분은 반드시 여행 전 우리나라에 주재하고 있는 해당 국가 공관 홈페이지 등을 통해 보다 정확한 내용을 확인해야 한다.

3) 비자가 불필요한 경우

비자상호면제협정은 면제협정을 체결한 국가 간에 여행의 편의를 도모하기 위하여 여행객이 단기간 체류할 경우에 여행목적과 관계없이 비자를 교부받지 않아도 입국을 허가하는 협정을 뜻한다. 상사 주재, 영리적 사업의 종사, 동거, 유학(연수 포함) 등인 경우에는 상대방 국가의 비자를 교부받아야 한다.

외교의 역량이 향상되고 국력이 신장됨에 따라 비자상호면제협정을 체결하는 국가의 수도 점차 늘어가고 있다. 비자면제협정을 체결한 국가에 대한 정보는 〈표 8-9〉와 같다.

T.W.O.V(transit without Visa)

비자의 상호면제협정과 그 내용이 약간 다른 것으로 목적지가 제3국인 통과여행자의 항공기 연결 등을 위해 정식비자를 받지 않았더라도 여행자가 일정한 조건을 갖추고 있으면 입국 및 일시적 체류를 허가하는 제도인데, 일반적으로 외교관계가 수립되어 있는 국가 간에만 적용된다. 그 조건으로는 제3국으로 여행할 수 있는 예약 확인된 항공권(일부 국가는 return ticket도 가능)의 소지자로 제3국으로 여행할 수 있는 여행서류를 구비하고 있어야 한다.

4) 국가별 비자수속의 설계

(1) 미국

❶ ESTA의 이해

ESTA 또는 전자 여행 허가 시스템이란 자격을 충족하는 여행객에게 비자 없이도 미국에 입국할 수 있도록 허용하는 자동화 시스템이다.

이 시스템은 미국 정부가 특정 국가의 시민이 사전에 미국 비자를 신청하지 않고도 비자 면제 프로그램하에 미국에 방문할 수 있는 요건을 충족하는지 알아보기 위해 사용한다.

전자 시스템이 있어, 미국 사법기관은 다음과 같은 국제 범죄에 대처할 수 있는 더 신뢰할 수 있는 데이터를 보유할 수 있게 되었다.

- 신원도용
- 마약밀매 또는 인신매매
- 국제 테러리즘

ESTA는 미국 시민과 해외 방문객을 위해 미국 영토를 더욱 안전하게 보호한다.

2009년 1월 12일부터, 이 프로그램하에 미국에 입국을 계획하는 모든 개인은 유효한 미국 ESTA 비자 면제를 소지해야 한다.

❷ 미국 ESTA 비자 면제

미국 비자 ESTA 시스템은 비자 면제 프로그램을 적용받는 국가의 시민에 대해 자격 충족 상태를 알아보기 위해 미정부가 마련한 시스템이다.

미국 ESTA 비자 면제는 여행객이 미국에 입국하기 전 여권 정보를 수집하는 자동화된 프로그램이다. ESTA 비자 면제 또는 미국 ESTA는 2009년 1월 12일부터 사용되어 왔다.

요건을 충족하는 시민이 미국에 입국하려면 ESTA 허가를 받아야 한다. 미국 ESTA 비자 면제를 받으려면, 신청자는 유효한 여권이 있어야 한다.

미국 입국 항구에 도착하는 시점, 여행객은 유효한 ESTA 비자 면제를 소지한 상태여야 한다.

❸ ESTA 신청 대상

비즈니스 또는 관광 목적으로 미국 여행을 희망하는 이스타 비자 면제 국가의 시민은 ESTA 비자 면제 온라인 신청 양식으로 ESTA 허가 신청을 해야 한다.

대한민국과 일본, 대만은 미국 ESTA 비자 면제 취득 요건을 충족하는 비자 면제 국가 40개국 중 하나이다.

미국을 경유하는 여행객 또한 도착 시 유효한 ESTA 비자 면제를 소지하고 입국 통제국에서 요청 시 이를 제시해야 한다.

미국 ESTA는 발행일로부터 2년이 되는 날 또는 여권 만료일 중 더 이른 날짜까지 유효하다.

미국 ESTA를 소지한 모든 여행객은 최대 연속 90일 동안 미국에 체류할 수 있다.

❹ ESTA 비자 면제로 미국 방문

비자 면제 프로그램은 미국 정부가 관리하는 프로그램이며, 미국 국토안보부(DHS) 관할이다.

미국 ESTA 비자 면제는 40개 국가의 여권을 소지한 시민이 비즈니스 또는 관광 목적으로 미국에 수차례 방문할 수 있도록 허용된다.

신청서는 모두 온라인으로 작성한다. ESTA 허가를 받으면, 여행객은 방문당 최대 90일 연속 체류할 수 있다.

ESTA 비자 면제의 최대 혜택은 바로 신청자가 미국 비자를 따로 신청하지 않고 짧은 시간 내에 자유롭게 미국을 방문할 수 있다는 것이다.

40개국 비자 면제 국가

- 안도라
- 호주
- 오스트리아
- 벨기에
- 브루나이
- 칠레
- 체코공화국
- 덴마크
- 에스토니아
- 핀란드
- 프랑스
- 독일
- 그리스
- 헝가리
- 아이슬란드
- 아일랜드
- 이탈리아
- 일본
- 라트비아
- 리히텐슈타인
- 리투아니아
- 룩셈부르크
- 몰타
- 모나코
- 네덜란드
- 뉴질랜드
- 노르웨이
- 포르투갈
- 산 마리노
- 싱가포르
- 슬로바키아
- 슬로베니아
- 대한민국
- 스페인
- 스웨덴
- 스위스
- 대만
- 영국
- 크로아티아
- 폴란드

❺ ESTA 비자 면제 목적

다음에 해당하는 경우 여행자는 ESTA 비자 면제를 취득해야 한다.

■ 여행자 ESTA

- 여행/레저, 가족/지인 방문
- 음악 또는 스포츠 행사(급/자원)
- 짧은 수학(예: 2일 요리 코스)
- 치료 목적

- **비즈니스 ESTA**
  - 비즈니스 파트너와 회의
  - 컨벤션 및 컨퍼런스
  - 무료 단기 코스
  - 계약서 합의
  - 구직 또는 계약을 포함하지 않음

- **경유 ESTA**
  - 경유 체류
  - 미국 내에서 다른 비행기로 갈아탐
  - 미국 내 공항에 단기 경유
  - 24시간 초과 레이오버 또는 스톱오버

ESTA 비자 면제

- 미국 ESTA 허가는 정규 비자가 아니다. 미국 ESTA는 미국에 방문할 수 있는 전자 여행 허가이다.
- 미국 ESTA는 공항 또는 항구를 통해 미국 입국 시 제시해야 한다. 차로·육로를 통해 입국 시 필요하지 않다.
- ESTA는 여행객을 스크리닝하며, 미국에 방문하는 외국 여행객을 더 잘 제어할 수 있도록 돕는다.
- 미국 ESTA는 관광, 비즈니스 또는 다른 국가로 여행하는 중에 경유할 때에만 유효하다.
- 미국 ESTA를 거부받은 경우, B1 또는 B2 정규 비자를 신청해야 한다.
- 미국에 입국하려면 각자 ESTA를 소지해야 한다. 가족 또는 그룹인 경우 ESTA 가족 신청 요건을 확인해야 한다.
- 승인받은 ESTA 여행 허가는 미국 입국을 보장하지 않는다.

미국 ESTA 요건

- 신청자는 비자 면제 프로그램에 속한 40개국 중 한 국가의 시민이어야 한다.
- 미국 방문은 90일 이하여야 한다.
- ESTA 비자 면제를 받으려면 ESTA 대상 국가가 발행한 유효한 여권 소지자여야 한다.
- 미국 방문 시 범죄 기록 또는 공중 보건을 위험에 빠뜨릴 수 있는 전염병을 가진 사람은 방문이 불가하다는 사실을 숙지해야 한다.
- ESTA 비자 면제는 승인 이후 2년 또는 여권 만료일 중 더 이른 날짜에 만료된다. 미성년자 또한 미국 ESTA를 소지해야 한다. 미성년자의 ESTA 요건을 확인해야 한다. 이중국적을 가진 경우, 또한 쉽게 허가받을 수 있는 이중국적 ESTA를 확인해야 한다.

필수 문서
- 승인받은 ESTA 허가 또는 미국 관광 비자 보유
- 비자 면제 프로그램 대상 국가가 발행한 생체인식 여권 보유
- 미국 방문을 위한 국제의료보험 보유

❻ ESTA 신청방법

ESTA를 신청하려는 사람은 신청 전에 위에서 언급된 요구사항들을 먼저 충족해야 한다. 여행 전 비 미국인 여행자는 본인 여권의 유효 기간을 확인하기 바란다.

ESTA가 승인되면 연속 2년이라는 유효기간을 가지고, ESTA 소지자는 최대 90일 동안 미국을 여러 차례 여행할 수 있다.

2년의 유효 기간이 끝나기 전에 본인의 여권이 만료될 시에는 새로운 ESTA를 신청해야 함을 유의하기 바란다.

미국 ESTA 비자 신청 절차는 약 10분 정도 소요되고, 대부분의 경우 승인 역시 신속하게 이루어진다. 하지만 ESTA 신청은 미국으로 출발하기 최소 72시간 전에 완료하는 게 좋다.

미국 국경세관 단속국(Customs and Border Protection, CBP)은 미국 여행 일정이 잡히는 즉시 신청하도록 권고하고 있다.

ESTA는 24시간 이내에 처리된다. 그러나 경우에 따라 최대 72시간이 걸릴 수도 있기에 외국인 신분의 여행자일 경우 시간적인 여유를 가지고 미리 신청하는 것이 좋다.

대부분의 경우 자격 요건이 확인되는 신청자들은 즉시 답변을 받는다.

신청 절차를 성공적으로 완료하려면 신청 요금을 지불해야 한다. ESTA 요금은 국적을 불문하고 ESTA를 신청하는 모든 사람들에게 동일하게 적용된다.

드문 경우, 신청 절차가 지연될 수도 있는데, 이는 CBP에서 추가 조사를 진행하고 있다는 뜻이다. 진행상황 확인 이전에 최소 두 시간을 기다리기를 권한다.

한편, 미국 무비자 협상 국가의 여권이 아니라면 ESTA를 신청할 수 없다.

그럴 경우에는 가까운 대사관 또는 영사관을 직접 방문하여 카테고리 B에 해당하는 미국 비자를 신청해야 한다.

❼ ESTA 작성법

미국 ESTA 무비자 신청 절차는 매우 간단하다. 신청서의 질문은 명료하지만, 헷갈리는 분들을 위해 신청서 페이지마다 도움말도 제공하고 있으니 참고 바란다.

다음은 미국 비자 면제를 받기 위해 따라야 하는 필수 스텝이다.

- 권리포기각서에 답하기
- 필수 정보 입력
- 개인 정보 입력
- 여행 정보 입력
- 신청 자격을 묻는 질문에 답변
- 신청서에 작성한 내용 재검토
- ESTA 신청 요금 지불

신청자는 ESTA 신청서에 다음과 같은 사항을 입력해야 한다.

- 성과 이름
- 생년월일
- 출생 도시와 국가
- 성별
- 시민권 국가

- 여권 번호
- 여권 발급 날짜 및 발급 국가
- 여권 만료일
- 이메일 주소
- 집 주소

　신청자는 두 번째 시민권을 가지고 있는지 또는 과거에 이중 시민권을 가지고 있었는지에 대해 예 또는 아니요로 대답해야 한다.

　각 신청자의 여행 정보도 입력해야 한다. 이를 테면 신청자가 다른 국가로 가기 위한 경유 목적으로 미국에 입국하는지의 여부와, 본인이 이용할 숙박업소에 대한 정보도 입력해야 한다. 그리고 여행자 본인의 취업 상태 관한 질문에 답해야 한다.

　본인 SNS에 관한 질문도 ESTA 신청서에 포함되었다. 만약 사용 중인 SNS가 없다면 아니요를, 만약 사용 중이라면 SNS 플랫폼의 이름과 사용 ID를 입력해야 한다.

　또한 긴급 연락처를 제공하도록 되어 있지만, 이것은 선택 사항이므로 아니요라고 대답할 수 있다.

　원하는 경우 여행자 부모의 이름도 입력할 수 있지만, 이 역시 선택 사항이므로 아니요로 대답해도 된다. 마지막으로 9개의 보안 질문에 답하는 코너가 있다. 이 질문들 중 어느 하나라도 예라고 대답해야 하는 경우, 신청자는 ESTA를 받을 수 없으며, 대신 대사관 및 영사관에서 미국 비자를 신청해야 한다.

　신청자가 필요한 정보를 모두 입력하고 모든 필수 질문에 답변한 후에는, 본인이 입력한 내용들이 모두 정확하고 올바른지 다시 검토할 수 있는 기회가 주어진다.

　ESTA 신청서를 모두 검토하고 틀린 부분 없이 잘 입력되었다는 것이 확인되면, 결제 페이지로 넘어간다. 결제가 승인되면 신청서 심사가 시작된다. 승인 및 신청서 상태 알림 메시지는 ESTA 신청서에 신청자가 입력된 이메일로 발송된다.

　❽ ESTA 신청서 및 신청 절차 가이드라인

　ESTA 신청서는 신청자의 개인 정보, 여권 정보, 여행, 행위에 관한 섹션으로 구성된다. ESTA 신청서는 데이터베이스를 검열하는 목적으로 모든 여행자의 정보를 수집한다.

　ESTA 신청서에 * 기호로 표시된 필드는 의무 입력 사항이다. 모르는 것이 있으면 각 필드에서 물음표로 표시되는 도움말 정보를 참고하기 바란다.

　다음은 ESTA 신청 중 꼭 따라야 할 필수 사항이다:

- 모든 정보를 정확하게 입력
- 본인 여권의 정보가 ESTA 신청서의 정보와 일치하는지 확인
- 질문에 정직하게 답
- 수정할 것이 있다면 ESTA 신청서를 제출
- 유효한 이메일 주소 제공

승인된 ESTA는 신청자의 여권과 전자적으로 연계된다. 유효 ESTA는 비자 면제 국가의 모든 국민이라면 반드시 취득해야 할 필수 미국 입국 요건이다.

▶미국 여행 계획 없이 ESTA를 신청할 수 있나요?

여행자들은 여행 계획이 없어도 ESTA를 신청할 수 있다.

전자 여행 허가의 유효기간은 2년이기 때문에 신청자들이 아직 미국 목적지를 모를 수 있다는 사실을 감안하고 있다. 만약, 계획이 이미 짜여 있고 여러 곳을 방문할 예정이라면 방문할 모든 곳을 신고하지 않아도 된다. 가장 먼저 방문하는 지역을 입력하면 된다. 목적지로 가는 방법을 모른다면, 호텔 이름이나 장소만을 적어도 무방하다.

(2) 일본

❶ 비자 신청 안내

외국인이 일본에 입국하기 위해서는 자국정부로부터 유효한 여권을 발급받아, 원칙적으로 그 여권에 일본대사관 또는 총영사관에서 미리 비자를 취득해야만 한다. 단, 한국인에 대해서는 2005년 3월부터 무기한 비자면제조치가 실시되고 있다. 그 대상자는 일반여권을 소지한 한국인은 단기체재(90일 이내) 목적으로 일본에 입국하고자 하는 경우, 또한 외교여권 또는 관용여권을 소지한 경우는 외교, 공무 또는 단기체재(90일 이내) 목적으로 일본에 입국하고자 하는 경우에 동 조치의 대상이 된다.

※ 비자를 발급받기 위해서는 원칙적으로 아래의 요건에 모두 적합해야만 한다.

- 유효한 여권을 소지하고 본국으로의 귀국 또는 재류국으로의 재입국의 권리·자격이 확보되어 있을 것
- 신청인에 관계되는 제출서류가 적정한 것
- 신청인이 일본에서 하고자 하는 활동 또는 신청인의 신분 혹은 지위 및 재류기간이 출입국관리 및 난민 인정법(이하 [입관법]이라 한다.)에 정해진 재류 자격 및 재류기간에 적합할 것
- 신청인이 입관법 제5조 제1항의 어디에도 해당하지 않을 것

비자는 몇 가지 종류로 구분되어 있으며 각각의 비자에는 입국목적과 체재예정기간이 기재되어 있다. 그리고 입국목적란에는 아래에서 설명하는 재류자격(단기체재, 유학, 기업내전근, 예술 등. 실제로는 영문으로 표기된다)의 기입이다. 일본에 입국하기 위하여 입국심사를 받을 때 입국목적에 맞지 않는 비자를 가지고 있으면 입국이 허가되지 않는다. 예를 들면, 유학목적인 사람이 단기체재비자를 가지고 있어도 입국할 때 그 비자는 유효하지 않다. 입국목적에 적합한 비자를 받는 것이 필요하다. 일본으로의 입국이 허가될 때 재류자격 및 이에 맞는 재류기간이 부여된다.

재류자격이라는 것은, 외국인이 일본에 체재하는 동안 일정한 활동을 할 수 있는 자격 혹은 외국인이 일정한 신분 또는 지위에 의거하여 일본에서 체재하며 활동할 수 있는 법률상의 자격이다. 즉, 외국인은 이 법률상의 자격에 의거하여 일본에 체재하며 활동할 수 있다는 뜻이다. 부여된 재류자격으로는 인정할 수 없는 취업활동을 한다거나, 허가된 재류기간을 경과하여 일본에 체재하면 불법체재자로서 일본에서 강제로 송환되거나 형벌의 대상이 될 수도 있다.

1. 비자 신청을 할 수 있는 자

개인에 의한 비자(사증) 신청은 대사관 지정의 대리 신청기관(별지 일람표 참조)을 통한 신청 접수 및 수령으로 한정한다.

(주)한국인 이외의 한국체류의 외국인

한국에 정식으로 장기체재에 관한 체류자격을 갖고 있는 경우에 한해서 당관에서 신청을 받는다. 장기체재에 관한 체류자격을 갖고 있지 않은 외국인은 원칙적으로 당관에서 비자신청을 할 수 없지만 인도상의 이유나 기타 특별한 사정이 있어 당관에서 신청을 희망하는 경우에는 개별적으로 문의하면 된다. 또한, 국적에 따라서는 단기체재 목적으로 일본에 입국하려고 하는 경우 비자가 면제되는 경우가 있다.

2. 관할공관

주민등록상 또는 외국인등록상의 거주지에 따라 다음의 대사관 또는 총영사관에서 신청하면 된다.

- 주대한민국일본국대사관(서울소재) : 서울특별시, 인천광역시, 대전광역시, 광주광역시, 경기도, 강원도, 충청남·북도, 전라남·북도
- 주부산일본국총영사관 : 부산광역시, 대구광역시, 울산광역시, 경상남·북도
- 주제주일본국총영사관 : 제주특별자치도

3. 신청시간 : 비자의 신청시간은 다음과 같다(휴관일을 제외).

- 신청 : 오전 9:30~11:30, 오후 13:30~16:00
- 면접·상담 시간: 오전 9:30~11:30, 오후 13:30~16:00(휴관일 제외)

4. 비자발급

심사결과 추가서류의 제출 및 신청자 본인의 면접이 필요 없는 등의 경우, 원칙적으로 신청한 다음날부터 기산하여 5 업무일 후 비자를 붙인 여권을 대리 신청 기관을 통해 발급한다. 단, 입국목적에 따라서는 대사관 권한으로 비자를 발급할 수 없고, 일본(외무본성)에 서류를 보내 심사를 한 후, 외무본성으로부터의 지시에 따라 비자를 발급하는 경우가 있는데, 이 경우 비자발급까지 수일부터 수개월이 걸릴 수도 있다.

[여권 발급 시간 월~금 9:30~11:30, 13:30~17:00(휴관일 제외)

5. 수수료

- 2023년 영사 수수료(2023년 4월 1일부터 2024년 3월 31일 사이에 받은 절차의 경우)
  는 다음과 같다. 모든 수수료는 수령 시 현금으로 지불해야 한다(카드 및 엔 결제
  는 불가).

나눗셈	특정 프로젝트		수수료(원)
여권 관련	10년제 일반 여권(미발급 여권 이후 발급)		160,000 (220,000)
	5년제 일반 여권(미발급 여권 이후 발급)		110,000 (170,000)
	12세 미만(5세분)(미발급 만료 후 발급)		60,000 (120,000)
	유효기간이 동일한 여권(발급되지 않은 만료 후 발급)		60,000 (120,000)
	목적지 추가		16,000
	귀국을 위한 여행 양식		25,000
인증 관계	거주 증명서		12,000
	출생, 결혼, 사망 등과 같은 신분 증명 문제		12,000
	번역 인증		44,000
	서명 또는 인감 증명서	관공서에 관한 사항	45,000
		다른	17,000
	일본 운전 면허증 증명서		21,000
	국적 상실 또는 국적 철회 사실을 증명하는 서류		21,000
비자 비자	일반 입국 비자 단일 비자		30,000
	복수 입국 비자		60,000
	환승 비자		7,000
	재입국 허가 유효 기간 연장		30,000

6. 필요한 서류

1. 단기체재(90일 이내의 관광·지인(친족)방문·상용 등을 목적으로 할 경우)

　1) 회의출석, 상용(업무연락/상담/선전/AS/시장조사 등), 문화교류, 스포츠 교류 행사 등

　　가. 비자신청인이 준비할 자료

　　　(1) 여권

　　　(2) 비자신청서 1통(러시아, CIS국가 및 조지아 국적자는 2통)

　　　(3) 사진 1매(찍은 후 6개월 이내)(러시아, CIS국가 및 조지아 국적자는 2매)

　　　(4) 항공편 또는 선박편의 예약확인서/증명서 등

　　　(5) 일본도항경비 지불능력을 증명하는 아래 중 한 가지의 자료

　　　　　■ 소속회사로부터의 출장명령서

　　　　　■ 파견장

　　　　　■ 위에 준하는 문서

　　　(6) 재직증명서 원본 1통

　　　(7) 한국의 외국인등록증의 앞뒷면 사본

　　　　※ 동반가족이 함께 신청하는 경우는 신청인 국가의 가족관계증명 자료도 함께 제출한다.

　　나. 일본측(초청기관 등)이 준비할 자료

　　　(8) 초청이유서 또는 재류활동을 명확히 하는 아래 중 하나의 서류

　　　　　■ 회사 간의 거래계약서

　　　　　■ 회의자료

　　　　　■ 거래품자료 등

　　　(9) 신청인 명부(2인 이상의 신청인이 동시에 비자 신청하는 경우만 해당)

　　　(10) 체재예정표

〈표 8-9〉 일본국 입국 비자(VISA)

관용란	(여기에 사진을 붙이세요) 약 45mm×35mm

성(여권에 기재된 대로)_____ 한자 – 성_____
명(여권에 기재된 대로)_____ 한자 – 성_____
다른 이름(본명 이외의 평소 사용하는 이름)
_____ 한자_____
생년월일_____ 출생지_____
　　　　　　(일)/(월)/(년)　　　　　(구/시)　　　　　　(시/도)　　　　　(국)
성별 : 남 □ 여 □　　　　　　혼인여부 : 미혼 □ 기혼 □ 사별 □ 이혼 □
국적 또는 시민권_____
　　　원국적/또는 다른 국적 또는 시민권_____
국가에서 발급한 신분증 번호(주민등록번호)_____
여권종류 : 외교 □ 관용 □ 일반 □ 기타 □
여권번호_____
발행지_____ 발행일_____
　　　　　　　　　　　　　　　　　　　　　　　　　　　(일)/(월)/(년)
발행기관_____ 만기일_____
　　　　　　　　　　　　　　　　　　　　　　　　　　　(일)/(월)/(년)
재류자격인정증명서 번호_____
체류 자격/방일목적_____
일본체류예정기간_____ 일본입국예정일_____
입국항_____ 이용선박 또는 항공편명_____
숙박 호텔 또는 지인의 이름과 주소
　　　이름_____ 전화번호_____
　　　주소_____
이전에 일본에 체재한 날짜 및 기간_____
현주소(만약 한군데 이상 주소가 있는 경우, 모두 기재해 주십시오.)
　　　주소_____
　　　전화번호_____ 휴대전화번호_____
현 직업 및 직위_____
고용주의 이름 및 주소
　　　이름_____ 전화번호_____
　　　주소_____

*배우자의 직업(신청자가 미성년자인 경우, 부모의 직업)

_____

일본 내 신원보증인(일본 내 보증인 또는 방문자에 관하여 자세히 기재해 주십시오.)
    이름_____ 전화번호_____
    주소_____
    생년월일_____ 성별 : 남□ 여 □
             (일)/(월)/(년)
    신청인과의 관계_____
    현 직업 및 직위_____
    국적 및 체류자격_____
일본 내 초청인(초청인이 보증인과 동일한 경우 "상동"으로 표시해 주십시오.)
    이름_____ 전화번호_____
    주소_____
    생년월일_____ 성별 : 남□ 여 □
             (일)/(월)/(년)
    신청인과의 관계_____
    현 직업 및 직위_____
    국적 및 체류자격_____
*비고/특기사항_____
해당하는 곳에 표시해 주십시오.

- 어떤 국가에든 법률위반 또는 범죄행위를 한 적이 있습니까?   예 □ 아니오 □
- 어떤 국가에서든 1년 이상의 형을 선고 받은 적이 있습니까?**   예 □ 아니오 □
- 일본이나 다른 나라에서 불법행위나 불법장기체재 등으로 강제퇴거 당한 적이 있습니까?   예 □ 아니오 □
- 마약, 대마초, 아편, 흥분제, 향정신성 의약품 사용과 관련된 법률을 위반하여
   형을 선고 받은 적이 있습니까?**   예 □ 아니오 □
- 매춘행위, 타인을 위한 매춘부 중개 및 알선, 매춘행위를 위한 장소제공 또는 매춘행위와
   직접적으로 관련된 행위에 연루된 적이 있습니까?   예 □ 아니오 □
- 인신매매 범죄를 저지르거나, 그러한 범죄를 저지르도록 타인을 선동하거나 도운 적이
   있습니까?   예 □ 아니오 □

**형을 선고 받은 적이 있다면, 그 형이 보류중이라도 "예"에 표시하십시오.

만약 "예"에 표시했다면, 죄명이나 위반사항을 명시하고 관련서류를 첨부하십시오.

_____

상기의 진술은 사실입니다. 그리고 본인은 입국항에서 입국심사관이 부쳐하는 재류자격 및 재류기간에 이의 없이
따르겠습니다. 본인은 비자를 가지고 있어도, 일본에 도착한 시점에서 입국자격이 없다고 판명되면 일본에 입국할
수 없다는데 동의합니다.
본인은 (또는 본인의 비자 신청을 대신한 권한 내에서 공인된 여행사가) 상기의 개인 정보를 일본대사관/총영사관에
제공하고, 필요한 경우(여행사에 위임하여) 일본대사관/총영사관에서 비자 비용을 지불하는 데 동의합니다.

신청일_____   신청인 서명_____
           (일)/(월)/(년)
*항목은 반드시 기재하지 않아도 됩니다.

본 신청서에 기입된 모든 개인 정보 및 비자 신청을 위해 제출된 개인 정보(이하 "보유 개인 정보")는 개인정보의
보호에 관한 일본 법률 (2003년 법률 제57호, 이하 "법")에 따라서 일본 외무성(재외공관을 포함)에 의해 적절하게
취급됩니다. 보유 개인 정보는 비자 신청을 처리하는 목적(탑승 예정의 운송 회사에 대한 개인정보 등의 제공 또는
예기치 못한 사태 시 대체편을 수배하는 당초 탑승 예정이 없는 운송 회사에 대한 개인정보등의 제공을 포함), 출입
국관리와 국제협력을 위해서 필요한 범위 내 및 법 제69조에 따라 기타 목적을 위해 이용됩니다.

(3) 중국

❶ 중국 비자 신청 안내

※ 비자 신청절차

1. 온라인(https://bio.visaforchina.org/SEL4_ZH/)으로 신청서를 작성하고, 확인페이지와 신청서를 출력한 후 확인페이지와 신청서의 9번째 항목에 모두 서명한다.
2. 온라인으로 방문시간을 예약하고 비자예약확인서를 출력한다.
3. 예약 시간에 본인이 직접 중국비자신청서비스센터를 방문하여 서류를 제출하고 지문을 채취한다.

* 지문채취 면제 대상:

① 14세 미만 또는 70세 이상인 자;
② 외교 여권을 소지하거나 중국외교, 공무, 예우비자 발급 요건을 충족하는 자;
③ 5년 이내에 동일한 여권으로 동일한 공관에서 비자를 발급받고 지문을 등록한 자;
④ 10개 손가락이 모두 없거나 10개 지문을 모두 채취 불가능한 자,
　지문채취 면제 대상은 타인에게 대리 신청을 위탁할 수 있다.

▶ 비자신청서류

① 온라인으로 작성한 신청서 및 비자예약확인서(신청서 작성 시 증명사진이 통과되지 않은 경우 종이사진 1장 제출해야 한다)
② 여권 : 신청일로부터 유효기간이 6개월 이상 남아 있고 빈 비자 면이 있는 여권 원본 및 정보면 복사본;
③ (제3국인 경우) 유효한 한국 외국인등록증, 한국 비자 혹은 입국확인서(ENTRY CONFIRMATION) 원본
④ 이전 중국여권 혹은 중국비자(이전에 중국국적이었다가 이후에 외국국적을 취득한 자에 해당)
　1) 원래 중국내륙에서 출생한 중국인이 외국국적 취득 후, 처음으로 중국비자를 신청하는 경우, 이전 중국여권 원본 및 정보면 사본을 제출한다.

2) 원래 중국내륙에서 출생한 중국인이 한국국적 취득 전, 주한중국대사관영사부에서 국적자동상실 증명업무를 신청할 때 이미 이전 중국여권을 폐기한 경우, 그에 해당하는 증명서류를 제출한다.

3) 구여권에 중국비자를 발급받은 적이 있지만 새 여권으로 비자를 신청하는 경우, 구 여권 정보면 및 구 여권상에 있는 중국비자의 사본을 제출한다.

4) 만약 외국여권에 기재된 성명이 이전 중국여권/중국비자와 일치하지 않는다면, 정부기관에서 발급한 개명증명서를 추가로 제출해야 한다.

⑤ 비자종류에 해당하는 서류:

비자 종류	적용 상황	요구 서류
L비자	관광	다음 자료 중 하나를 제출하십시오. ◎ 왕복비행기표 예약확인서 및 호텔예약확인서 등 관광스케줄 관련 서류 ◎ 중국국내기관 혹은 개인이 작성한 초청장. 개인이 작성한 초청장은 초청인의 신분증 사본을 첨부해야 합니다. 초청장은 반드시 아래의 사항을 포함해야 합니다. → 피초청인의 개인정보: 성명, 성별, 생년월일 등 → 피초청인의 관광스케줄 정보: 중국 입·출국 예정일, 방문 지역 등 → 초청기관 및 초청인 정보: 초청기관명칭 혹은 초청인의 성명, 연락처, 주소, 기관 도장, 법정대표 혹은 초청인의 서명 등
단체L비자	단체관광 (최소 5인 이상)	권한을 부여받은 관광기관에서 발급한 단체비자용 〈관광초청장〉
M비자	경제, 무역 활동	중국국내 무역협력회사 혹은 관련기관에서 발행한 비즈니스 초청장(원본, 팩스본, 복사본 모두 가능). 상기 관련서류에는 아래의 내용을 반드시 포함해야 합니다 → 피초청인의 개인정보: 성명, 성별, 생년월일 등 → 피초청인의 방문정보: 방문사유, 중국 입·출국 예정일, 방문 지역, 초청기관 혹은 초청인과의 관계, 여행경비 부담 주체 등 → 초청기관의 정보: 초청기관명칭, 주소, 연락처, 기관 도장, 법정대표 혹은 기관 초청인의 서명 등
F비자	교류, 방문, 시찰 등 활동	다음 서류 중에 하나를 제출하십시오. ◎ 중국국내 관련기관에서 발행한 초청장(원본, 팩스본, 복사본 모두 가능). 초청장에 아래의 내용을 반드시 포함해야 합니다: → 피초청인의 개인정보: 성명, 성별, 생년월일 등 → 피초청인의 방문정보: 방문사유, 중국 입·출국 예정일, 방문 지역, 초청기관 혹은 초청인과의 관계, 여행경비 부담 주체 등

비자 종류	적용 상황	요구 서류
F비자	교류, 방문, 시찰 등 활동	→ 초청기관의 정보: 초청기관명칭 혹은 초청인의 성함, 주소, 연락처, 기관 도장, 법정대표 혹은 기관 초청인의 서명 등 ◎ 중국에서 지리 측량 및 제도 활동에 종사하는 사람: 국가측회국 과학기술 협력사에서 발행한 초청장 ◎ 문화교류성 공연 종사자: 행사주최기관에서 발급한 초청장 및 문화부처의 공연활동에 대한 비상업성 승인서 사본 ◎ 중국에 90일 이내 체류하는 전문가: 시급(포함) 이상 외국 전문가 주관부처에서 발급한 〈외국 전문가 초청장〉 ◎ 중국에 90일 이내 체류하는 지원봉사자: 중국 내 기관에서 발급한 초청장
X1비자	장기유학 (180일 초과)	1. 중국국내의 학생 모집기관에서 발급한 입학통지서 원본 및 사본 2. 〈외국인 유학생 중국비자 신청서〉(JW201 혹은 JW202표) 원본 및 사본
X2비자	단기유학 (180일 이내)	중국국내의 학생 모집기관에서 발행한 입학통지서 원본 및 사본
Z비자	취업	다음 자료 중 하나를 제출해야 한다. ◎ 〈외국인취업허가통지〉 사본 ◎ 중국해양석유총공사가 발급한 〈해상 석유 작업 종사 외국인 초청장〉 사본; ◎ 시장감독관리부서가 발급한 〈외국(지역)기업상주대표기구등기증명〉 사본; ◎ 문화관광부 국제교류협력국에서 발급한 〈외국문화센터 직원 고용 확인서〉 원본 및 사본; ◎ 문화관광부에서 발급한 〈대표자격확인서〉 사본; ◎ 문화관광행정부서에서 발급한 상업성공연허가서 사본(90일 미만 단기 상업성 공연일 경우는 〈외국인중국단기취업증명〉을 추가로 제출하십시오).
Q1비자	1. 가족과 동거하기 위해 중국에서의 거류(180일 초과)를 신청하려는 중국국민의 가족구성원; 2. 가족과 동거하기 위해 중국에서 거류(180일 초과)를 신청하려는 중국 영구거류자격을 보유한 외국인의 가족구성원;	1. 중국국내에 거주하는 중국국민 또는 중국 영구거류자격을 보유한 외국인이 작성한 초청장(원본, 팩스본, 복사본 모두 가능)이 있어야 하며, 초청장에는 반드시 아래의 내용을 포함해야 합니다. → 피초청인의 개인정보: 성명, 성별, 생년월일 등; → 피초청인의 방문정보: 방문사유, 중국 입·출국 예정일, 거류예정지역, 거류예정기간, 초청인과의 관계, 비용 부담 주체 등; → 초청인의 정보: 초청인의 성명, 연락처, 주소, 초청인의 서명 등 2. 신청인과 초청인 간의 가족구성원 관계증명(결혼증명, 출생증명, 공안국 파출소에서 발급한 친족관계증명 혹은 친족관계공증서 등) 원본 및 사본 3. 초청인의 중국신분증명(중국신분증, 호구부, 화교 및 홍콩·마카오·대만 동포는 여권, 귀향증, 대만동포의 대륙 통행증 및 6개월 이상 유효한 중국 내 취업 혹은 거주증명 제출 가능) 사본, 혹은 외국인 여권 및 중국 영구거류증 사본;

비자 종류	적용 상황	요구 서류
Q1비자	3. 위탁양육 등의 사유로 중국에서 거류하고자 하는 자 * 가족구성원(배우자, 부모, 배우자의 부모, 자녀, 자녀의 배우자, 형제자매, 조부모, 외조부모, 손자/손녀, 외손자/외손녀)	아동 위탁 양육을 위해 비자를 신청할 경우, 반드시 아래의 서류를 제출해야 합니다. 1. 외국에 주재한 중국대사관 및 총영사관에서 발급한 양육위탁공증서 혹은 소재국 또는 중국 공증·인증 절차를 거친 양육위탁서의 원본 및 사본; 2. 위탁인의 여권 원본과 사본; 3. 양육을 위탁받은 수탁인이 작성한 위탁양육동의서 및 신분증 사본; 4. 아이를 위탁양육시키고자 하는 부모 혹은 부모 중 한 명이 중국국민일 경우, 아이 출생 당시 중국국적이었던 부(또는)모가 외국에 거주하고 있었음을 증명하는 서류의 사본을 반드시 제출해야 합니다.
Q2비자	1. 중국 국내에 거주하는 중국국민을 단기 방문(180일 미만)하려는 가족; 2. 중국 영주권을 보유한 외국인을 단기 방문(180일 미만)하려는 가족	1. 중국국내에 거주하는 중국국민 또는 중국 영구거류자격을 보유한 외국인이 작성한 초청장(원본, 팩스본, 복사본 모두 가능)이 있어야 하며, 초청장에는 반드시 아래의 내용을 포함해야 합니다. → 피초청인의 개인정보: 성명, 성별, 생년월일 등; → 피초청인의 방문정보: 방문사유, 중국 입·출국 예정일, 방문지역, 초청인과의 관계, 비용 부담 주체 등; → 초청인의 정보: 성명, 연락처, 주소, 초청인의 서명 등 2. 초청인의 중국신분증명(중국신분증, 호구부, 화교 및 홍콩·마카오·대만 동포는 여권, 귀향증, 대만동포의 대륙 통행증 및 6개월 이상 유효한 중국 내 취업 혹은 거주증명 제출 가능) 사본, 혹은 외국인 여권 및 중국 영구거류증 사본;
S1비자	취업, 유학 등의 사유로 중국에 거류 중(180일 초과)인 외국인의 배우자, 부모, 18세 미만의 자녀, 배우자의 부모 및 기타 개인사정으로 중국에서의 거류가 필요한 자로서, 중국에 장기간 방문하려는 자	<u>초청인이 이미 중국국내에서 취업, 장기 유학 중일 경우:</u> 1. 중국국내에 거류하는 외국인이 작성한 초청장(원본, 팩스본, 복사본 모두 가능)이 있어야 하며, 초청장에는 반드시 아래의 내용을 포함해야 합니다. → 피초청인의 개인정보: 성명, 성별, 생년월일 등; → 피초청인의 방문정보: 방문사유, 중국 입·출국 예정일, 거류예정지역, 거류예정기간, 초청인과의 관계, 비용 부담 주체 등; → 초청인의 정보: 성명, 연락처, 주소, 초청인의 서명 등 2. 초청인의 여권 및 거류증명 사본; 3. 신청인과 초청인 간의 친족관계증명(결혼증명, 출생증명, 공안국 파출소에서 발급한 친족관계증명 혹은 친족관계공증서 등) 원본 및 사본 <u>취업, 장기유학으로 중국에 가는 초청인과 동시 신청할 경우:</u> 1. 취업 혹은 장기유학비자 신청서류 사본; 2. 신청인과 초청인 간의 친족관계증명(결혼증명, 출생증명, 공안국 파출소에서 발급한 친족관계증명 혹은 친족관계공증서 등) 원본; 3. 관련기관에서 발행한 상황설명서 <u>외국상주기자의 동반가족:</u> 중국외교부 관련부서(新聞司)가 발급한 비자통지서한

비자 종류	적용 상황	요구 서류
S2비자	취업, 유학 등의 사유로 중국에 거류 중인 외국인을 단기간 방문(180일 미만)하는 <u>가족구성원</u> 및 기타 개인사정으로 중국에서의 체류가 필요한 자 * 가족구성원(배우자, 부모, 배우자의 부모, 자녀, 자녀의 배우자, 형제자매, 조부모, 외조부모, 손자/손녀, 외손자/외손녀)	단기간의 가족방문을 목적으로 비자를 신청할 경우, 아래의 서류를 제출하셔야 합니다. 1. 초청인 (취업·유학 등의 이유로 중국에 체류·거주 중인 외국인)의 여권 및 거류허가 사본; 2. 초청인이 작성한 초청장(원본, 팩스본, 사본도 가능)이 있어야 하며, 초청장에는 반드시 아래의 내용을 포함해야 합니다: → 피초청인의 개인정보: 성명, 성별, 생년월일 등; → 피초청인의 방문정보: 방문사유, 중국 입·출국 예정일, 방문지역, 초청인과의 관계, 비용 부담 주체 등; → 초청인의 정보: 성명, 연락처, 주소, 초청인의 서명 등 3. 신청인과 초청인 간의 가족구성원 관계(배우자, 부모, 자녀, 자녀의 배우자, 형제자매, 조부모, 외조부모, 손자/손녀, 외손자/외손녀 및 배우자의 부모) 증명(결혼증명, 출생증명, 공안국 파출소에서 발급한 친족관계증명 혹은 친족관계공증서 등) 사본 <u>개인사정으로 인해 비자를 신청하는 경우</u>, 반드시 영사의 요구에 따라 개인 신청 사유를 증명할 수 있는 서류를 제출하셔야 합니다.
J1비자	중국에서 상주하는 외국 언론기관의 특파원	중국외교부 관련부서(新聞司)가 발급한 비자통지서한
J2비자	취재·보도를 목적으로 단기 체류하는 외국 기자	중국외교부 관련부서(新聞司) 혹은 초청권한이 있는 기관에서 발급한 비자통지서한
C비자	승무, 항공, 항운업에 종사하는 국제열차 승무원, 국제항공기 직원, 국제항해선박 선원 및 선원과 동반한 가족, 국제도로운송업에 종사하는 운전기사	외국 운송회사가 발급한 담보서 혹은 중국 내 관련 기관이 발급한 초청장
G비자	중국을 경유하고자 하는 자	목적지 국가 혹은 지역으로 가는 일시와 좌석이 확정된 환승 수단(비행기, 차, 배)의 티켓
R비자	외국 고급 인재 및 인재 충원을 위해 초빙하는 전문가	≪외국고급인재확인서≫ 사본
D비자	중국에서 영구 거류하고자 하는 자	중국 공안부가 발급한 ≪외국인영구거류신분확인서≫ 원본 및 사본

⑥ 문상이나 위독한 환자 간병 등 인도적 사유일 경우, 사망자 혹은 위독한 환자의 신분증명(중국신분증, 외국여권 등), 사망증명서 혹은 병원 진단서, 위독통지서, 그리고 친족관계증명서를 제출하여 비자를 신청할 수 있다.

L, M, Q2, S2복수 비자 신청 시 위 서류 외에도 아래의 요건을 충족해야 한다.

1. 신청서: 온라인 신청서 작성 시 2.3A 항목에 신청할 비자의 유효기간(예: 6개월, 12개월, 혹은 24개월 등)을 작성하고, 2.3C 항목에 '복수'를 선택해야 한다.

2. 여권: 여권 유효기간은 신청할 비자의 유효기간 + 체류기간에 비해 길어야 한다.(예: 2년 복수 비자 신청할 경우 여권 유효기간이 25개월 이상 있어야 한다)

3. 초청장: 6개월 복수 비자 신청 시 초청장에 최소 2회 중국 방문 예정일을 기재해야 하고, 1년 이상 복수 비자 신청 시 최소 3회 중국 방문 예정일을 기재해야 한다. 초청장에 희망하는 복수 비자의 기간을 명확하게 기재해야 한다.

4. 중국 방문 기록: 이전에 발급받은 중국비자, 혹은 APEC 카드 사본 및 중국 입·출국 도장 사본 제출해야 한다. 새 여권으로 신청하는 경우 구여권 정보면 사본, 여권 발급기록 등 같이 제출해야 한다.

5. 적용 대상: 한국 국민 및 한국에서 장기 체류하는 외국인

6. 요구 서류:

방문 목적	비자 종류	서류 요구사항
관광	6개월/1년 복수 L 비자	이전에 2회 중국 방문 기록
상업무역	6개월/1년 복수M 비자	이전에 1회 중국 방문 기록
	2년 복수 M 비자	① 이전에 발급받은 1년 복수 비자 사본, 이전에 혹은 3회 중국 방문 기록 ② 중국(홍콩, 마카오, 대만 포함)에서 출생한 중국계 외국인과 그의 배우자, 자녀, 또한 중국 국민의 외국인 배우자, 자녀는 초청장만으로 신청이 가능합니다.
	3년 복수 M 비자	이전에 발급받은 2년 복수 비자 사본, 혹은 2회 발급받은 1년 복수 비자 사본, 혹은 이전에 5회 중국 방문 기록
친척방문 *중국(홍콩, 마카오, 대만 포함)에서 출생한 중국계 외국인과 그의 배우자, 자녀, 또한 중국 국민의 외국인 배우자, 자녀에 한합니다.	1년/2년 복수 Q2 비자	초청장만으로 신청 가능
	3년 복수 Q2비자	초청인과의 친척관계증명 사본(예: 결혼증, 출생증, 공안국 파출소에서 발급한 친족관계증명 혹은 친족관계공증서 등)
	5년 복수 Q2비자	① 이전에 발급받은 3년 혹은 그 이상의 복수 Q2비자 사본 ② 혹은 초청인과의 친척관계증명 사본(예: 결혼증, 출생증, 공안국 파출소에서 발급한 친족관계증명 혹은 친족관계공증서 등) 및 2회 발급받은 2년 복수 Q2비자 사본, 혹은 3회 발급받은 1년 복수 Q2비자 사본

방문 목적	비자 종류	서류 요구사항
개인사무	복수 S2 비자	단기 친척 방문 신청인은 초청장에 근거하여 유효기간이 초청인의 중국 체류 기간을 초과하지 않은 복수 S2 비자를 신청할 수 있습니다.

중국비자신청서비스센터를 통해 상기 비자를 신청할 수 있다. 구체적인 절차, 신청 요령, 소요시간 및 요금은 센터에 문의한다.(남산스퀘어 비자서비스센터)

▶ 다음의 비자를 신청하는 경우 온라인 신청서를 작성해야 한다(https://bio.visaforchina.org/SEL4_ZH).
   확인페이지와 신청표를 출력하고, 비자노트 등 신청서류를 지참하여, 예약 필요 없이 주한중국대사관영사부에 직접 방문한다.

1. 한국 외교, 관용여권 소지자(비자노트 또는 공문으로 신청하는 경우)

2. 한국 외교부에서 발급한 비자노트를 소지한 한국 일반여권 소지자

3. 주한 외국공관, 한국 주재 국제기구 대표처 직원과 가족(비자노트 또는 공문으로 신청하는 경우)

4. 한국 국회의원(신청하는 비자 종류에 따라 해당 서류를 제출해야 한다).

   주소: 서울시 중구 남산동 2가 50-7번지(지하철 4호선 명동역 3번 출구 남산 방향으로 400M 지점(남산 케이블카 매표소 부근); 문의전화(근무시간: 업무일 09:00-12:00, 13:30-17:00): 02-755-0473, 02-755-0568, 02-755-0535, 02-755-0536; 문의메일: seoul@csm.mfa.gov.cn

주의사항:

1. 중국 비자신청 규격에 부합하는 본인의 사진을 업로드하고, 반드시 사실대로 완전하고 정확하게 온라인 신청서를 작성해야 한다. 만약 성명, 성별, 생년월일, 여권번호, 여권 발급국가 등을 잘못 기재하거나, 본인이 아닌 사진 사용, 혹은 고의로 사실을 숨기거나 신청서상의 주요 정보를 허술하게 기입하는 경우, 관련 신청이 접수되지 않거나 반려되면 신청인은 온라인 신청서를 재작성하고 다시 예약해야 한다.

2. 신청인은 중국 방문 목적에 따라 비자 종류를 신청해야 하며, 사실대로 신청 서류를 제출해야 한다. 허위 또는 완전하지 않은 정보를 제공할 경우, 비자 신청이나 중국입국이 거부될 수 있다.

3. 비자 담당관은 개별 사례에 따라 신청자 본인 또는 중국 내 관련부서 및 단체에 정보를 확인할 수 있으며, 필요시 신청인에게 증명서류 추가제출 또는 면담을 요청할 수 있다.

4. 비자발급기관은 개별 사례에 따라 비자 발급여부, 비자 종류, 유효기간, 체류기간, 입국 횟수 등을 결정하며, 비자 발급을 거부하거나 이미 발급된 비자를 취소할 권리가 있다.

5. 비자신청서비스센터나 주한중국대사관 영사부의 업무 및 서비스에 대한 건의사항이나 의견, 또는 신고가 있으시다면 영사부 문의메일(seoul@csm.mfa.gov.cn)로 연락하면 된다.

워킹홀리데이

● 워킹홀리데이 협정 체결 국가 및 지역

우리나라는 현재 24개 국가 및 지역과 워킹홀리데이 협정 및 1개 국가와 청년교류제도(YMS) 협정을 체결하고 있다. 우리 청년들은 네덜란드, 뉴질랜드, 대만, 덴마크, 독일, 벨기에, 스웨덴, 스페인, 아르헨티나, 아일랜드, 오스트리아, 이스라엘, 이탈리아, 일본, 체코, 칠레, 캐나다, 포르투갈, 폴란드, 프랑스, 헝가리, 호주, 홍콩 워킹홀리데이와 영국 청년교류제도(YMS)에 참여할 수 있다. 또한 이들 국가 청년들도 우리 워킹홀리데이 제도에 참여할 수 있다. 우리 청년들이 많은 나라로 진출하여 글로벌 인재로 성장해 갈 수 있도록 워킹홀리데이 제도를 확대해 나갈 예정이다.

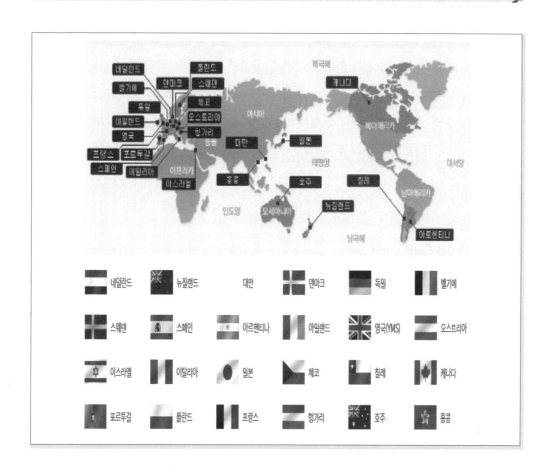

• 국가 및 지역 정보

1. 뉴질랜드(New Zealand)

　　* 비자 정보는 예고없이 변동될 수 있으므로 비자 신청 시 해당 기관(대사관, 총영
　　사관 등 주한 외국공관 또는 이민성)에 문의 권장

　　• 모집 인원 : 연 3,000명(선착순)

　　• 신청 기간 : 2023년 5월 18일(목) 오전 7시(한국시간 기준)

　　• 신청자격 요건 : 뉴질랜드 이민성 워킹홀리데이 안내

　　　　o 만 18세~30세(비자신청 시점 기준)이며, 부양자녀가 없는, 뉴질랜드 입국일
　　　　기준으로 최소 15개월 이상 유효기간이 남아 있는 대한민국 여권 소지자

　　　　o 신체 및 정신이 건강한 자

o 체류기간 동안 최소 생활비(NZ$4,200)와 왕복 항공권 비용을 충당할 재정적 능력이 있는 자

　※ 뉴질랜드 공항 입국 심사관이 귀국 항공권(또는 이에 상당하는 은행잔고 증명서)과 초기정착금(NZ$ 4,200 이상의 은행 잔고증명서)을 요구할 수 있음

o 체류기간 동안 의료보험(medical and comprehensive hospitalization insurance)에 가입한 자

o 체류 주요 목적이 관광(holiday)인 자(근로(work) 또는 학습(study)은 부차적 목적)

o 워킹홀리데이 비자를 받은 적이 없는 자

o 건전한 품성을 보유한 자

o 뉴질랜드 체류자의 경우 유효한 체류비자가 있어야 함

• 뉴질랜드 워킹홀리데이 비자 주요 특징

o 평생 1회에 한해 발급 가능

o 입국유효기간 : 비자 발급 후 1년 이내

o 체류기간 : 뉴질랜드 입국일로부터 12개월

o 취업 제한기간 : 협정상 규정 없음(한 고용주하 12개월 구직 가능)

o 어학연수 제한 기간 : 최대 6개월

　※ 워킹홀리데이 비자 소지자라고 해서 무조건 뉴질랜드 입국이 허용되는 것은 아님을 유의

o 출입국 심사 시 진술불일치 및 거짓진술이 드러나거나 하는 워킹홀리데이비자소지자라도 입국이 거부될 수 있음

　※ 방문 비자로 뉴질랜드 입국 후 현지에서 워킹홀리데이 비자를 신청할 경우, 고가의 신체검사비용을 지불해야 하는 점에 유의(약 NZ$500~800)

• **구비서류**

o 여권

o 주민등록증 또는 운전면허증

o 해외 사용 가능 신용카드(신청 전 카드사에 문의하여 해외 결제 기능 및 결제 한도 확인 필요)

- 신청 비용 : NZ$455
- 신청 방법 : 뉴질랜드 이민성 계정 가입 후 온라인 신청

  o 계정 가입 : https://onlineservices.immigration.govt.nz/?WHS

  o 구비서류 : 상기 구비서류 참고

  o 추후 현지에서 본인의 비자 관련 정보 및 상황을 확인해야 하는 경우가 있으므로 본인의 User Name과 Password는 반드시 별도 기록

- 소요 시간 : 약 1~2개월
- 입국 유효기간 : 비자 승인 레터 발급일 기준 약 1년 이내
- 체류 기간 : 워킹홀리데이 비자로 최초 입국일 기준 약 12개월 이내
- 비자연장(Working Holiday Maker Extension Visa) : 3개월 연장가능

  o 신청자격 요건 : 현재 워킹홀리데이 비자 자격으로 뉴질랜드에 체류하면서 3개월 이상 원예 및 포도재배업에 종사한 경우

  o 만 18~30세인 자

  ※ 출처 : 뉴질랜드 이민성 홈페이지(https://www.immigration.govt.nz/contact)

- **문의**

  뉴질랜드 이민성, 뉴질랜드 비자지원센터(VFS Global), 주한 뉴질랜드 대사관 홈페이지

2. 일본(Japan)

  * 비자 정보는 예고없이 변동될 수 있으므로 비자 신청 시 해당 기관(대사관, 총영사관 등 주한 외국 공관 또는 이민성)에 문의 권장

- 주일본 대한민국 대사관

  o 관할 지역 : 도쿄도, 치바현, 사이타마현, 토치기현, 군마현, 이바라키현

- 주고베 대한민국 총영사관

  o 관할 지역 : 돗토리, 효고, 가가와, 오카야마, 도쿠시마

- 주나고야 대한민국 총영사관

  o 관할 지역 : 아이치, 후쿠이, 기후, 미에

- 주니가타 대한민국 총영사관

  o 관할 지역 : 니가타, 이시카와, 도야마, 나가노

- 주삿포로 대한민국 총영사관

  o 관할 지역 : 홋카이도

- 주센다이 대한민국 총영사관

  o 관할 지역 : 아키타, 아오모리, 후쿠시마, 이와테, 미야기, 야마가타

- 주오사카 대한민국 총영사관

  o 관할 지역 : 오사카, 교토, 나라, 시가, 와카야마

- 주요코하마 대한민국 총영사관

  o 관할 지역 : 가나가와, 시즈오카, 야마나시

- 주후쿠오카 대한민국 총영사관

  o 관할 지역 : 후쿠오카, 사가, 구마모토, 나가사키, 오이타, 미야자키, 가고시마,
  오키나와

- 주히로시마 대한민국 총영사관

  o 관할 지역 : 히로시마, 야마구찌, 시마네, 애히메, 고오치

- 모집 인원 : 10,000명

- 신청자격 요건

  o 주한 일본 대사관, 주부산 일본 총영사관, 주제주 일본 총영사관

  o 대한민국에 거주하는 대한민국 국민일 것

  o 주된 목적이 휴가를 보내기 위해 일본에 입국할 의도를 가질 것

    ※ 인턴십은 대학생 등이 교육과정의 일부로서 일본의 공사(公私)기관의 업무
    에 종사하는 활동이고, 워킹홀리데이와는 제도의 취지가 다르므로 대상이
    되지 않음

  o 비자신청 시점에서 원칙적으로 만 18세 이상 만 25세(부득이한 사정이 있다
    고 인정되는 경우는 만 30세) 이하일 것

o 자녀를 동반하지 않을 것

o 귀국 시 비행기표 구입 자금(30만 원 정도) 및 초기자금을 소지할 것(약 300
만 원)

o 신체가 건강할 것

o 이전에 일본 Working Holiday에 참가한 적이 없을 것

o 일본에서 생활하기 위한 일본어 능력이 있거나 습득할 의욕을 가질 것

- 구비서류

※ 각 분기별 신청 안내 공지 시 아래 구비서류 외 추가 구비서류가 있을 수 있
음을 주의

- 신청 비용 : 없음

- 신청 방법 :

※ 주민등록상 주소지에 따라 신청하는 곳이 다름

  - 주한 일본 대사관 : 부산총영사관, 제주총영사관의 관할 이외인 자

  - 주부산 일본 총영사관 : 부산광역시, 대구광역시, 울산광역시, 경상남/북도인 자

  - 주제주 일본 총영사관 : 제주특별자치도인 자

- 소요 시간 : 약 1개월

- 유효기간 : 약 1년 이내(여권에 부착된 비자 스티커 기재 내용 확인 요망)

- 체류 기간 : 워킹홀리데이 비자로 최초 입국일 기준 약 12개월 이내

- 문의 : 주한 일본 대사관, 주부산 일본 총영사관, 주제주 일본 총영사관

3. 캐나다(Canada)

* 비자 정보는 예고없이 변동될 수 있으므로 비자 신청 시 해당 기관(대사관, 총영
사관 등 주한 외국 공관 또는 이민성)에 문의 권장

- 모집 인원 : 4,000명 + 2,500명 〈2023년 쿼터 추가〉(무작위 추첨)

- 신청자격 요건

o 대한민국 국적인 자

o 캐나다 워킹홀리데이 체류기간을 포함하는 유효기간이 충분한 여권을 소지한 자

o 신청 시 한국 주소 기재가 가능한 자

o 만 18세부터 만 30세 이하인 자

o 캐나다 체류기간 동안 생활을 유지할 수 있는 충분한 자금을 보유한 자(2,500 캐나다달러)

o 캐나다에 워킹홀리데이 비자로 입국 시 워킹홀리데이 보험을 소지한 자

o 캐나다에 워킹홀리데이 비자로 입국 시 문제가 없는 자

o 캐나다 워킹홀리데이 비자로 입국 시 가족을 동반하지 않는 자

o 캐나다 워킹홀리데이 비자 신청 결제가 가능한 자

- 캐나다 워킹홀리데이 비자 주요 특징

o 평생 1회에 한해 캐나다 워킹홀리데이 비자 소지 가능

o 워킹홀리데이 비자로 입국 후 체류기간 동안 출입국이 자유로운 복수 비자

o 워킹홀리데이 목적은 문화 관광체험이며, 여행 경비 등 충당을 위해 합법적으로 구직활동이 가능

o 취업 제한기간 : 협정상 규정 없음(한 고용주하 12개월 구직 가능)

o 어학연수 제한기간 : 6개월

- 구비서류

① IEC Profile 신청 시- 여권

② 워킹홀리데이 비자 신청 시 -신체검사 결과 결과서, 영문 범죄수사경력조회회보서(외국 입국/체류용), 영문 이력서(별도 지정 양식 없음), 여권 사본, 여권 크기용 디지털 증명사진(35mm x 45mm), Family information(내용 기재 시 PDF 프로그램 필요)

  - https://www.canada.ca/content/dam/ircc/migration/ircc/english/pdf/kits/forms/imm5707e.pdf

* 구비서류의 경우 신청 시 온라인으로 업로드하기 때문에 PDF 또는 JPG 파일로 준비

* 캐나다 이민국으로부터 인비테이션을 받고서 수락 버튼을 누른 신청자만 해당

- 신청 비용 :
  - 261 캐나다달러[Ca$161(Participation fee)+Ca$100(Working Holiday open work permit holder fee)]
  - 85 캐나다달러(Biometrics 등록 비용)
- 신청 방법 :
  1) IEC Profice 신청
     ① 캐나다 이민국 계정 생성
        o 캐나다 이민국(My CIC GCKey) 계정 로그인
          * 주의사항
            - My CIC 계정 아이디 및 비밀번호 분실 조심
            - 아이디 및 비밀번호 분실에 대비한 질문 및 답변 분실 조심
            - MY CIC 계정 로그인 시 필요한 보안 질문 및 답변 분실 조심
     ② (로그인 후) IEC Profile 신청
        o Apply to come to Canada → International Experience Canada(IEC)
  2) 캐나다 이민국으로부터 Invitation(초대장) 수신 여부 확인
     * 캐나다 이민국(My CIC GCKey) 계정 로그인 아래 링크에서 'Option1: GCKey' 박스 내 'Sign in with GCKey' 버튼 클릭)
     https://www.canada.ca/en/immigration-refugees-citizenship/services/application/account.html
     o 캐나다 이민국에서는 불규칙적 무작위 추첨을 통해 일정 인원에게 인비테이션 발송
     o IEC Profile 신청 시 등록한 이메일 또는 캐나다 이민국(My CIC GCKey) 계정 로그인 후 확인 가능
        * 중요 : 캐나다 이민국으로부터 인비테이션을 받은 후 10일 이내 '캐나다 워킹홀리데이 비자' 신청 여부 결정
        - 따라서, 매주 캐나다 이민국 계정 로그인 후 인비테이션 수신 여부 확인 권장

o 인비테이션받은 후 10일 이내 '수락' 버튼을 누르지 못한 경우, IEC Profice 재신청 가능

3) 캐나다 워킹홀리데이 비자 온라인 신청

  o 신청 기간 : 인비테이션 수락 후 20일 이내 온라인 신청

  o 구비 서류 업로드 : 상기 구비서류 참고

  o 비자 수수료 결제 : 결제 전 카드사에 해외 사용 가능 여부 및 결제한도 문의 권장

4) 생체인식정보 등록

  o 캐나다 이민국에서는 온라인 신청을 완료한 신청자에게 생체인식정보 등록 요청 메시지를 보냄

    - 캐나다 이민국(My CIC GCKey) 계정 로그인 후 확인 가능

  o 기한 : Biometric Instruction letter 수신 후 30일 이내(신청자마다 기한이 다를 수 있음)

  o 등록 방법 : (서울) 캐나다 비자신청센터 온라인 예약 후 방문

    - 캐나다 비자신청센터 : https://visa.vfsglobal.com/kor/ko/can/

5) 캐나다 워킹홀리데이 최종 승인 여부 확인

  o 캐나다 이민국에서 추가 구비서류를 요청할 수 있으므로 수시로 캐나다 이민국(My CIC GCKey) 계정 로그인 후 확인 필요

  o 이메일 또는 캐나다 이민국에서 POE 승인편지 받은 후 여권 정보, 개인 정보 오류, 입국 유효기간 확인

    - 캐나다 입국 시기에 따라 지정병원에서 신체검사를 다시 받아서 해당 결과서를 입국 시 지참할 수 있음

• 소요 시간 : 캐나다 이민국으로부터 인비테이션을 받은 기준으로 약 2달

• 입국 유효기간 : POE 승인편지 발급일 기준 약 1년 이내

• 체류 기간 : 워킹홀리데이 비자로 최초 입국일 기준 약 12개월 이내

• 문의: 캐나다 이민국 홈페이지/ 캐나다 이민국 온라인 도움말 웹페이지 참고

4. 호주(Australia)

* 비자 정보는 예고없이 변동될 수 있으므로 비자 신청 시 해당 기관(대사관, 총영사관 등 주한 외국 공관 또는 이민성)에 문의 권장

- 지역별 세부 정보

  1) 주호주 대한민국 대사관(캔버라, 애들레이드, 퍼스, 태즈매이니아)

  2) 주시드니 대한민국 총영사관(시드니, 다윈 등 NSW, NT주)

  3) 주멜버른 대한민국 분관(멜버른, 밀두라 등 빅토리아주)

  4) 주브리즈번 대한민국 출장소(브리즈번, 골드코스트, 케언즈 등 퀸즐랜드주)

  5) hello워홀센터

- 모집 인원 : 신청 인원 제한없음

- 신청자격 요건

  o 대한민국 여권 소지자

  o 비자 신청 및 비자 발급 시 호주 외부(한국 포함)에 체류하고 있는 자

  o 비자 신청 시 연령이 만 18세 이상 만 30세 이하인 자

    - 2차(second) 및 3차(third) 비자 신청은 호주 내에서도 가능하나 비자가 승인될 때까지 호주에 체류하고 있어야 함. 한국에서 신청 시에는 비자 승인 시까지 입국 불가

  o 워킹홀리데이 비자로 호주에 입국한 적이 없는 자

  o 체류 기간 동안 부양 자녀를 동반하지 않는 자

  o 초기 체류에 충분한 자금을 가지고 있는 자(5,000 호주달러)

  o 건강 및 신원 조회 요구조건을 충족한 자

  o 호주의 가치를 존중하고 호주의 법을 준수하겠다는 서약을 한 자

- 호주 워킹홀리데이 비자의 주요 특징

  o 평생 1회에 한해 발급 가능(워킹홀리데이 비자로 체류한 경우)

  o 입국 유효기간 : 비자 발급받은 날부터 12개월 이내

    - 예) 2023년 5월 1일 비자승인을 받으면 2024년 5월 1일까지 호주 입국 가능

o 체류기간 : 호주 입국일로부터 12개월

 - 예) 2023년 5월 1일 입국했다면 2024년 4월 30일까지가 비자유효기간

o 학업: 워킹홀리데이 체류기간 동안 최대 4개월까지 학업가능

o 입·출국이 자유로운 복수비자

o 취업조건 : 업종에 대한 제한은 없으며, 한 고용주 밑에서 6개월 이상 근무 불가

 - 단, 농업(Agriculture) 분야에서 일할 경우 한 고용주 밑에서 최대 12개월까지 근무 가능

o 인력이 부족한 특정 지역에서 농업, 건설 및 광업, 산불복구 등에 88일 이상 종사한 경우 1년 연장 가능(2nd 비자)

o 2nd 워킹홀리데이 비자 또는 임시비자(bridging visa)를 소지하고 있는 상태에서 6개월(179일)간 특정 지역(농촌지역 등)에서 일을 하면 3rd 워킹홀리데이 비자(Third-year) 신청 가능. 단, 2019년 7월 1일 이후의 근무 경력만 인정함

 - 호주에서 2차 비자를 신청하는 경우, 1차 비자 만료 전 신청을 완료해야 하며 2차 비자 신청 후 승인 전까지 임시 비자가 발급됨. 단 임시비자는 기존 비자(1차)가 만료되기 전에는 유효한 상태가 아님. 따라서 임시비자인 상태에서 1차 비자가 만료되기 전에 일한 일수는 3차 비자를 위한 조건인 179일 계산에 포함 안 됨

• 구비서류 :

 - 여권

 - 주민등록증

 - 해외 사용 가능 신용카드(신청 전 카드사에 문의하여 해외 결제 가능 및 결제 한도 확인 필요)

 - 구비서류 업로드(PDF 또는 이미지 파일)

 - 인적사항이 기재된 여권 페이지

 - 최소 5,000호주달러 이상 입금된 본인 명의의 영문 은행잔고증명서(원화 금액을 호주달러로 환율 표시)

 - (군 경력 Yes로 체크한 경우) 영문 병적증명서

- 신청 비용 : AU$635

- 신청 방법 :

　① 호주 내무부(이민성) 계정 가입 후 온라인(Online Applications – Working Holiday Visa 417) 신청

　　- 계정 가입 : https://online.immi.gov.au/lusc/login

　　- 구비서류 : 상기 구비서류 참고

　　- 결제 완료 후 '헬스폼(Examination Referral Letter)' 인쇄(신체검사 시 필요 구비서류)

　　- TRN(Transaction Reference Number)번호는 비자진행 상황, 비자 수수료 영수증 등 확인 시 필요

　　- 신청 후 개인정보 변경 등 수정사항이 있는 경우 호주 내무부(이민성)에 수정 요청

　② 신체검사

　　- 호주 내무부(이민성) 지정병원(Panel Doctors)

　　- (서울) 세브란스병원, (서울) 강남세브란스병원, (서울) 삼육서울병원, (부산) 인제대학교 해운대백병원

- https://www.paik.ac.kr/haeundae/user/visa/create.do?menuNo=500028

　- 각 국가별 지정병원 찾기

- https://immi.homeaffairs.gov.au/help-support/contact-us/offices-and-locations/offices-outside-australia

- 상기 웹페이지에서 국가 선택 후 'Panel physician' 클릭

　- 지정병원에서 호주 내무부(이민성)로 신체검사결과 직접 송부

　③ 호주 내무부(이민성) 또는 이메일로 워킹홀리데이 비자 승인 레터(Visa Grant Notification Application for Subclass 417) 확인 가능

　　- 워킹홀리데이 비자 승인 레터를 받기 전까지 호주 내무부(이민성)에서 추가 구비서류 요청 유무 수시 확인 권장

　　- 신청 후 개인정보 정보 변경 등 수정사항이 있는 경우 호주 내무부(이민

성)에 수정 요청 및 변경된 워킹홀리데이 비자 승인 레터 확인

- Visa Entitlement Verification Online(VEVO)

  https://immi.homeaffairs.gov.au/visas/already-have-a-visa/check-visa-details-and-conditions/overview

- 항공권 예매는 반드시 워킹홀리데이 비자 승인을 받은 뒤 예매할 것을 권장

- 입국 시 워킹홀리데이 비자 승인 레터 지참

- 소요 시간 : 약 1주~4주

- 입국 유효기간 : 비자 승인 레터 발급일 기준 약 1년 이내

- 체류 기간 : 워킹홀리데이 비자로 최초 입국일 기준 약 12개월 이내

  - 취업 제한 기간 : 한 고용주하 6개월

  - 어학연수 제한 기간 : 4개월

  * 워킹홀리데이 관련 변경사항 수시 확인 권장

- 문의: 호주 내무부(이민성), 주한 호주 대사관

3. 출국수속

여행객이 해외여행을 하기 위한 출국절차는 탑승수속→수하물 보안검사→CIQ(Customs Immigration Quarantine) 통과→탑승의 순으로 이루어진다.

1) 탑승수속(check-in)

탑승수속이란 여행객이 수하물과 제반 항공여행 관계서류를 소지하고 항공사 탑승수속 카운터로 가서 좌석배치와 수하물의 운송을 의뢰하는 것이다. 탑승수속에서 항공사 직원에게 제시해야 할 서류는 여권 및 비자, 항공권, 공항권 쿠폰, 출국신고서, 재반입조건의 휴대 반출물 소지 여부, 병무신고서 등이다.

〈표 8-10〉 탑승권의 실례

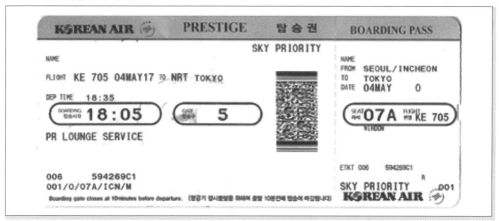

2) CIQ(Customs, Immigration, Quarantine)통과

(1) 수하물 보안검사

여행객이 항공사에 수하물로 취급하도록 요청한 위탁수하물은 수하물 속에 무기류와 폭발성 및 인화성이 있는지를 관계자의 확인하에 엑스레이(X-ray)기를 통한 보안검사를 받게 된다. 또한 여행객이 휴대·관리하는 하물은 CIQ 통과 시에 별도로 보안검색을 받게 된다.

(2) 세관검사

세관검사는 국외여행 시 고급 시계, 보석류 등의 고가품 및 귀중품은 출국 전에 필히 세관에 신고를 해야 하며, 이 과정에서 세관양식인 휴대물품 반출신고서를 발급받아야 입국 시에 해당 물품에 대해 면세혜택을 받을 수 있다.

(3) 출국심사

여행객이 출국을 위한 자격 또는 구비서류는 여권, 탑승권(boarding pass), 그리고 출국카드(embarkation card)이다. 이 절차에서 확인되는 사항은 여권 유효기간, 출국자의 적법성 여부, 여권상의 성명과 소지자의 대조확인 등이다.

일부 국가를 여행할 경우에는 국제공인 예방접종증명서(yellow card)를 제시해야 하며, 동식물의 통관 시에는 통상적으로 사전에 검역절차를 마쳐야 한다.

3) 탑승(boarding)

여행객은 항공사로부터 탑승하라는 장내 방송에 따라 지정된 탑승구(gate)로 가서 항공사 직원에게 탑승권을 제출하고, 좌석번호가 기재되어 있는 탑승권만 되돌려 받는다. 그리고 기내로 들어가 지정좌석을 찾아가면 탑승은 완료된다.

4. 입국수속

1) 검역심사

검역심사는 여행을 마치고 돌아오는 여행객들이 종자류, 묘목, 과실류, 채소류, 곡류, 목재류 등과 같은 식물류를 휴대하거나 개, 고양이, 조류, 가축, 알 등과 같은 동물류를 동반하여 입국할 경우에는 식물류는 국립식물검역소에, 동물류는 국립동물검역소에서 각각 검역을 받아야 한다.

2) 입국심사

입국심사는 입국하는 여행객에 대하여 유효한 여권 및 비자의 소지 확인, 입국목적 확인, 입국제한자 여부를 확인하고 입국을 허용하는 것이다. 비자 미소지자, 여권 유효기간 만료자, 비자목적과 달리 입국하는 자 등과 같은 입국자격 사유가 있는 자는 입국을 거절한다.

3) 위탁수화물 회수

위탁수하물 회수 시에는 수하물 상태가 탁송의뢰 시와 동일한지를 확인해야 한다. 만일, 수하물이 분실 또는 파손된 경우에는 즉시 항공사 직원에게 통보하고 배상조치를 요구한다.

수하물의 사고처리 절차

(1) 승객의 사고 신고

승객이 수하물 사고에 관한 신고를 할 경우에는 곧 공항의 신고처리 수화물사고 처리 담당에게 승객(LL)을 안내한다.

(2) LOCAL SEARCH

승객으로부터 분실신고를 받은 담당직원은 공항 내에서 수하물의 발견가능 지역을 1차 확인케 한다.

> 예) Found Bag List, Bag Hall, Sorting Area, Convey or Belt 등 기내의 미검사 창고, 보세창고, 공항 유실물센터

(3) 수하물사고 보고서 작성

PIR(property irregularity report)이라 함

수하물사고 내용, 승객 인적사항, 수화물 내용품 등을 종합적으로 기재함

(4) 손해배상청구서 작성

BCB(Baggage Claim Blank)라고 함

승객의 인적사항, 여행여정, 분실수화물 내용품 및 가격을 기재하여 분실판명 시 변상의 근거로 함

(5) FIRST TRACING

① 승객의 여정을 확인하여 관련된 각 항공사에 Tracing MSG를 발송한다.
② 관련 항공사가 Bagtrac 가입 항공사일 경우에는 Bagtrac절차에 의하여 사고 내용을 In-Put시킨다.

- BAGTRAC(Baggage Tracing System)

각 항공사가 통일된 MSG Format을 사용하여 분실수하물 및 Unclaimed Baggage 에 대한 DATA를 Crt 또는 Tty를 사용하여 sita computer에 Input시켜 March 여부를 판별케 함으로써 분실수화물의 추적작업을 하는 시스템이다. KAL은 1980년 7월 1 일에 가입 운용 중이다.

4) 세관검사

12세 미만을 제외한 모든 여행객은 목적지 도착 전에 기내에서 배부하는 '여행객 휴대품신고서'에 해당사항을 정확히 기입하여 세관검사 시 검사원에게 여권과 함께 제출해야 한다. 여행객 휴대품신고서는 1인 1장을 원칙으로 작성하지만, 동반자가 있는 경우에는 대표자 1인이 1장으로 작성하고, 동반자 수란에 동반 인원을 기재하여 제출하면 된다.

5. 환전

여권을 발급받고 여행하고자 하는 나라의 비자를 받은 후, 항공권을 구입하면 국외여행의 준비가 거의 완료된다.

우리나라 화폐를 여행목적국 화폐로 교환하는 환전은 외환은행의 본·지점 및 시중은행의 각종 외국환 점포에서 취급하며, 이때 주의해야 할 것은 여권의 인적사항 기재란의 사본을 제출해야 한다.

〈표 8-11〉 국외여행 인솔자 자격증

관세청 KOREA CUSTOMS SERVICE 여행자 휴대품 신고서

- 신고대상물품이 있는 입국자는 신고서를 작성·제출해야 합니다.
- 동일한 세대의 가족은 1명이 대표로 신고할 수 있습니다.
- 성명과 생년월일은 여권과 동일하게 기재해야 합니다.

성 명	
생년월일	년 월 일
여권번호	외국인에 한함
여행기간	일 출발국가
동반가족	본인 외 명 선 박 명
전화번호	
국내 주소	

세관 신고사항 / 해당 사항에 " ☑ " 표시

1 휴대품 면세범위(뒷면 참조)를 초과하는 "품목"
- 물품 상세 내역은 뒷면에 기재
⇨ 자진신고 시 관세의 30%(20만원 한도) 감면

면세 초과 있음 / 술 담배 향수 일반물품 / 없음

2 원산지가 FTA 협정국가인 물품으로서 협정관세를 적용받으려는 물품 / 있음☐ 없음☐

3 미화로 환산해서 총합계가 "1만 달러"를 초과하는 화폐 등(현금, 수표, 유가증권 등 모두 합산) / 있음☐ 없음☐
[총 금액 :]

4 우리나라로 반입이 금지되거나 제한되는 물품 / 있음☐ 없음☐
ㄱ. 총포류, 실탄, 도검류, 마약류, 방사능물질 등
ㄴ. 위조지폐, 가짜 상품 등
ㄷ. 음란물, 북한 찬양 물품, 도청 장비 등
ㄹ. 멸종위기 동식물(앵무새, 도마뱀, 원숭이, 난초 등) 또는 관련 제품(웅담, 사향, 악어가죽 등)

5 동·식물 등 검역을 받아야 하는 물품 / 있음☐ 없음☐
ㄱ. 동물(물고기 등 수생 동물 포함)
ㄴ. 축산물 및 축산가공품(육포, 햄, 소시지, 치즈 등)
ㄷ. 식물, 과일류, 채소류, 견과류, 종자, 흙 등
• 가축전염병 발생국의 축산농가 방문자는 농림축산검역본부에 신고하시기 바랍니다.

6 세관의 확인을 받아야 하는 물품 / 있음☐ 없음☐
ㄱ. 판매용 물품, 회사에서 사용하는 견본품 등
ㄴ. 다른 사람의 부탁으로 반입한 물품
ㄷ. 세관에 보관 후 출국할 때 가지고 갈 물품
ㄹ. 한국에서 잠시 사용 후 다시 외국으로 가지고 갈 물품
ㅁ. 별송품, 출국할 때 "일시수출(반출)신고"를 한 물품 등

본인은 이 신고서를 사실대로 성실하게 작성하였습니다.
년 월 일
신고인: (서명)
< 뒷면에 계속 >

1인당 "품목"별(술/담배/향수/일반물품) 면세범위

▶ 해외 또는 국내 면세점에서 구매하거나, 기증 또는 선물받은 물품 등으로서

술	2병	합산 2ℓ 이하로서 총 US $400 이하
담배		- 궐련형: 200개비(10갑) - 시 가: 50개비 - 액 상: 20㎖(니코틴 함량 1% 이상은 반입 제한) ▶ 한 종류만 선택 가능
향수		60㎖

일반물품 미화 800달러 이하
▶ 다만, 농림축수산물 및 한약재는 검역에 합격한 것으로서 총 40kg, 총 금액 10만원 이하 (물품별로 수량·중량 제한)

* 만 19세 미만인 사람(만 19세가 되는 해의 1월 1일을 맞이한 사람은 제외) 에게는 술 및 담배를 면세하지 않습니다.

▶ 농산물 등 면세범위
농림축수산물(잣 1kg, 소·돼지고기 각 10kg, 그 외 물품당 5kg)
한약재(인삼·상황버섯·차가버섯 각 300g, 녹용 150g, 그 외 물품당 3kg)

면세범위 초과 "품목"의 상세내역

▶ 면세범위 이내 "품목" - 작성 생략
▶ 면세범위 초과 "품목" - 해당 품목의 전체 반입내역 작성

예 시: 술 3병, 담배 10갑, 향수 30㎖, 시계 1,000달러 반입 시
→ 술 3병, 시계 1,000달러 작성(면세범위 이내인 담배, 향수는 작성 생략)

품 목	물품 명	수량(또는 중량)	금 액
술			
담배			
향수			
일반 물품			

▶ 농림축수산물 및 한약재(총 중량 : ☐kg, 금액 :☐)

농림축수산물		한 약 재	
고추(가루 포함)	( )kg	인삼(홍삼 포함)	( )g
참 깨	( )kg	상황버섯	( )g
참기름	( )kg	녹 용	( )g
기 타	( )kg	기 타	( )kg

※ 세관 신고사항을 신고하지 않거나 허위신고한 경우 가산세(납부세액의 40% 또는 60%)가 추가 부과되거나, 5년 이하의 징역 또는벌금(해당 물품은 몰수) 등의 불이익을 받게 됩니다.

95mm×245mm[백상지 100g/㎡]

1. 항공예약 업무

1) 항공예약의 개념

항공기의 대형화와 더불어 항공사는 항공좌석의 판매효율성과 경영합리화를 위하여 항공권 판매대리점을 두고 여행사와 긴밀한 협조관계를 맺고 항공권의 대리업무를 의뢰하고 있다. 이에 여행사는 항공사를 대리하여 예약업무, 발권업무 등을 고객에게 서비스하게 되었다.

이 중에서 여행사가 항공예약업무의 일부인 좌석예약, 각종 부대서비스의 예약, 여행정보의 제공 등 제한된 공급석의 범위 내에서 항공좌석의 이용률을 극대화하는 것이라고 할 수 있다.

2) 항공예약의 기능

(1) 좌석의 확보

항공예약은 항공기의 좌석을 효율적으로 판매하기 위하여 여행객에게 좌석을 확보할 수 있는 기회를 제공하고 있다. 사전에 좌석예약이 이루어지면 특별한 사정이 없는 한 다른 항공사를 이용하거나 여행 자체를 취소할 가능성이 적어져 판매와 직결되는 이점이 있다.

(2) 고객 서비스기능

고객이 좌석을 예약할 때 항공사는 자사의 항공좌석 예약뿐만 아니라 고객의 여정에 수반되는 특별한 사전준비를 통해 고객에게 최상의 서비스를 제공한다. 즉 여행객이 건강상의 문제로 식이요법이 필요한 경우 사전에 준비해 줄 수 있고, 휠체어가 필요한 장애인에게 사전에 준비해 줌으로써 고객의 문제를 해결해 줄 수 있다.

(3) 수익성의 향상기능

항공예약은 항공좌석의 사전예약을 통하여 철저한 재고관리를 할 수 있으므로 수익성의 향상에 기여할 수 있다. 또한 성·비수기별로 적용운임을 차별화하여 예약을 접수하는 방법으로 수익성을 높일 수 있다.

(4) 운송의 사전 준비기능

예약은 항공사가 고객이 필요하여 요구한 사항을 준비할 수 있도록 해준다. 고객이 예약할 때, 건강상이나 종교상의 이유로 특별한 기내식을 요구하는 경우나 특별히 보호가 필요한 승객을 동반하는 경우에 이를 미리 알게 됨으로써 사전준비가 가능하다.

3) 항공예약의 순서

항공예약은 희망하는 일자에 항공기의 좌석을 확보하는 것으로서, 항공권의 발권을 위한 기본적인 절차이다. 항공예약은 일반적으로 다음과 같은 순서로 이루어진다.

첫째, 여행객이나 거래업체로부터 출국일정을 의뢰받아서 국제선일 경우 도중 체류지가 있는지를 확인하고, 여행일정에 맞추어서 PNR(Passenger Name Record)을 작성한다.

둘째, 여행일정이 확정되면 항공사를 선정하여 예약을 하는데, 항공요금이 싼 일정 또는 할인혜택이 많은 항공사를 선택하도록 한다.

셋째, 항공편이 확정되면 항공사에 예약을 요청하여 예약상태를 확인한다.

넷째, 좌석이 확보되지 못한 경우에는 수시로 점검하여 좌석을 확보하도록 하고, 이미 확보된 좌석은 재확인(reconfirmation)하여 변동상황에 대비한다.

다섯째, 특히 단체여행의 경우 예약상태를 면밀하게 점검하여 좌석을 확보하는 데 착오가 발생하지 않도록 주의해야 한다.

4) 항공예약의 준수사항

항공예약의 혼란과 번거로움을 최소화하고 보다 편리한 좌석예약을 위해 여행업자가 준수해야 할 일반사항을 요약하면 다음과 같다.

첫째, 항공예약은 각 여행사 간의 협의에 의해 정해 놓은 일정 방식에 따른다.

둘째, 동일한 여행객에 대해서는 2중예약(double-booking)을 금지하며, 예약·수배는 여행객이 처음 이용하는 항공사가 일괄적으로 실시한다.

셋째, 여행객으로부터 예약한 좌석의 취소요청이 있을 경우, 여행업자는 즉시 이를 취소시켜 항공사의 불이익을 방지해야 하다.

넷째, 단체여행객의 경우 이를 개인별로 예약해서는 안 되며, 일괄적으로 취급하여 단체예약을 해야 한다.

다섯째, 항공권에는 반드시 좌석의 예약상태를 기입하여 예약을 완료한 후에는 항공편명, 출발시각, 최소연결 소요시간(MCT, minimum connecting time)을 확인한다.

여섯째, 항공권 구입시한을 엄격히 준수해야 하며, 만일 항공권을 구입하기로 약속된 시점까지 구입하지 않은 경우에는 예약이 취소될 수 있다.

일곱째, 여객의 성명, 연락처, 항공편 등급, 항공여정, 예약상황 등에 대한 정확한 기록을 유지·보관해야 한다.

2. 컴퓨터예약 시스템

1) CRS의 개요

여행사는 각종 권류의 판매가 주요 수익원이 되기 때문에, 여행사는 특히 항공권의 판매를 대리하여 예약·발권·판매하고 있다. 따라서 많은 항공사는 항공권의 대리판매를 위해 여행사에 CRS(Computer Reservation System)를 적극적으로 보급하고 있다.

이러한 CRS의 보급은 1975년도의 American Airline(AA)이 사내 생산성 향상과 비용절감의 목적으로 선보이게 되었는데, 이것을 SABRE(Semi Automated Business Research Entertainment)라고 한다. 이러한 보급은 판매망의 확충으로 이어져 세계 최대 항공사 중 하나로서의 위치를 굳히게 할 수 있었다. 이후 United Airline(UA)의 Apollo, North West(NW)의 PARS, Delta Air(DL)의 DATASⅡ, Continental Air(CO)의 System One 등 많은 항공사들이 공격적으로 자체적인 CRS를 개발하여 발전시켜 보급·운영하고 있다.

[그림 8-1] 세계 CRS의 현황

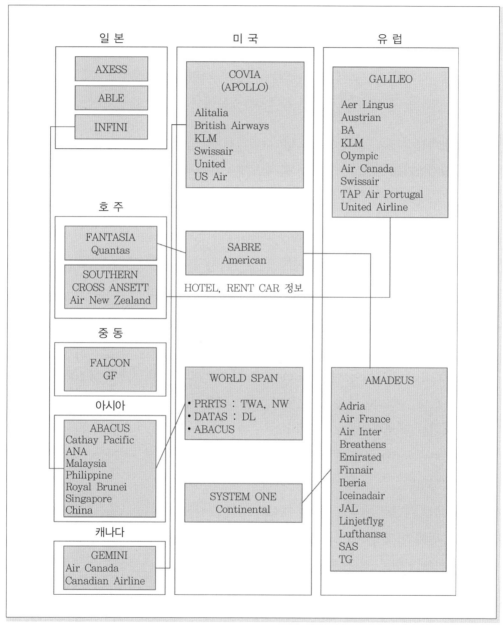

일본

AXESS

ABLE

INFINI

호주

FANTASIA
Quantas

SOUTHERN
CROSS ANSETT
Air New Zealand

중동

FALCON
GF

아시아

ABACUS
Cathay Pacific
ANA
Malaysia
Philippine
Royal Brunei
Singapore
China

캐나다

GEMINI
Air Canada
Canadian Airline

미국

COVIA
(APOLLO)

Alitalia
British Airways
KLM
Swissair
United
US Air

SABRE
American

HOTEL, RENT CAR 정보

WORLD SPAN

• PRRTS : TWA, NW
• DATAS : DL
• ABACUS

SYSTEM ONE
Continental

유럽

GALILEO

Aer Lingus
Austrian
BA
KLM
Olympic
Air Canada
Swissair
TAP Air Portugal
United Airline

AMADEUS

Adria
Air France
Air Inter
Breathens
Emirated
Finnair
Iberia
Iceinadair
JAL
Linjetflyg
Lufthansa
SAS
TG

오늘날 CRS는 항공사에게는 기본적인 영업수단으로서 판매망 구축의 직·간접적인 기반이 되고 있다. 또한 항공사 수익제고 수단으로서 상품전시 기회를 다양화하고 좌석이용률을 최대화시켜 수익극대화의 수단이 되고 있다. 한편, 여행사에서는 항공 및 부대예약을 확실하고 손쉽게 할 수 있는 여건이 마련되었다.

이러한 CRS는 크게 네 가지 기능을 하고 있는데 살펴보면 다음과 같다.

① 좌석관리기능   ② 수입극대화기능
③ 마케팅기능   ④ 정보제공기능

2) 한국의 CRS

우리나라에는 두 항공사가 각기 다른 CRS를 자체 개발하여 사용하거나 세계적인 회사와 전략적 제휴를 맺어 사용하고 있는 실정이다. 대한항공에는 자체 개발한 TOPAS를 사용하고 있으며, 아시아나는 전략적 제휴를 통해 ABACUS를 사용하고 있다.

대한항공의 TOPAS는 1975년 'KALCOS I'이라는 이름으로 시작된 한국 고유의 CRS로서 'KALCOS II'로 발전되어 현재의 TOPAS로 항공예약과 발권, 자동운임조회 서비스를 제공하고 있다. TOPAS는 1987년 11월에 KOTIS라는 독립회사를 설립하여 대한항공으로부터 독립한 중계시스템으로서의 CRS 모습을 갖춘 순수한 한국산 CRS이다.

또한 TOPAS는 1990년에 호텔예약시스템인 SAHARA서비스를 시작하여 시스템기능의 확충을 꾀하였다.

1990년에는 렌터카 예약시스템의 개시와 함께 보다 진보된 정보통신으로서의 CRS를 추구하기 위해 여행사 BACK Office지원 프로그램인 'Value Office'를 출시하여 취약한 여행업계의 전산화를 적극 지원하고 있다.

1998년 8월에는 인터넷 서비스도 개시하여 www.TOPAS.net으로 일반인에게도 TOPAS의 방대한 여행정보와 서비스를 개방하는 등 시대에 뒤떨어지지 않는 폭넓은 여행서비스를 제공하고 있다. 1998년 말 현재 3,000여 대의 단말기를 여행사에 설치·운영하고 있고, 항공사도 총 85개사에 이르고 있다.

1998년 10월에는 세계 굴지의 유럽지역 연합 CRS인 AMADEUS와 전략적 제휴를 하고 보다 많은 서비스를 제공하고 있다.

AMADEUS와의 전략적 제휴를 통해 TOPAS는 700여 개 항공사가 가입하고 있으며, 6,570개의 도시항공편을 예약할 수 있으며 항공권 운임조회와 구매가 가능하다. 호텔예약도 자체적으로 SAHARA를 통해 15,000개 정도가 가능했지만, 50,000호텔 300체인에 대해 예약이 가능하게 되었다. 또한 렌터카의 예약도 Hertz사만이 가능하였으나, 60개 회사 19,600개 도시에서 예약이 가능하게 되었다.

또한 해외지역에서도 AMADEUS 네트워크의 이용이 가능함에 따라 여행사 업무의 글로벌 서비스를 제공할 수 있게 되었다.

이러한 TOPAS의 기능을 살펴보면

① 국내·국제 항공예약 기능
② 국내·국제 항공권 발권기능
③ 전 세계 호텔예약기능(SAHARA를 통한 15,000여 개 호텔)
④ 한글여행정보, 화상기능 및 한글 입출력 기능
⑤ 전자메일 기능
⑥ 예약항공기 좌석 사전지정 기능
⑦ 승객정보관련 PC fax 기능
⑧ 여행 필수서류 문서화기능
⑨ 사무지원기능(계산기, 워드, 글자체 변경 등)
⑩ 자체 장애처리기능

한편, 아시아나 항공에서는 애바카스(Abacus)를 사용하고 있는데, 이 CRS는 자체 개발한 프로그램이 아니라 태평양지역의 최대 컴퓨터예약시스템(CRS)으로 현재 전략적 제휴를 맺어 사용하고 있다. 애바카스는 현재 세계 최대 CRS회사인 SABRE와 제휴, 전세계 700여 개 항공사 및 모든 국가도시의 항공편 스케줄 조회가 가능하다.

3) 세계의 CRS

(1) 갈릴레오(Galileo)

최근 한국에 진출하여 시장개척에 매진하고 있는 갈릴레오는 여행산업의 재고 및 스케줄에 대한 신뢰성을 갖춘 정확한 정보 및 가격정보를 제공하는 GDS로 세계 최대의 항공사인 유나이티드항공(United Airline)의 예약프로그램이다. Aerlingus, Air Canada, Alitalia, Austrian Airlines, British Airways, KLM Royal Dutch Airlines, Olympic Airways, Swissair, TAP Air Portugal, United Airlines, US Airways 등 11의 항공사가 공동출자하여 설립하였으며, 대부분이 북미와 유럽 항공사들로 이루어져 있다. 또한 75%의 지분을 민간이 소요하고 있으며, 나머지 25%를 여러 항공사가 나누어 소유하고 있다.

(2) 아마데우스(Amadeus)

아마데우스는 전 세계 여행전문가들에게 온라인 유통과 마케팅 및 판매수단을 제공하는 GDS로 1987년 Air France(23.36%), Iberia(18.28%), Lufthansa(18.28%) 등의 비율로 지분을 소유하고 있으며 나머지 약 40%는 민간인이 소유하고 있다.

아마데우스는 세계 135개국에 서비스를 제공하고 있으며, 주로 시장은 유럽지역이다.

(3) 월드스팬(Worldspan)

월드스팬은 여행정보, 인터넷상품, 인터넷접속, 전사상거래방식 등의 상품을 제공한다.

월드스팬의 주요 사업은 3개의 영역에 초점을 맞추고 있는데, 여행서비스 제공, 전자상거래, 여행산업을 위한 전 세계적인 예약시스템 제공이다. 월드스팬 예약시스템은 전 세계 20,800여 개의 여행업체와 관련 이용객들에게 여행정보와 예약능력을 제공해 주고 있다. 월드스팬은 온라인상 예약의 50% 이상을 수행하는 여행산업 전자상거래에서 선두기업의 자리를 차지하고 있다. 월드스팬은 1990년 미국항공사인 델타항공, 노스웨스트항공, 그리고 TWA항공이 공동출자하여 설립하였다.

(4) 세이버(Sabre)

세이버는 1962년 아메리칸항공(American Airlines)이 자체 예약시스템을 바탕으로 발전시킨 세계 최대의 항공여행 예약시스템이다. 전 세계(66,000개 이상의 여행사, 500개 이상의 인터넷 여행사 그리고 기업들에게 여행 및 항공정보를 제공하고 있다.

세이버는 북미시장에 주된 시장을 갖고 있으며, 유럽과 남미 그리고 아시아지역에도 지역업체와의 전략적 제휴를 통하여 시장진출을 꽤하고 있다.

본사는 미국의 댈러스(Dallas)에 있으며, 유럽에는 런던과 파리, 그리고 아시아 지역에서는 홍콩과 도쿄에 지역본부를 두고 있다.

4) 세계의 주요 CRS이용 여행사 현황

미국의 SABRE가 14,000여행사에 69,000개의 터미널을 설치하여 1위를 점유하고 있으며, 유럽의 AMADEUS로 60,000개의 터미널에 12,000여 개의 여행사가 이용하고 뒤를 따르고 있다.

터미널의 확산은 CRS산업의 성장과 수익의 제고를 위해서 중요한 경쟁목표라고 할 수 있다. CRS의 출현으로 다양한 정보를 다루게 된 여행업계는 국가 간 또는 각기 다른 CRS네트웨크의 차이와 부대서비스에 대한 고객의 요구사항(항공사, 철도, 호텔, 렌터카 등)의 차이에 부응하는 제한 없는 시스템을 원하게 되어 최근 들어 GDS(Global Distribution System)라는 개념의 시스템이 등장하였다.

3. 항공권 발권업무

1) 전자항공권의 이해

❶ 전자항공권의 이해

전자항공권(e-Ticket)이란 전통적 형태의 종이 항공권의 분실, 도용 등의 문제점과 발행 및 유지에 따른 비용을 개선하기 위해 등장한 것으로 실물 (종이) 항공권의 상대되는 개념으로 더이상 실물이 존재하지 않고 대신 그 데이터를 고스란히 항공사 컴퓨터

시스템에 보관하여 언제라도 조회하고 꺼내 볼 수 있는 상태의 항공권을 의미한다.

이 전자항공권은 기존의 종이 항공권과 달리, 승객의 탑승 정보를 모두 항공사의 컴퓨터에 저장한다. 승객에게는 전자항공권 여정서(Electronic Ticket Itinerary)라고 해서, 항공권 이용에 대한 정보가 적힌 사본만 발급된다.

이 '여정서'를 'e-티켓'이라고 부르지만, 엄밀히 말해서 이 여정서는 '영수증'이다. 또, 이 여정서를 탑승권이라고 착각하기 쉬운데, 이 여정서는 항공사의 컴퓨터에 저장된 내용을 편의를 위해 인쇄한 사본에 불과하다. 이것만 들고 있다고 해서 바로 비행기에 탈 수 있는 건 절대 아니다. 하지만 최근에는 이 ITR(Itinerary Ticket Receipt) 바코드가 인쇄되는 홈 프린트 보딩패스가 등장하여 온라인으로 웹 체크인을 하게 되어 홈 프린트 보딩패스를 발급받으면 여정서이면서 탑승권이 되기도 한다.

[그림 8-2] 전자항공권 발행 확인서

모두투어
스카이스캐너 이혜림 (tel)

전자항공권 발행 확인서
e-Ticket Passenger Itinerary & Receipt

탑승객 영문명(성/이름) (Passenger Name)	PARK/KYOUNGHYUNMR (MR/MS/MSTR/MISS : ⁕ 성별 및 유아 아동 표기)
항공권 번호 (Ticket Number)	1802833801624 (해당 항공권번호로 항공사에 티켓 확인 가능)
항공사 예약번호 (Booking Reference)	1906-6021 (OW49TI)
모두투어 예약번호 (modetour Booking Reference)	34934959

■ 여정 정보(Itinerary Information)
• 편명 (Flight) KE681 (예약번호:OW49TI) Operated by KE(대한항공)

도시/공항		일자/시각	터미널	클래스	비행시간	예약상태
출발 (Departure)	SEOUL / INCHEON INTL AIRPORT	11DEC 09:10	2	U(일반석)	05:40	HK
도착 (Arrival)	HOCHIMINHCITY / HOCHIMINH	11DEC 12:50	2			
운임 (fare Basis)	UKE4ZRSP	항공권 유효기간 (Validity)		Not Valid Before		
좌석 (Seat Number)				Not Valid After		11MAR19
기종 (Aircraft Type)	AIRBUS INDUSTRIE A330-300	수하물 (Baggage)				1PC

• 편명 (Flight) KE682 (예약번호:OW49TI) Operated by KE(대한항공)

도시/공항		일자/시각	터미널	클래스	비행시간	예약상태
출발 (Departure)	HOCHIMINHCITY / HOCHIMINH	15DEC 13:55	2	Q(일반석)	05:20	HK
도착 (Arrival)	SEOUL / INCHEON INTL AIRPORT	15DEC 21:15	2			
운임 (fare Basis)	QKE4ZRSP	항공권 유효기간 (Validity)		Not Valid Before		
좌석 (Seat Number)				Not Valid After		11MAR19
기종 (Aircraft Type)	AIRBUS INDUSTRIE A330-300	수하물 (Baggage)				1PC

■ e-항공권 운임정보(Ticket/Fare Information)
• 항공권 운임(Ticket/Fare)

[단위 : KRW]

항공운임(Prices)	세금(Taxes)	유류할증료(Fuel Surcharge)	부가수수료(Service Fees)	총 지불금액(Total Amount)
443,600	53,000	74,400	10,000	581,000

• 지불수단(Form Of Payment): CARD (943003057925⁕⁕⁕⁕)

❷ 전자항공권 사용 절차

전자항공권은 다음과 같은 절차를 거쳐 사용할 수 있다.

승객이 운임을 지불하면 항공사나 여행사에서 발권 과정을 거치며, 이 과정에서 항공사의 컴퓨터에 출발지부터 도착지에 대한 정보, 좌석 정보 등 탑승에 필요한 모든 정보를 기록한다.

승객에게는 이메일이나 우편으로 '전자항공권 여정서'(Itinerary)가 발급된다.

탑승 당일, 승객이 항공사의 카운터에서 전자항공권 여정서와 여권을 제시하면, 항공사의 카운터에서는 본인 확인을 거쳐 탑승권을 발급해 준다. 여권 제시만으로도 가능하지만 시간도 걸리고 직원 입장에서 찾기 귀찮기도 하니 둘 다 주는 게 서로에게 이롭다. 그러나 진에어는 일단 여권을 제시하면 여정서는 그냥 돌려준다. 무인 체크인 할 때는 여권만 있으면 된다. 승객은 보안 검색과 출국 심사를 거치고, 지정된 시간에 지정된 게이트에서 탑승해서 지정된 좌석에 앉으면 된다.

❸ 전자항공권의 장단점

가. 전자항공권의 장점

전자항공권은 기존의 종이 항공권에 대해 다음과 같은 장점을 지닌다.

출발지부터 도착지에 대한 정보가 모두 항공사의 컴퓨터에 기록된다. 따라서 여정서를 해외에서 잃어버려도 부담이 적다. 최악의 경우는 여권만 들고 가도 해당 정보를 이용해서 탑승권을 발급받을 수 있다. 하지만 해외로 나간다면 어지간하면 미리 두세 장 정도 더 인쇄해서 가자. 입국 심사 때 여정을 물어보는 경우가 생길 수 있다.

항공사에게도 이익이 크다. 굳이 특수 용지를 수입해서 항공권을 찍을 필요가 없고, 대부분의 경우 여정서도 승객 본인이 직접 인쇄하니까 소모비용을 줄일 수 있다. 게다가 위조된 항공권 때문에 피해 입을 일도 없다. 여정서에 인쇄된 내용과 컴퓨터에 저장된 내용이 다를 경우, 컴퓨터에 저장된 내용을 우선하기 때문이다. 따라서 각종 비용과 원가를 낮추고, 항공권의 가격을 낮춰서 경쟁에 유리해진다.

나. 전자항공권의 단점

사실 '전자기기의 전원이 나가면 항공권을 사용할 수 없다'라는 사소한 점만 제외하면 그런 거 없다가 되어야 옳겠지만, 전자항공권의 도입으로 승객이 다음과 같은 꼼수를 부릴 수 없게 되었다.

환승 여정인 경우, 종이 항공권을 이용하면 사정상 중간의 한두 여정을 탑승하지 않고 그 다음 편을 탑승할 때 그냥 쿠폰 찢어서 버리고 해당 편의 항공권만 제시하면 탑승이 가능하였다. 예를 들면 A → B → C → D로 가는 여정의 경우, 종이 항공권을 쓰면 사정상 B → C를 타지 않고 A → B, C → D만 탑승하는 꼼수를 쓸 수 있었다! 하지만 전자항공권은 항공사가 승객의 체크인 및 실제 탑승 여부를 추적할 수 있으므로 저런 꼼수를 쓸 수 없음은 물론 잘못하다가는 마일리지까지 몰수당하게 된다. 실제로 델타 항공은 예전부터 중간에 여정을 취소하면 마일리지를 몰수해 가며, 다른 항공사들도 약관 위반이라는 이유로 비용 청구 또는 마일리지 몰수 등에 동참하고 있다.

❹ 전자항공권 사용 현황

결론부터 말하자면, 몇 번씩 환승을 하면서 오지로 떠나지 않는 한 종이 항공권을 구경할 일이 전혀 없다. 특히 대한민국이나 미국, 일본, 유럽의 대도시로 떠나는 항공편이라면 100% 전자항공권이다. 하지만 일부 항공사의 일본 노선은 전자항공권이 불가해서 무조건 실물로 찾아야 하는 불편한 점이 있다.

그럼에도 불구하고 굳이 종이 항공권을 써보고 싶다면, 항공료를 항공사나 여행사에 입금하기 전에 미리 연락하자. 아마 수수료 더 내야 한다고 할 것이다. 그냥 순순히 전자항공권 쓰자. 그리고 대다수의 저가 항공사들은 전자항공권만 발행한다.

❺ 항공권 사용 시 주의사항

미국이나 일본 등 출입국 관리가 까다로운 곳으로 떠나야 한다면, 반드시 전자항공권 여정서를 여유 있게 2~3장 정도 준비하는 것이 좋다. 이런 나라들은 대부분 불법체류자를 막기 위해서 '돌아갈 항공편이 있는지', '얼마나 있을 것인지'를 까다롭게 확인하기 때문이다.

신원이 확실하다고 판단되면 몇 마디 물어보는 선에서 끝나고 영주권이나 중장기 체류비자를 소지하고 있다면 아예 항공권 소지 여부를 물어보지 않는다. 그런데 만약 입국 심사 때 심사관이 항공권 좀 보여달라고 할 때 못 보여주면 입국이 거부되거나 강제로 추방당해도 뭐라 못 한다. 실제로 여정서에서도 입국 심사나 세관 통과 시 반드시 보여주라는 안내문이 적혀 있다. 결국 안 지키면 자기만 손해. 아니면 리턴 티켓이 없는 정당한 이유와 돌아갈 방법 등을 설명할 수 있어야 한다.

물론 이것은 어디까지나 최악의 시나리오지만, 외국에서 이런 일 당하면 여러모로 골치 아프다. 잉크 값이나 토너 값 아까워하지 말고 반드시 여정서를 준비하자. 출국 당일에 정신줄을 놓은 나머지 출력하는 것을 깜빡했다면 출국 전에 항공사 카운터에 가서 찍어달라고 하면 다 해준다. 반드시 챙기자. 집에 프린터가 없는 경우 여정서를 개인 USB에 저장한 뒤 가까운 인쇄소나 PC방 같은 곳에서 출력해 달라고 하면 되는데, 자신의 개인정보가 담겨 있으므로, 주변인을 조심할 것.

또한 입출국 날짜, 여권 영문 스펠링과의 일치 여부 역시 한번 더 확인하자. 출국일을 잘못 설정해 놓고 이를 알아차리지 못해 공항에 갔다가 낭패 보는 사람도 종종 생긴다. 여권 스펠링은 매우 중요한데, 항공권과 여권의 성명 철자가 다른 경우 입국 거부까지 될 수도 있다. 따라서 항공권 예매 전에 반드시 여권 철자와 일치하는지 확인해야 하며, 이미 틀린 철자로 항공권을 결제해 버렸다면 수수료를 내고 바꾸거나, 항공사에 따라 철자 변경을 허용하지 않는 경우도 있는데 이러면 아예 그 항공권을 취소하고 다시 예매해야 한다. 이 경우 취소 수수료는 물론 지난 시간 동안 항공권 가격이 올랐다면 그 가격으로 결제해야 하는지라 돈이 이중으로 나간다.

한 가지 더 팁을 주자면, 만약 가격 차이가 크지 않다면 여행사보다 항공사 공홈에서 구매하는 것이 좋다. 여행사에서 예매할 경우 일정 변경, 취소 시 상당히 골치 아파질 수 있는데 문의사항이 있을 경우 여행사-항공사 이중으로 거쳐야 하는 불편함이 있고, 변경이나 취소 수수료를 물어야 할 경우도 이중으로 내야 하는 경우가 생긴다. 예를 들어 항공사 수수료가 10만 원인데 여행사 수수료도 10만 원이라 치면, 항공사에서 구매한 경우 항공사 자체 수수료인 10만 원만 내면 그만이지만 여행사 구매인 경우 항공사+여행사 수수료를 합해 20만 원을 내야 한다.

❻ 항공권 예매 사이트

각 항공사, 여행사, 오픈마켓 사이트

항공권 예약 사이트: 호텔예약 사이트를 겸하는 경우가 많다.

스카이스캐너(www.skyscanner.co.kr), 네이버 항공권(https://flight.naver.com)

트립닷컴(kr.trip.com), 익스피디아(www.expedia.co.kr), 카약(www.kayak.co.kr/flights)

땡처리닷컴(www.ttang.com/ttangair), 트립어드바이저(www.tripadvisor.co.kr)

4. 도시 · 공항 · 항공사코드

1) City & Airport Codes(도시 및 공항코드)

세계 각국의 도시 및 공항코드는 항공권의 기재사항에 대한 이해를 위해서뿐만 아니라 출입국 시 공항에서 모니터를 참고하여 gate(탑승구)를 찾을 때에도 필수적이므로, 이에 대한 정확한 숙지가 요구된다. 도시 및 공항코드는 '3 letter code'로 표기하는데, 세계 주요 도시 및 공항코드를 정리하면 〈표 8-12〉와 같다.

〈표 8-12〉 세계 주요 도시 및 공항코드

지 역	국가명	도시명(공항명)	도시코드(공항코드)
아시아	한 국	Incheon	ICN
		Gimpo	GMP
		Jeju	CJU
		Gwangju	KWJ
		Busan	PUS
		Daegu	TAE
		Cheongju	CJJ
		Muan	MWX
		Yangyang	YNY
	일 본	Fukuoka	FUK
		Hirosima	HIJ
		Kumamoto	KMJ
		Nagoya	NGO
		Nigata	KIJ
		Osaka (Kansai) / (Itami)	OSA (KIX) / (ITM)

지 역	국가명	도시명(공항명)	도시코드(공항코드)
아시아	일 본	Sendai	SDJ
		Tokyo (Narita) / (Haneda)	TYO (NRT) / (HND)
	중 국	Beijing	PEK
		Changchun	CGQ
		Dalian	DLC
		Guangzhou	CAN
		Harbin	HRB
		Qingdao	TAO
		Shanghai	SHA
		Shenyang	SHE
		Tianjin	TSN
		Hong Kong	HKG
		Macau	MFM
	우즈베키스탄	Tashkent	TAS
	몽 골	Ulanbator	ULN
	대 만	Taipei	TPE
	필리핀	Manila	MNL
	베트남	Ho Chi Minh	SGN
	태 국	Bangkok	BKK
	말레이시아	Kualalumpur	KUL
	싱가포르	Singapore	SIN
	인도네시아	Jakarta (Soekarko Hatta)	JKT (CGK)
		Denpasar Bali	DPS
	인 도	Delhi	DEL
	쿠웨이트	Kuwait	KWI
	바레인	Bahrain	BAH
미주	캐나다	Toronto (Pearson International)	YTO (YYZ)
		Vancouver	YVR
	미 국	Anchorage	ANC
		Atlanta	ATL
		Boston	BOS
		Chicago (O'hare) / (Midway)	CHI (ORD) / (MDW)
		Honolulu	HNL
		Las Vegas	LAS
		Los Angeles	LAX

지 역	국가명	도시명(공항명)	도시코드(공항코드)
미주	미 국	New York (J. F. Kennedy) (Newark) / (La Guardia)	NYC (JFK) (EWR) / (LGA)
		San Francisco	SFO
		Seattle	SEA
		Washington DC (Dulles International) (Washington National)	WAS (IAD) (DCA)
유럽	영 국	London (Heathrow) / (Gatwick) (Stamsted)	LON (LHR) / (LGW) (STN)
	프랑스	Paris (Charles de Gaulle) (Orly)	PAR (CDG) (ORY)
	네덜란드	Amsterdam	AMS
	벨기에	Brussel	BRU
	독 일	Frankfurt	FRA
	스위스	Zurich	ZRH
	이탈리아	Rome (Leonard Da Vinci) (Ciampino)	ROM(FCO) (CIA)
	스페인	Madrid	MAD
		Barcelona	BCN
남태평양	호 주	Brisbane	BNE
		Sydney	SYD
	뉴질랜드	Auckland	AKL
	괌	Guam	GUM
	사이판	Saipan	SPN
	피 지	Nadi	NAN
아프리카	이집트	Cairo	CAI
	케 냐	Nairobi	NBO
	남아프리카공화국	Johannesburg	JNB

[주] : ( )는 동일도시의 복수공항 또는 도시코드와 다른 공항코드를 의미함.

2) Airline Codes(항공사코드)

항공사코드는 '2 letter code'로 표기되는데, 이를 국내 취항항공사로 제시하면 다음과 같다.

〈표 8-13〉 인천국제공항 취항 84개 항공사(2023.07. 기준)

항공사	국적	IATA	ICAO	터미널
페덱스항공 FedEx	미국	FX	FDX	T1
KLM네덜란드항공	네덜란드	KL	KLM	T2
가루다 인도네시아	인도네시아	GA	GIA	T2
그레이터베이 항공	홍콩	HB	HGB	T1
대한항공	대한민국	KE	KAL	T2
델타	미국	DL	DAL	T2
라오항공	라오스	QV	LAO	T1
로얄브루나이항공	브루나이	BI	RBA	T1
루프트한자 항공	독일	LH	DLH	T1
말레이시아 항공	말레이시아	MH	MAS	T1
몽골항공	몽골	QM	MGL	T1
미얀마국제항공	미얀마	8M	MMA	T1
바틱에어 말레이시아	말레이시아	OD	MXD	T1
뱀부항공	베트남	QH	BAV	T1
베트남항공	베트남	VN	HVN	T1
비에젯항공	베트남	VJ	VJC	T1
사우디아항공	사우디아라비아	SV	SVA	T1
사천항공	중국	3U	CSC	T1
산동항공	중국	SC	CDG	T1
샤먼항공	중국	MF	CXA	T2
세부퍼시픽항공	필리핀	5J	CEB	T1
스리랑카항공	스리랑카	UL	ALK	T1
스카이앙코르항공	캄보디아	ZA	SWM	T1
스쿠트타이거항공	싱가포르	TR	TGW	T1
실크웨이웨스트항공	아제르바이잔	7L	AZQ	T1
심천항공	중국	ZH	CSZ	T1
싱가포르항공	싱가포르	SQ	SIA	T1
아메리칸항공	미국	AA	AAL	T1
아시아나항공	대한민국	OZ	AAR	T1
아틀라스항공	미국	5Y	GTI	T1

항공사	국적	IATA	ICAO	터미널
에미레이트항공	아랍에미레이트	EK	UAE	T1
에바항공	대만	BR	EVA	T1
에어뉴질랜드	뉴질랜드	NZ	ANZ	T1
에어아스타나	카자흐스탄	KC	KZR	T1
에어프랑스	프랑스	AF	AFR	T2
에어로로직	독일	3S	3SX	T1
에어마카오	중국	NX	AMU	T1
에어부산	대한민국	BX	ABL	T1
에어서울	대한민국	RS	ASV	T1
에어아시아엑스	말레이시아	D7	XAX	T1
에어인디아 리미트드	인도	AI	AIC	T1
에어인천	대한민국	KJ	AIH	T1
에어프레미아	대한민국	YP	APZ	T1
에어홍콩	중국	LD	AHK	T1
에티오피아항공	에티오피아	ET	ETH	T1
에티하드항공	아랍에미레이트	EY	ETD	T1
우즈베키스탄항공	우즈베키스탄	HY	UZB	T1
유나이티드항공	미국	UA	UAL	T1
유피에스항공	미국	5X	UPS	T1
전일본공수 주식회사	일본	NH	ANA	T1
제주항공	대한민국	7C	JJA	T1
젯스타	호주	JQ	JST	T1
중국국제항공	중국	CA	CCA	T1
중국남방항공	중국	CZ	CSN	T1
중국동방항공	중국	MU	CES	T1
중국우정항공	중국	CF	CYZ	T1
중국화물항공	중국	CK	CKK	T1
중화항공	대만	CI	CAL	T2
진에어	대한민국	LJ	JNA	T2
집에어	일본	ZG	TZP	T1
천진항공	중국	GS	GCR	T1
청도항공	중국	QV	QDA	T1
춘추항공	중국	9C	CQH	T1
카고룩스이탈리아항공	이탈리아	C8	ICV	T1
카고룩스항공	룩셈부르크	CV	CLX	T1
카타르항공	카타르	QR	QTR	T1
칼리타항공	미국	K4	CKS	T1

항공사	국적	IATA	ICAO	터미널
캐나다항공	캐나다	AC	ACA	T1
캐세이퍼시픽항공	중국	CX	CPA	T1
콴타스항공	오스트레일리아	QF	QFA	T1
타이거에어 타이완	대만	IT	TTW	T1
타이에어 아시아엑스	태국	XJ	TAX	T1
타이항공	태국	TG	THA	T1
터키항공	튀르키예(터키)	TK	THY	T1
티웨이항공	대한민국	TW	TWB	T1
폴라에어카고	미국	PO	PAC	T1
폴란드항공	폴란드	LO	LOT	T1
피치항공	일본	MM	APJ	T1
핀에어	핀란드	AY	FIN	T1
필리핀에어아시아	필리핀	Z2	APG	T1
필리핀항공	필리핀	PR	PAL	T1
하와이안항공	미국	HA	HAL	T1
홍콩 익스프레스	중국	UO	HAE	T1
홍콩항공	중국	HX	CRK	T1
총합계	84개 항공사			
T1	1터미널 말함	T2	2터미널 말함(SKYTEAM 항공사)	
취항도시				
아시아	일본 12도시, 중국 33, 동북아시아 03, 동남아시아 26, 서남아시아 03, 중동 07			
미주	북미 26, 중남미 05			
오세아니아	대양주 06			
유럽	구주 23, 독립연합 04			
아프리카	01			
IATA	INTERNATIONAL AIR TRANSPOT ASSOCIATION			
ICAO	INTERNATIONAL CIVIL AIVIATION ORGANIZATION			

〈표 8-14〉 김포국제공항 취항 18개 항공사(2023.07. 기준)

항공사	국적	IATA	ICAO	터미널
대한항공	대한민국	KE	KAL	국내/국제선
상해항공	중국	FM	CSH	국제선 Only
아시아나항공	대한민국	OZ	AAR	국내/국제선
에바항공	대만	BR	EVA	국제선 Only
에어부산	대한민국	BX	ABL	국내/국제선
에어서울	대한민국	RS	ASV	국내/국제선
이스타항공	대한민국	ZE	ESR	국내/국제선
일본항공	일본	JL	JAL	국제선 Only
전일본공수	일본	NH	ANA	국제선 Only
제주항공	대한민국	7C	JJA	국내/국제선
중국국제항공	중국	CA	CCA	국제선 Only
중국남방항공	중국	CZ	CSN	국제선 Only
중국동방항공	중국	MU	CES	국제선 Only
중화항공	중국	CI	CAL	국제선 Only
진에어	대한항공	LJ	JNA	국내/국제선
타이거에어 타이완	대만	IT	TTW	국제선 Only
티웨이항공	대한민국	TW	TWB	국내/국제선
하이에어	대한민국	4H	HGG	국내선
총합계	18개 항공사			
참고	하이에어(대한민국)항공사는 국내선만 취항			
ICAO는 항공사를 표시할 때 3 LETTER CODE로 표시하고 IATA는 항공사를 표시할 때 2 LETTER CODE를 사용합니다. IATA는 주로 항공요금에 관한 규제를 주로하고 ICAO는 법을 집행하는 구속력있는 국제기관입니다.				

5. 항공좌석 등급

항공권의 좌석등급은 기내 서비스 등급(cabin class)을 기준하여 일반적으로 다음 3가지로 나누어진다.

① F : First Class(일등석)

② C : Business Class(상용우대석)

③ Y : Economy Class(보통석 · 일반석)

그러나 예약상의 좌석등급(booking class)은 이와는 달리 다소 복잡하다. 즉 동일한 class를 이용하는 승객이라 할지라도 상대적으로 높은 운임의 개인승객에게 수요발생시점에 관계없이 우선권을 부여함으로써 항공사의 수입을 극대화하고 높은 운임의 승객을 보호하려는 취지에서 예약등급을 보다 세분화하여 운영하고 있다. 예컨대 가격의 다양성에 따라 사용되어지는 예약 class를 상기 3가지 등급의 범주 안에 넣어 구분하면 다음과 같다.

① First Class Category(일등석 범주)
- R(Supersonic)
- P(First Class Premium)
- F(First Class)
② Business Class Category(상용우대석 범주)
- J(Business Class Premium)
- C(Business Class)
③ Economy Class Category(보통석·일반석 범주)
- Y(Economy Class/Normal)
- K(Economy Class/Excursion)
- M(Economy Class/Promotional)
- G(Economy Class/Group)

6. 항공운임

국제선 항공운임은 여객의 여행형태, 여행기간, 여행조건 등에 따라 크게 정상운임과 특별운임으로 대별되고, 특별운임은 다시 판촉운임과 할인운임으로 구분할 수 있다.

(1) 정상운임(Normal Fare)

이것은 항공권상에 나와 있는 요금으로서 예약변경, 여정변경, 항공사변경 등에 원칙적으로 제한이 없다. 항공권의 첫 구간은 발행일로부터 1년 안에 사용하여야 하며, 나머지 구간은 여행개시일로부터 1년이다.

(2) 특별운임(Special Fare)

❶ 판촉운임(Promotional Fare)

여행객의 다양한 여행형태에 부합하여 개발된 것으로 여행객의 여행기간, 여행조건 등에 일정한 제한이 있는 운임을 말한다. 여행기간에 대한 제한은 최고의무 체류기간(minimum stay)과 최대허용 체류기간(maximum stay)이 있으며, 여행조건에 따른 제한은 도중체류 횟수, 선구입조건, 예약변경 가능 여부, 여행일정변경 가능 여부 등이 있다.

❷ 할인운임(Discounted Fare)

여객의 연령이나 신분에 따라 할인이 제공되는 운임으로 여객의 여행조건에 따라 그 기준요금은 정상운임 또는 판촉운임이 될 수 있는데, 현재 항공사에서 일반적으로 적용하고 있는 주요 할인운임의 대상 및 내용은 〈표 8-15〉와 같다.

〈표 8-15〉 할인운임의 종류

종 류	적용대상	운임수준
유아 (IN : Infant)	최초 여행일을 기준으로 24개월 미만인 유아로서 좌석을 점유하지 않는 아기	항공사마다 자체 규정 다르며 성인운임의 10% 적용
소아 (CH : Child)	만 2세 이상~만 12세 미만의 아동	성인운임의 75% 적용
비동반 소아 (UM : Unaccompanied Minor)	보호자 없이 혼자 여행하는 만 2개월 이상~만 12세 미만의 아동	항공사 자체 규정에 따라 적용
단체인솔자 (CG : Condutor of Group)	10명 이상의 단체 여객을 인솔하는 자	10명당 50% 할인 1명, 15명당 100% 할인 1명(할인수혜 인원 및 할인율은 단체구성원 수에 따라 결정)
학생 (SD : Student)	만 12세 이상~만 26세 미만의 학생	성인 정상운임의 75%
선원 (SC : Ship's Crew)	조업과 관련하여 여행하는 선원	성인 정상운임의 75%
대리점 직원 (AD : Agent Discount)	항공사의 대리점 계약을 체결한 대리점 직원 및 그 배우자	• 본인 : 정상운임의 25% • 배우자 : 정상운임의 50% (발권 시 항공사의 승인이 필요하며, 유효기간은 항공권 발행일로부터 3개월)
항공사 직원 (ID : Identity of Industry Discount)	항공사 직원 및 그 가족	운임수준 및 탑승조건은 각 항공사의 내부규정 및 항공사 간의 상호계약에 의해 결정 (유효기간은 항공권 발행일로부터 3개월)

(3) 항공운임 적용기준

항공운임 적용기준을 표기하는 난으로 항공사 간의 의사소통과 정산 및 관리의 편의를 위해 사용되는데, 그 주요 구성요소를 간략히 설명하면 다음과 같다.

❶ Prime Code(1차 코드)

좌석의 등급코드를 나타낸다.

❷ Secondary Code(2차 코드)

등급코드에 연이어 다음과 같이 계절이나 요일 등의 운임수준을 표시한다.

- Seasonal Code(계절별 코드)
  - H : High season(성수기)
  - L : Low season(비수기) 등
- Part of Week Code(요일별 코드)
  - W : weekend(주말)
  - X : weekday(주중)

❸ Discount Code(할인코드)

마지막으로 다음과 같이 할인운임의 유형 및 내용, 유효기간, 할인율 등을 표시한다.

- Fare Type Code(운임유형별 코드)의 종류
  - AP(advance purchase : 사전구입운임)
  - EE(excursion fare : 회유운임)
  - PX(PEX fare : 발권일자가 제한되는 운임)
  - RW(round the world fare : 세계일주운임) 등
- Passenger Type Code(여객유형별 코드)의 종류
  - IN, CH, CG, SC, SD, ID, AD
  - EM(emigrant fare : 이민자 힐인 운임)
  - GV(group inclusive tour : 단체 포괄여행 할인운임) 등

(4) 무료 위탁수하물 허용량

항권권상에 있어서 무료 위탁수하물 허용량은 크게 'weight system(중량제)'와 'piece system(개수제)'의 2가지로 구분할 수 있는데, 이를 비교하면 〈표 8-16〉과 같다.

〈표 8-16〉 무료 위탁수하물 허용량의 비교

구 분	Weight System	Piece System
기준	수하물 무게	수하물 개수
적용노선	미주 이외 전 노선	미국, 캐나다, 중남미 등
허용량	• First Class : 40kg • Business Class : 30kg • Economy Class : 20kg • 소아(CH) : 성인과 동일 • 유아(IN) : 허용량 없음	• 1인당 5개 • 1개당 20kg(최대 32kg) • 1인당 100kg까지 • 가로/세로/높이 3변의 합이 203cm • 소아 : 성인과 동일 • 유아 : 4면의 합이 115cm 이내인 1 piece + 접을 수 있는 유모차 1개
기타	초과수하물 요금은 일반적으로 kg당 해당구간 성인 정상 편도 Economy 직행운임의 1.5%씩 적용함	3면의 합이 115cm 이내인 가방 1개로서 기내 선반이나 여객좌석 밑에 놓을 수 있는 물품은 위탁 수하물 허용량에 부가하여 무료로 기내 휴대가 가능함

제5절 **국외여행 안내업무**

---

1. 국외여행인솔자의 개념

국외여행인솔자란 단체여행에 있어서 여행의 출발부터 귀국 시까지 동행하여 소정의 일정과 수배내용, 여행계획에 의거하여 여행의 실무를 담당하는 자이다. 현재 우리나라에서는 국외여행인솔자를 인솔자, 안내사, 투어리더(tour leader), 투어컨덕터(tour conductor), 투어에스코트(tour escort) 등으로 부르고 있다. 미국에서는 그 밖에도 tour manager, tour host, courier, tour guide, escort-courier, tour director 등의 용어를 사용하고 있으며, 일본에서는 첨승원이라는 용어를 사용하고 있다. 이렇게 다양한 용어가 사용되고 있으나, 이들이 행하는 역할은 기본적으로 ① 인솔하는 단체의 리더 역할을 하며, ② 여행의 컨설턴터 역할을 하며, ③ 여행객의 불만을 들어주는 카운셀러의 역할과 ④ 전문적인 기술상의 서비스를 제공하는 역할을 한다.

2. 국외여행인솔자의 종류

국외여행인솔자는 여행사와의 관계에서 보면 다음과 같이 구분할 수 있다.

1) 여행사의 일반사원(clerk of travel agency)

여행사에 소속된 정규사원으로서 평소에는 사내의 여러 업무를 담당하다가 투어가 발생하면 회사의 명령에 따라 인솔업무를 담당하는 형태를 말한다.

2) 회사전문 국외여행인솔자(tour conductor of travel agency)

여행사에 소속된 정규사원으로서 주업무가 국외여행인솔업무이다.

3) 전속 국외여행인솔자(full-time tour conductor)

정규직원은 아니고 전속과 같은 형태로서 여행사의 투어가 발생할 때만 인솔업무를 담당하는 사람이다. 보수는 투어가 발생할 때만 지급된다.

4) 자유계약 국외여행인솔자(free-lancer tour conductor)

어느 한 여행사에 소속되어 있지 않고, 본인과 여행사와의 계약에 의해 여행이 발생하여 여행사의 TC 요청이 있을 때 그 업무를 담당하는 형태를 말한다.

3. 국외여행인솔자의 자격요건

여행업자가 내국인의 국외여행을 실시할 경우 여행자의 안전 및 편의제공을 위하여 그 여행을 인솔하는 자를 둘 때에는 문화체육관광부령으로 정하는 다음 각 호의 어느 하나에 해당하는 자격요건에 맞는 자를 두어야 한다(관광진흥법 제13조 제1항 및 동법 시행규칙 제22조 제1항). 다만, '제주자치도'에서는 이러한 자격요건을 「관광진흥법 시행규칙」이 아닌 '도조례'로 정할 수 있게 하였다(제주특별법 제244조 제2항).

1. 관광통역안내사 자격을 취득할 것
2. 여행업체에서 6개월 이상 근무하고 국외여행 경험이 있는 자로서 문화체육관광부장관이 정하는 소양교육을 이수할 것
3. 문화체육관광부장관이 지정하는 교육기관에서 국외여행 인솔에 필요한 양성교육을 이수할 것

4. 국외여행인솔자의 기본자질 및 자세

1) 뛰어난 어학력

어학력은 국외여행인솔자의 자질에 있어서 필수적이라고 할 수 있다. 국외여행인솔 업무는 말과 글이 다른 국외에서 업무를 수행하기 때문이다. 따라서 단체여행객을 안내하는 유능한 인솔자로 인정받기 위해서는 기본적으로 뛰어난 어학력을 갖추어야 한다.

2) 해박한 지식

외국을 여행하는 단체여행객들이 현지에서 원활한 여행이 이루어질 수 있도록 현지의 문화와 풍습, 관광지에 대한 충분한 지식을 갖추어야 한다.

3) 튼튼한 체력

단체여행의 여정은 출발부터 귀국까지 아침부터 오후 늦게까지 하루 종일 업무수행

에 매달려야 하기 때문에 정신적·육체적으로 힘들며 건강을 해치기 쉽다. 이에 국외여행인솔자의 개인적인 건강상의 문제로 단체여행의 원활하고 즐거운 여행을 망치기 쉽다. 따라서 이러한 문제가 발생하지 않도록 평소에 체력관리를 해야 한다.

[그림 8-3] 국외여행인솔자 자격증

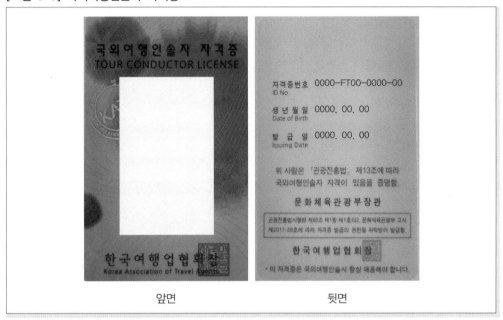

4) 서비스 정신

TC업무는 그 자체가 무형의 서비스를 제공하는 것이 주요 업무이다. 실제로 여행객에 대한 여행사의 업무 중에서 TC업무가 여행객과 가장 많은 시간을 차지하고 있어 궁극적으로 TC가 제공하는 서비스가 여행상품의 질로 인식되는 경향이 뚜렷하다.

5) 탁월한 지도력

국외여행인솔자는 단체여행객을 대상으로 업무를 수행하기 때문에 여행객들을 원활하게 안내할 수 있는 지도력을 갖추어야 한다.

6) 냉철한 판단력

여행도중에 여러 가지 예기치 못한 상황에 직면하게 될 때, 적절하게 대처할 수 있도록 냉철한 판단력을 지녀야 한다.

5. 국외여행인솔자의 역할

국외여행인솔자는 만족스러운 여행이 될 수 있도록 다음과 같은 역할을 수행하여야 한다.

1) 여행의 진행과 내용의 관리

국외여행인솔자는 여행사와 여행객이 출발 전에 맺은 계약에 의해 작성된 여행일정과 여행조건에 따라 여행이 충실히 이루어지도록 하여야 한다. 그러나 여행도중에 예기치 않은 사건·사고로 인해 예정대로 이루질 수 없을 경우가 있다. 이때 국외여행인솔자는 순조로운 여행이 이루어지도록 탄력적으로 대처하여야 한다. 따라서 국외여행인솔자는 여행계약 내용에 명시된 여행일정을 현지에서 직접적으로 진행·관리하는 역할을 맡고 있다.

2) 회사의 대표자

여행도중 회사를 대표하는 대표자는 오직 여행인솔자밖에 없다. 여행객이 여행도중 불만이나 요구가 있으면 인솔자에게 말할 수밖에 없다. 이러한 측면에서 국외여행인솔자는 회사의 대표자라는 사실을 자각해야 한다.

3) 여행경비지출의 관리

여행의 실시와 관련하여 호텔객실의 예약 및 수배대행자가 제공하는 서비스 등은 사전에 회사의 수배담당자가 예산에 맞도록 수배해 놓는다. 국외여행인솔자는 투어가

예정대로 이루어지도록 관리함으로써 경비지출의 관리가 용이하게 한다.

또한 국외여행인솔자는 여행도중 예기치 않은 실책이나 천재·지변 등이 발생했을 때에도 예산범위 내에서 지출함으로써 회사의 경비지출을 최소화할 수 있다.

4) 여행객의 보호자

국외여행인솔자는 여행객의 이익 및 안전을 지키는 사명을 지닌다. 계약한 대로의 서비스내용이 진행되고 있는가를 잘 감독하여야 하며, 외국사정을 잘 모르고 언어가 통하지 않는 등의 이유로 인해 여행객이 불이익이나 손해를 입는 위험으로부터 보호하여야 할 책임이 있다.

5) 즐거운 여행을 창출하는 연예인

여행객들이 모두 즐겁고 인상깊은 여행이 될 수 있도록 여행객의 기분을 잘 고취시키고 더없이 즐거운 여행을 만들기 위한 연출에 노고를 아끼지 말아야 한다.

제6절 국외여행인솔자의 업무

1. 출발 전의 업무

1) 현지관련 정보의 습득

국외여행인솔자는 평소 사전준비를 철저히 하지 않으면 여행객들로부터 전문가로서의 위치를 지킬 수 없으며, 여행객들의 신뢰를 얻을 수 없다. 그러므로 국외여행인솔자는 항상 다방면에 걸친 일반지식 습득에 최선을 다해야 한다. 국외여행인솔자는 출발 전에 다음과 같은 현지 사정에 대해서 충분히 알아두어야 한다.

① 방문국의 역사, 지리, 종교, 미술 등 각 분야

② 방문국과 우리나라 사이의 정치·경제상의 관계

③ 기후와 시차, 출입국 수속 시의 특별 규칙, 통화 및 환율 등에 관한 최신의 자료

④ 방문국의 최근 화제, 뉴스 등의 최신 정보와 안내책자에 없는 현지정보 등

⑤ 이용 항공기의 기종, 도중기항지 소요시간, 기내식의 유무 등

⑥ 숙박예정 호텔 부근의 관광지

⑦ 일정 중 선택여행의 대상지

⑧ 방문국의 특수한 풍속, 습관 및 사회상

2) 사전 점검사항

예약·수배담당자로부터 바우처, 항공권, 경비, 그 밖의 필요서류를 수령하고 전반적인 예약상황에 대한 세밀한 검토 및 확인을 통해 실제 여행 중에 곤란한 문제가 발생하지 않도록 해야 한다.

〈표 8-17〉 최종확정서

ATTN	OO투어 // OOO 부장님		☎ 17-720-OOOO		ℱ 02-720-OOOO
FROM	소장 OOO 대리 OOO		DATE		2023-06-05(월)
CONFIRM SHEET					
날짜	2020년 6월 15일~06월 19일 (4N5D)				
단체명	0615-세/플랜테이션베이 리조트 (H/M)				
여행경비	₩1,125,000(P/P)		NAME		YUN / JONG CHUL KIM / EUN JUNG
호텔	세부 - PLANTATION BAY RESORT (4N)				
포함사항	♥ 과일바구니　　　　　♥ 현지공항세　　　　　♥ 무동력 해양스포츠카(카누+카약+호비켓) ♥ 1억원 여행자 보험 ♥ 여행용가방　　　　♥ 인천국제공항세 ♥ 웰컴드링크　　　　♥ 호핑투어(낚시+섬일주+스노클링)				
불포함사항	♥ 인천국제공항 출국세　　　　　　　　♥ 가이드 및 운전사 팁				
현지연락처	필리핀 사무소 63-2-523-3273 // OOO 소장 0920-242-6297 현지 미팅-"손님 네임"으로 미팅합니다.				
공항센딩	인천국제공항 3F K~L 사이 "9번테이블" 앞 // OOO 소장 010-736-4631				

DATE	PLACE	TRANS	TIME	ITINERARY	MEALS
제1일 06/15 토	인 천 세 부	PR489	19:20 21:50 01:25	인천국제공항 도착 K-L 사이 "9번테이블" 앞 인천국제공항 출발 세부 막탄 국제공항 도착 후 직원 미팅 리조트 도착 후 휴식	기내식
				HOTEL : PLANTATION BAY RESORT	
제2일 06/16 일	세 부		전일	리조트 휴식 후 하얀 백사장과 에메랄드빛 바다에서 자유시간 – 리조트 내 워터슬라이드, 어린이수영장을 포함한 바닷물 수영장에서 카약, 카누 등을 무료로!! ※ 체험다이빙 등 해양스포츠 선택가능 ※ 호핑투어(낚시＋섬일주＋스노클링) 포함 석식 후 리조트 투숙	리조트 리조트 리조트
				HOTEL : PLANTATION BAY RESORT	
제3일 06/17 월	세 부		전일	리조트 조식 후 하얀 백사장과 에메랄드빛 바다에서 자유시간 ※ 피싱폰드에서의 수영장 낚시도 즐겨보세요!! 다양한 해양스포츠 선택가능 석식 후 리조트 투숙	리조트 리조트 리조트
				HOTEL : PLANTATION BAY RESORT	
제4일 06/18 화	세 부		전일	리조트 조식 후 하얀 백사장과 에메랄드빛 바다에서 자유시간 해양스포츠 선택가능 석식 후 리조트 투숙	리조트 리조트 리조트
				HOTEL : PLANTATION BAY RESORT	
제5일 06/19 수	세 부 인 천	PR488	15:20 20:50	리조트 조식 후 세부공항으로 이동 세부 막탄 국제공항 출발 인천국제공항 도착	리조트 한 식

인천공항 1터미널, 인천공항 2터미널

(1) 최종 여행일정표의 확인

여행일정이 출발일로부터 귀국일까지 일정순서에 따라 확인해 내용에 무리한 점은 없는지를 확인하여야 한다. 특히 호텔의 투숙시간이나 항공편 등 시간적 요소와 쇼핑, 식사시간 등도 무리가 없는지 검토한다.

(2) 바우처와 항공권의 수령

바우처는 일종의 증서와 같은 것으로, 소지하고 있는 사람이 서비스를 받을 사람임을 증명하는 서류이다.

〈표 8-18〉 바우처(지급전표)

☞ In exchange for this voucher, please provide the below services with concern

PRE-PAID VOUCHER

Tour Total No.   HT2004052
Booking Reference No. 1096305

HOTEL :

BAIYOKE SKY HOTEL

222 RAJPRAROP ROAD RAJTHVEE BANGKOK 10400

THAILAND

Tel. 66-2-656-3000

Fax. 66-2-656-3555

Check In Date :	20-Jul-02
Check Out Date :	20-Jul-02(2) Night(s)
Rooms :	1 Twin(s) SUPERIOR ROOM AND BREAKFAST
Client Name(s) :	**Ms. SHIN BOYOUNG**

Tax & Service Charge	Include
Breakfast :	Include
Remark :	Only payment for extras to be collected from the client

Full Payment Guaranteed By **Vacation Asia(Thailand) Ltd, Phone: +66(2)2549190**

If you have difficulties and questions, please contace :

HOTMART TRAVEL SERVICES / (TEL)60-3-27239600 (FAX)60-3-27232-9608

REFUND

All request for refunds will only be accepted if it is submitted within 2 weeks from the check-in date for the unused service and supported will relevant documents such as an endorsement/calcellation number, fax or acknowledgement from the hotel concerned

국외여행인솔자는 바우처에 기재된 내용에 잘못은 없는지 다시 한번 여행일정과 비교해서 확인하고, 항공권도 받은 즉시 매수를 확인하며, 출발지·도착지 등을 확인하여야 한다. 또한 호텔의 확인, 지급방법에 대한 확인, 선택여행 시의 지급방법, 여행경비의 내용 등도 꼼꼼히 확인하여야 한다.

2. 현지 출발에서 도착까지의 업무

1) 공항업무

① 국외여행인솔자는 고객들의 집합시간보다 최소한 30분~1시간 일찍 집합장소에 도착하여 팻말 및 안내판을 내걸고 대기해야 한다.

② 미리 준비한 출입국신고서를 배포하고 병무신고 해당자는 병무신고소에 신고하도록 한다.

③ 소속여행사의 baggage tag(수하물꼬리표)를 배포하여 단체여행객들의 수하물에 부착시키고, 여권회수 및 위탁수하물을 수거한 후 항공사의 창구로 이동한다.

④ 항공탑승 수속을 받는다.
• 여행서류를 카운터 직원에게 체크받는다.
• 카운터직원에게 수하물 개수를 확인하고 탁송한다.
• 탑승권을 받는다.

⑤ 항공탑승수속이 끝나면 인솔할 단체여행객들을 모아놓고 여권, 공항시설이용권, 해외여행객 보험카드 등 각종 서류를 배포하고 나서 CIQ 통과 안내, 면세점 이용, 탑승안내 등에 대해 설명한다.

〈표 8-19〉 각 지역의 화폐단위

지 역	국 가	화폐단위	지 역	국 가	화폐단위
아시아	한국	원 Won(KRW)	미주	미국	달러 US Dollar(USD)
	일본	엔 Yen(JYE)		캐나다	캐나다달러 Canadian Dollar(CAD)
	대만	달러 New Tiwan Dollar(NTW)		멕시코	페소 Mexican Peso(MEP)
	중국	위안 Chinese Tuan(CNY)		브라질	크루자도 Cruzado(BRZ)
	태국	바트 Bath(BHT)		콜롬비아	페소 Colombia Peso(COP)
	싱가포르	달러 Singapore Dollar(SID)		아르헨티나	오스트랄 Austral(ARA)
	홍콩	달러 Hong Kong Dollar(HKD)		베네수엘라	볼리바 Bolivar(VBP)
	인도네시아	루피아 Rupiah(RPA)		칠레	페소 Chilean Peso(CHP)
	말레이시아	링기트 Riggit(RGT)		페루	인티 Inti(PEI)
	스리랑카	루피 Sri Lanka Rupee(CER)		파나마	발보아 Balboa(BAL)
	필리핀	페소 Peso(PHP)		바하마	달러 Bahamian Dollar(BMD)
	인도	루피 Rupee(INR)		볼리비아	볼리비아노 Boliviano(BOB)
유럽	러시아	루블 Rouble(RUB)	대양주	호주	호주달러 Australian Dollar(AUD)
	유럽	유로화 EUR(EUR)		뉴질랜드	뉴질랜드달러 NewZealand ollar(NZD)
	영국	파운드 Pound(UKL)		피지	달러 Fijian Dollar(FID)
	스위스	스위스프랑 Swiss Franc(SFR)		사모아	달러 US Dollar(USD)
아프리카	이집트	파운드 Egyptian Pound(EGL)	중동	쿠웨이트	디나르 Dinar(KD)
	남아공	란드 Rand(SAR)		이스라엘	뉴쉬켈 New Shekel(NIS)
	알제리	디나르 Algerian Dinar(PTS)		사우디아라비아	리알 Rial(ARI)
	케냐	쉴링 Kenyan Shilling(KES)		바레인	디나르 Dinar(BD)

[그림 8-4] Baggage Tag

〈표 8-20〉 일본 출입국신고서

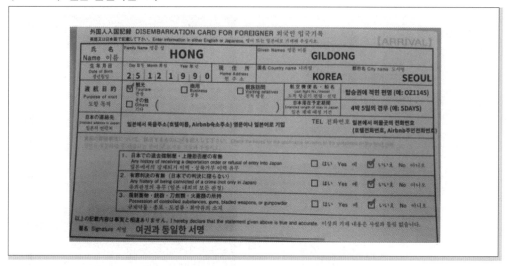

〈표 8-21〉 중국 출입국신고서

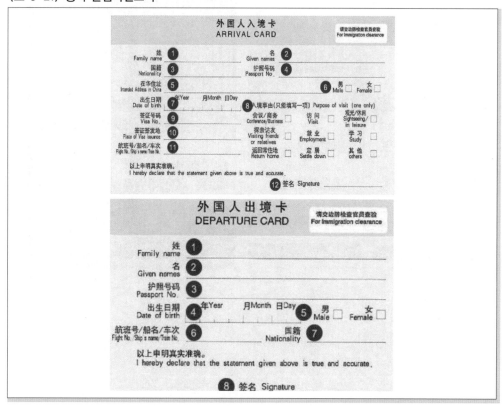

〈표 8-22〉 미국 출입국신고서

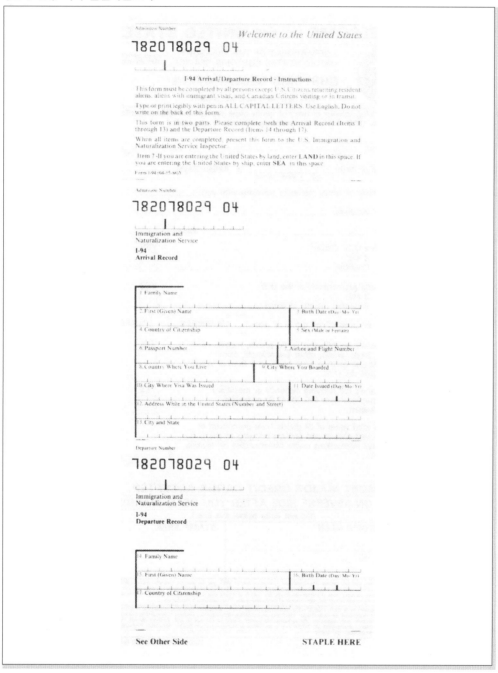

〈표 8-23〉 미국 세관신고서

WELCOME TO THE UNITED STATES

**DEPARTMENT OF THE TREASURY
UNITED STATES CUSTOMS SERVICE**

FORM APPROVED
OMB NO. 1515-0041

CUSTOMS DECLARATION

19 CFR 122.27, 148.12, 148.13, 148.110, 148.111

Each arriving traveler or head of family must provide the following information (only **ONE** written declaration per family is required):

1. Name: _____
   　　　　　Last　　　　　　　　　　First　　　　　　　　　Middle Initial

2. Date of Birth: _____/_____/_____ 　3. Airline/Flight _____
   　　　　　　　　　Day　Month　Year

4. Number of family members traveling with you _____

5. U.S. Address: _____

   City: _____ State: _____

6. I am a U.S. Citizen　　　　　　　　　　　　　　　　YES　　　NO
   If No,
   Country: _____ ☐　　　☐

7. I reside permanently in the U.S.　　　　　　　　　YES　　　NO
   If No,
   Expected Length of Stay: _____ ☐　　　☐

8. The purpose of my trip is or was ☐ BUSINESS　　☐ PLEASURE

9. I am/we are bringing fruits, plants, meats, food,　YES　　　NO
   soil, birds, snails, other live animals, farm
   products, or I/we have been on a farm or ranch　☐　　　☐
   outside the U.S.

10. I am/we are carrying currency or monetary　　　YES　　　NO
    instruments over $10,000 U.S. or foreign
    equivalent.　　　　　　　　　　　　　　　　☐　　　☐

11. The total value of all goods I/we purchased or
    acquired abroad and am/are bringing to the U.S.
    is (see instructions under Merchandise on reverse
    side): 　　　　　　　　　　　　　　$ _____
    　　　　　　　　　　　　　　　　　　US Dollars

▶ **MOST MAJOR CREDIT CARDS ACCEPTED.**

SIGN ON REVERSE SIDE AFTER YOU READ WARNING.
(Do not write below this line.)

INSPECTOR'S NAME	STAMP AREA
BADGE NO.	

Paperwork Reduction Act Notice: The Paperwork Reduction Act of 1980 says we must tell you why we are collecting this information, how we will use it and whether you have to give it to us. We ask for this information to carry out the Customs, Agriculture, and Currency laws of the United States. We need it to ensure that travelers are complying with these laws and to allow us to figure and collect the right amount of duties and taxes. Your response is mandatory.

Statement required by 5 CFR 1320.21: The estimated average burden associated with this collection of information is 3 minutes per respondent or recordkeeper depending on individual circumstances. Comments concerning the accuracy of this burden estimate and suggestions for reducing this burden should be directed to U.S. Customs Service, Paperwork Management Branch, Washington, DC 20229, and to the Office of Management and Budget, Paperwork Reduction Project (1515-0041), Washington, DC 20503.

Customs Form 6059B (092089)

2) 기내업무

① 인원파악 및 좌석 재배치 : 여행객이 일단 좌석에 앉으면 좌석배정표와 대조하면서 인원수를 확인하고, 국외여행인솔자의 좌석은 여행객들을 한눈에 볼 수 있는 맨 뒷줄의 통로 쪽으로 잡는다.

② 항공기 이용에 대한 정보의 습득 : 항공기 이용에 따른 정보를 기내 승무원을 통하여 습득한 후 여행객들에게 알려주어야 한다. 입국수속 시 필요한 서류인 입국신고서는 단체인원수만큼 미리 준비해 작성해 둔다.

③ 기내에서 단체여행객들의 불편사항과 건강상태를 확인하여야 한다.

④ 여행객에게 착륙 후의 행동(집결장소 등)을 미리 알려준다.

기내에서의 주의사항

T/C를 포함한 단체여행객들 모두가 기내에서 반드시 신경 써야 할 주의사항은 다음과 같다.

- 좌석등받이를 뒤로 할 때는 뒷사람을 의식하여 좌석버튼을 누르면서 천천히 뒤로 민다. 또한 항공기의 이·착륙 시 및 기내 식사 시에는 좌석등받이를 반드시 원위치로 돌려야만 한다.

- 기내승무원을 부를 때에는 가능하면 자신의 좌석에 부착된 Call Button(호출버튼)을 눌러서 부르도록 해야 하며, 큰 소리로 부른다거나 가까이 있는 기내승무원의 옆구리나 엉덩이를 툭툭 치는 것은 대단히 실례가 되는 일이므로 주의해야 한다.

- 트랜지스터 라디오 및 통신기기 등은 항공기의 운행장치에 많은 영향을 끼치므로 기내에서 사용하지 말아야 한다.

- 항공기 이·착륙 시에는 기내 화장실을 이용해서는 안 되며 조용히 자기 좌석에 앉아 있어야 한다.

- 기내의 화장실은 남녀 구분이 없으며 화장실 안에 들어가서는 반드시 뒤로 돌아 문에 부착된 자물쇠(Lock)의 레버(Lever)를 밀어서 잠가야 한다. 이때 화장실 안에는 전등이 켜지면서 밝아지고, 문 바깥의 '표지판(Sign Board)'에는 OCCUPIED (점유된)란 표시가 나타난다. 참고적으로 화장실 안에 사람이 없는 경우에 문 바깥의 표지판에는 VACANT(비어 있는)란 표시가 나타난다. 승객 중에는 화장실 문을 제대로 잠그지 않아서 자신의 용변 보는 모습이 밖으로 노출되어 뜻하지 않게 당황하는 모습을 보여주는 경우가 종종 있다. 따라서 T/C는 위와 같은 상황이 발생하지 않도록 단체여행객들에게 기내화장실의 사용에 대한 기본적인 설명도 해주어야만 한다.
- 기내화장실을 이용한 후에는 뒷사람을 위하여 자신이 사용했던 용변기 및 세면 대를 깨끗이 닦아놓고 나오는 것이 기본적인 예의라고 할 수 있다.
- 기내화장실은 금연구역이므로 절대로 담배를 피워서는 안 된다.
- 장거리비행의 경우에 있어서 무료함이나 지루함을 달래기 위하여 일부 승객들은 미리 바둑이나 장기, 또는 카드를 가지고 놀이를 하기도 한다. 그러나 일부 몰지각한 한국인 승객들은 여럿이 둘러앉아 주위의 시선을 아랑곳하지 않고 화투 및 카드로 거액의 도박판을 벌이는 경우가 종종 있다. 이것은 외관상도 좋지 않을 뿐만 아니라, 주변 사람들에게 폐를 끼치게 되므로 삼가는 것이 바람직하다.
- 신발이나 양말을 벗고 통로를 돌아다니거나, 맨발을 자신의 앞좌석에 올려놓는 것은 무척 실례가 되는 행동이므로 반드시 금해야만 한다.
- 기내에서 냄새나는 음식을 개인적으로 준비해 와서 식사시간 외에 먹거나, 또한 음식물을 바닥에 흘리는 행위 등은 좋지 않으므로 주의해야 한다.
- 기내에서 무료로 제공되는 알코올 음료(술)를 과음하여 소란을 피운다거나, 기내영화의 상영시간에 스크린(화면)을 가로막고 서서 뒷사람의 관람을 방해하는 등 타인에게 불편을 주는 행위는 반드시 금해야만 한다.
- 창가좌석이나 중간좌석에서 자리를 뜰 때에는 옆사람에게 불편을 주게 되므로 실례합니다(Excuse me), 감사합니다(Thank you)란 말을 해주는 것이 자연스러운 에티켓(Etiquette)이다.

• 항공기의 목적지에 착륙하면 일부 승객들이 먼저 나가려고 항공기가 멈추기도 전에 기내선반의 문을 열고 자신의 수하물을 꺼내는 것을 자주 목격하게 되는데, 이는 대단히 위험한 일이다. 왜냐하면 항공기의 이동 중 잘못되면 선반 내에 있는 수하물이 떨어져 승객을 크게 다치게 할 수도 있기 때문이다. 따라서 승객들은 항공기가 목적지에 착륙하게 되더라도 기내방송 및 승무원의 지시가 있을 때까지는 자신의 좌석에서 조용히 대기해야만 한다.

3) 현지입국업무

① 항공기가 착륙하고 나면 집결하여 인원을 파악해야 한다.
② 여행객들에게 입국수속 서류를 배포하고 여행객들의 입국수속 진행(CIQ)과정을 돕는다.
③ 특정 공항에서는 검역을 하게 되는데 보통 예방접종증명서를 보이는 것으로 끝난다. 만약 예방접종증명서를 분실한 고객이 있을 경우에는 검역소에서 접종시켜야 한다. 그리고 나서 현지가이드와 미팅을 한다. 이후 여행객에게 소개를 시키고 차량으로 이동시켜 탑승한다.

〈표 8-24〉 건강상태 질문서

■ 검역법 시행규칙 [별지 제9호서식] (개정 2019.9.24.)　　　　　　　　　　　　　　　　(앞면)

건강상태 질문서

성　　　　　명	성　　　　별 [　]남　　　[　]여
국　　　　　적	생 년 월 일
여 권 번 호	도 착 　연 월 일
선박 · 항공기 · 열차 · 자동차명	좌 석 번 호

한국 내 주소(※ 세부주소까지 상세히 기재하여 주시기 바랍니다)

휴대전화(또는 한국 내 연락처)

최근 21일 동안의 방문 국가명을 기입해 주십시오.

1)	2)	3)	4)

최근 21일 동안에 아래 증상이 있었거나 현재 있는 경우 해당란에 [✔] 표시를 해 주십시오.

[　]발열	[　]오한	[　]두통	[　]인후통	[　]콧물
[　]기침	[　]호흡곤란	[　]구토	[　]복통 또는 설사	[　]발진
[　]황달	[　]의식저하	[　]점막 지속 출혈 * 눈, 코, 입 등	[　]그 밖의 증상 (　　　　　　)	

위의 증상 중 해당하는 증상이 있는 경우에는 아래 항목 중 해당란에 [✔] 표시를 해 주십시오.

[　] 증상 관련 약 복용	[　] 현지 병원 방문	[　] 동물 접촉

해당 증상이 없는 경우에는 "증상 없음"란에 [✔] 표시를 해 주십시오.	[　] 증상 없음

　건강상태 질문서 작성을 기피하거나 거짓으로 작성하여 제출하는 경우 「검역법」 제12조 및 제39조에 따라 1년 이하의 징역 또는 1천만원 이하의 벌금에 처해질 수 있습니다.

작성인은 위 건강상태 질문서를 사실대로 작성하였음을 확인합니다.

작성일　　　　년　　　　월　　　　일
작성인　　　　　　(서명 또는 인)

국립검역소장 귀하

148mm×210mm (황색지 70g/㎡)

4) 공항에서 호텔까지의 업무

현지 안내사는 호텔까지의 소요시간, 시차, 현지 통화, 팁관습, 쇼핑, 교통기관, 그 나라의 습관, 예절, 생활상의 차이, 숙박호텔의 명칭 등을 소개한다.

5) 호텔투숙업무

① 호텔에 도착하면 고객들을 로비로 안내하고, 투숙수속을 행하는 데 있어서 숙박등록카드의 기입요령을 여행객들에게 설명해 준다.

② 객실 배정이 계약대로 되어 있는지 확인하고 성별, 연령, 부부 등 여러 가지를 고려하여 배정하는 것이 바람직하다. 국외여행인솔자의 객실은 가능하면 여행객들의 객실과 가깝게 위치하고 있어야 하며 고객들과 동급 내지 하급의 객실을 잡도록 한다.

③ 호텔 내에서의 식사시간, 식당 위치, 엘리베이터, 비상구, 소화기, 그리고 방화설비 등 제반설비에 대해서 확인해 두어 고객의 질문에 답할 수 있어야 한다.

④ 여행객들에게 객실 열쇠의 이용방법, 문단속에 대한 주의, 귀중품 보관함(safety deposit box)의 이용법, 호텔 내에서의 예절, 그리고 객실서비스(room service) 등에 관한 일반적인 주의사항을 주지시켜야 한다. 여행객들의 입실이 끝나면 현지 여행사의 직원이나 인솔자와 일정표에 관하여 협의하고 검토한다.

6) 관광업무

① 관광은 여행일정에 따라 행하는 것이 보통이므로 현지 안내사에 맡기면 되나, 국외여행인솔자는 고객들이 좋은 여행이 되도록 도와주는 역할을 하여야 한다.

② 버스 내에서 국외여행인솔자는 항상 앞줄 또는 현지 안내사 옆에 앉아 현지 안내사와 운전기사를 감독해 나가야 하며, 때때로 여행객들의 반응을 살피며 필요한 곳에서는 자신이 나름대로의 해설을 첨가하거나 고객들의 의견을 들어 여행효과 및 분위기를 살려 나가야 한다. 또한 해산해서 자유행동을 할 경우에는 집합시간을 명확히 전달해서 늦지 않도록 주의시킨다.

〈표 8-25〉 객실배정표(Rooming List)

NO.	SEX	NAME	ROOM NO.
1	M	RM	
	F	SUGAR	
2	M	JIN	EXTRA BED
	F	JEJUP	
	M	JIMIN	
3	M	SUNGHU	
	M	SUNGHYUN	
4	M	HEEYOUNG	
	F	CHUN, JI HYUN	
5	F	LIM, GEUM OK	
6	F	PARK, BO KUM	
	F	KANG, DANIEL	
7	M	I, YOU	
	F	PARK, SEO JOON	
8	F	LEE, HAE LEE	
	F	GANG, MIN KUNG	
9	F	HA, JUNG WOO	
	F	KIM, TAE RI	
10	M	JUNGKUK	

7) 쇼 핑

국외여행인솔자는 고객들이 즐거운 쇼핑을 할 수 있고 보다 좋은 물건을 구입할 수 있도록 배려해야 하며, 지나치게 비싼 물건을 구입해서 외화를 낭비하지 않도록 적절한 충고를 해야 한다. 쇼핑을 할 때 비행기 탑승 시의 허용 중량과 입국 시 면세금액 한도를 고객에게 꼭 주지시켜야 한다.

(1) 각 지역의 특산물

❶ 동남아

- 일본 : 전자제품, 양식진주, 자기제품, 필기도구류와 자기류
- 대만 : 상아제품, 산호, 우롱차, 옥공예품
- 태국 : 상아제품, 실크, 악어가죽제품, 보석(루비, 사파이어)
- 중국 : 한약, 차, 옥공예품
- 필리핀 : 목공예품, 조개세공품
- 인도네시아 : 바틱제품, 목공예품, 은세공품
- 말레이시아 : 주석제품, 바틱제품, 나비표본
- 싱가포르 : 브랜드상품, 악어제품, 보석
- 홍콩 : 브랜드상품, 시계, 보석, 카메라, 화장품
- 네팔 : 조끼, 금은세공품
- 인도 : 실크제품, 사리, 상아제품
- 파키스탄 : 주단, 자수, 견직물 티크세공품

❷ 유럽

- 영국 : 자기류, 레인코트, 스웨터(캐시미어), 위스키, 양복지
- 이탈리아 : 와인, 가죽제품, 유리세공품, 브랜드상품
- 프랑스 : 와인, 브랜드상품, 화장품, 패션의류
- 스위스 : 시계, 칼, 등산용품, 자수제품, 치즈, 초콜릿
- 포르투갈 : 코르크제품, 포도주
- 그리스 : 수공예품, 견직물, 골동품, 금은세공품
- 노르웨이 : 스웨터, 모피류, 민예품
- 네덜란드 : 다이아몬드, 치즈, 인형, 도자기
- 독일 : 카메라, 칼, 가방, 안경
- 덴마크 : 은제품, 음향기기
- 핀란드 : 모피, 도자기, 유리제품

- 헝가리 : 의류, 목공예품

❸ 미주

- 미국 : 스포츠용품, 청바지
- 캐나다 : 인디언공예품, 훈제연어, 모피류
- 멕시코 : 가죽제품, 금은세공품, 인디오공예품, 데낄라
- 브라질 : 커피, 보석, 악어가죽, 은제품, 목공예품, 나비표본
- 칠레 : 등제품, 목공예품, 직물
- 페루 : 모피제품, 은제품, 인디오수직제품, 직물

❹ 대양주

- 괌·사이판 : 면세품
- 호주 : 무스탕, 오팔, 로얄제리, 양털제품, 꿀, 스쿠알렌
- 뉴질랜드 : 양털제품, 마오리공예품, 과일꿀, 로얄제리
- 피지 : 흑산호

❺ 아프리카

- 이집트 : 파피루스, 보석, 금은세공품
- 모로코 : 가죽제품, 양탄자, 수직제품
- 남아공 : 다이아몬드
- 케냐 : 가죽제품, 금은세공품
- 이스라엘 : 다이아몬드

(2) 쇼핑안내 시 주의할 점

❶ 상대적으로 저렴해야 한다.

현지의 물건이 한국과 같거나, 보다 비싸다면 현지에서 쇼핑할 이유가 없다. 특산품일 경우에는 특히 한국과 비교해서 저렴한가를 확인한다.

❷ 품질을 믿을 수 있어야 한다.

해외여행객의 수가 급증하면서 단체여행에 있어서도 해외여행 경험자의 비율은 높아지고 있다. 이들은 쇼핑에 있어서도 조잡한 기념품보다는 '제대로 된 상품'을 선호한다는 것을 명심한다.

❸ 신뢰할 만한 점포로 안내한다.

상점의 규모가 너무 작다든지 품목이 너무 제한되어 있으면 관광객들의 구매욕구를 감소시킬 수 있다.

❹ 유사상점은 지양한다.

비슷한 유형의 상점을 반복해 들어간다면 처음에는 관심을 보였던 관광객들도 점차 흥미를 잃게 된다. 특히 동남아 여러 국가를 방문하는 일정이라면 방문일정에 수익률이 높은 한약방이나 보석상이 꼭 포함되므로 이럴 경우 미리 가이드와 상의해서 사전에 조정한다.

❺ 지나친 전문상점은 피한다.

모든 사람들이 유사한 쇼핑을 원하지는 않는다는 것에 유념한다. 특히 구성원들이 다양한 패키지상품의 경우 원하는 쇼핑의 형태가 상이하므로 다양한 상품이 구비된 상점을 선택하도록 한다.

❻ 전적으로 가이드에게 맡기지 않는다.

현지에서의 쇼핑은 주로 가이드가 주도하나, 사전에 TC와 의견을 교환하고 조율이 이루어져야 한다. 상점의 유형, 판매품목, 횟수 등은 반드시 협의한다.

❼ 구매를 강요하지 않는다.

현지에서의 쇼핑이 TC에게 도움이 된다는 것은 일반 여행객들도 잘 알고 있다. TC로서의 신의를 잃지 않도록 구매는 전적으로 본인의 의견에 맡긴다. 물건에 관해서도 함부로 평가하지 않는다.

❽ TC 자신의 과다한 쇼핑을 자제한다.

일부 TC의 경우 본인이 쇼핑하는 데 치중하여 일행은 뒷전인 경우도 있다. TC의 물건 다량 구매나 고가품 구매는 보기에 좋지 않을뿐더러 TC에 대한 신뢰를 떨어뜨리는 원인이 되기도 한다. TC는 일반인보다 엄격한 과세기준을 적용하므로 세관에서 문제가 될 수도 있다.

❾ 쇼핑하지 않는 일행을 차별대우하지 않는다.

모든 일행은 공평하게 대접받을 권리가 있다. 쇼핑액에 따라 일행을 차별한다면 TC의 자격이 없다.

❿ 쇼핑종료시간을 사전에 말한다.

쇼핑시간은 쇼핑하는 사람에게는 짧고 쇼핑하지 않는 사람에게는 길다.

8) 현지 출국업무

(1) 호텔퇴숙업무

① 항공편을 예약하고 재확인하여야 한다.
② 수하물의 개수를 파악하고 분실물이 없는지를 확인한다.
③ 체크아웃을 한 후 인원파악과 각자의 수하물을 확인하고 공항으로 향한다.

(2) 공항 탑승수속

① 호텔을 출발해서 공항까지의 이동시간 동안 버스 안에서는 남은 외화의 재환전 방법이나 공항면세점 이용방법 등과 귀국에 따른 여러 가지 주의사항을 전달한다.
② 공항에 도착하면 여행객들을 일정한 장소에 집합시켜 화장실, 은행, 면세점 등의 위치 및 출국수속 시간까지의 여유시간을 알려주고 탑승수속을 한다.
③ 국외여행인솔자나 현지 안내사가 짐을 운반할 때 치안상태가 좋지 못한 곳에

서는 여행객에게 부탁하는 것이 바람직하다. 이들에게 부탁할 사항은 운전기사가 버스에서 짐을 내리고 짐꾼이 운반할 때까지 짐에 오차가 없도록 확인하는 일이다.

④ 탑승수속은 출발할 때와 거의 같다. 화물의 중량이 초과되지 않도록 해야 하며, 짐이 초과할 경우에는 여행객이 별도의 비용을 부담해야 한다.

⑤ 탑승수속이 끝나면 탑승권과 화물인환증을 여행객들에게 나누어주며, 인원수를 확인한다.

9) 입 국

① 입국수속은 검역, 입국심사, 세관검사 등으로 이루어지며, 휴대품 및 별송품의 신고서를 사실대로 기입하도록 주지시켜야 한다. 이때 구입한 것뿐만 아니라 선물받은 것 등도 모두 기입해야 한다.

② 세관검사에는 언제나 협조해야 하며, 여행객 중의 한 사람 때문에 모든 여행객들이 의심받는 일이 없도록 정직하고 정확하게 신고하도록 주지시켜야 한다. 그리고 여행객이 귀국할 때 소지한 외국제품에 대해서는 일정한 면세기준이 있어, 이 범위를 초과하면 세금이 부과된다.

 면세와 과세통관의 범위

가. 면세통관

◆ 무조건 면세

- 주류 2병(전체 용량이 2L이하이고 총가격이 US$400 이하). 단, 술 2병의 합계 용량 또는 총가격이 면세범위를 초과한 경우라도 면세범위 내의 1병은 면세가능

- 담배 : 필터담배 200개비(보통 1보루), 전자담배 니코틴용액 20㎖(니코틴함량 1% 미만)
- 향수 : 60㎖
  • 해외 구매 니코틴용액 함량이 1% 이상이면 환경부 승인서류 및 통관 관련 서류를 요구할 수 있음
  • 만 19세 미만(출생연도 기준) 미성년자는 주류, 담배 면세 제외
- 여행객이 휴대하는 것이 통상 필요하다고 인정되는 것으로서 현재 사용 중이거나 여행 중 사용한 의류, 화장품 등의 신변용품과 반지, 목걸이 등 신체 장식용품(총구입가격이 US$800을 초과할 경우는 과세)
- 여행객이 출국할 때 반출한 물품으로서 본인이 재반입하는 물품
- 정부, 지방자치단체, 국제기구 간에 기증되었거나 기증될 통상적인 선물용품으로 세관장이 타당하다고 인정하는 물품

▶근거
  • 관세법 제96조, 관세법 시행규칙 제48조
  • 여행자 및 승무원 휴대품 통관에 관한 고시 제18~제21조

◆ 조건부 면세
  - 일시 입국하는 자가 본인이 사용하고 재수출할 목적으로 직접 휴대하여 수입하거나 별도 수입하는 신변용품 및 직업용품으로 세관장이 재반출 조건부 일시 반입을 허용하는 물품

◆ 1인당 면세금액
  - 여행자 1인당 현지구입가격 US$400을 과세가격에서 면세 : 두 개 이상의 휴대품 금액 합계가 US$400을 초과하는 경우에는 1인당 면세금액은 고세율 품목부터 적용. 신변용품이라도 외국에서 구입한 것은 과세가격에 포함 계산
  - US$400을 면제할 수 없는 경우 : 1인당 면세기준을 초과한 주류, 담배, 향수의 과세 시 적용불가. 판매를 목적으로 반입하는 상용물품에 대해서는 적용불가

– 1인당 US$400 면세 적용 시 고려할 사항 : 2인 이상의 동반가족이 US$400을 초과하는 물품을 1개 또는 1set를 휴대·반입할 때에는 1인 면세금액에 해당하는 US$400만 면세함

– 농림축산물 등의 면세통관 범위 : 농림축산물 등의 면세범위는 총량 40kg이내 전체 해외취득가격 10만 원 이내에서 다음의 품목당 기준에 따름(농림축산물 등의 면세금액은 1인당 면제금액에 포함). 단, 면세통관 범위 내라 하더라도 식물방역법 및 가축전염병예방법에 의한 검역대상물품은 검역에 합격된 경우에 한하여 면세통관됨

✔ **농산물 및 한약재의 면세한도는?**
■ 농림축수산물 및 한약재의 면세한도는 다음과 같으며 총량 40Kg 이내, 전체해외 취득가격 10만원 이내입니다
(식물 및 가축전염병예방법 대상물품은 검역에 합격된 경우에 한함).

❯ **농림축산물**

품목	면세통관범위	품목	면세통관범위
참기름	5kg	잣	1kg
참깨	5kg	소고기	10kg
꿀	5kg	기타	품목당 5kg
고사리, 더덕	5kg		

❯ **한약재**

품목	면세통관범위
인삼(수삼,백삼,홍삼 등 포함)	300g
녹용	150g
상황버섯	300g
기타 한약재	품목닝 3kg

❯ **한약**

품목	면세통관범위	한약 면세한도품목	면세통관범위
모발재생제(100ml)	2병	소염재(50T人)	3병
제조환(8g)	20병	구심환(400T人)	3병
녹용복용액(12앰풀)	3갑	소갈환(30T人)	3병
활락환	10알	안심봉황(10T人)	3갑
다편환(10T人)	3갑	삼편환	10알
백봉환	30알		

나. 과세통관

여행자휴대품으로 인정된 물품의 통관은 간이통관절차에 따르고, 여행자휴대품으로 볼 수 없는 물품은 일반수입통관절차에 따라 통관할 수 있다. 세금계산방법은 과세가격 × 세율 = 세금으로 하며, 과세가격은 물품구입 시 실제 지급한 영수증가격, 과세율은 관세, 내국세(특소세, 교육세, 농특세, 부가세 등)가 합산된 간이세율을 말한다. 따라서 과세통관의 경우, 구입 영수증을 세관에 제출하면 보다 신속한 세관서비스를 제공받을 수 있다.

여행자가 휴대하여 반입하는 물품으로서 여행자가 통상적으로 휴대하는 것이 타당하다고 세관장이 인정하는 물품은 여행자휴대품으로 간이세율을 적용하여 통관할 수 있으며, 전체 국외에서의 취득물품 가격이 US$400을 초과하는 경우 초과하는 금액에 대해 각 물품의 간이세율을 적용하여 과세통관할 수 있다.

전체 국외에서의 취득물품 가격이 US$400을 초과한다고 가정하고 제세를 산출하면 (전체 국외취득물품의 가격 − US$400) × 간이세율(통상적으로 20%) = 제세이다. 참고로 간이세율이 20% 이상인 물품은 프로젝션 TV(35%), 골프용품(55%), 녹용(45%), 향수(35%), 모피제품(30%), 의류(25%) 등이며, 주류는 100% 이상의 고세율이다. 관광객들이 많이 구매하는 품목의 구체적인 간이세율은 〈표 8-26〉과 같다.

〈표 8-26〉 통관물품의 간이세율

■ 관세법 시행령 [별표 2] 〈개정 2023.2.28.〉

품 목	간이세율
보석 · 진주 · 별갑 · 산호 · 호박 및 상아와 이를 사용한 제품(과세가격 463만원 초과시)	463만 원 초과하는 금액의 50% + 92만 6천 원
귀금속제품(과세가격 463만 원 초과 시)	
고급사진기(과세가격 185만 2천 원 초과 시)	185만 2천 원 초과금액의 50% + 37만 400원
투전기 · 오락용 사행기구 기타 오락용품	55%
수렵용 총포류	55%
녹용(함유량이 전체 무게의 100분의 50 이상인 것을 포함하며, 천연상태의 것은 제외)	45%
로얄제리(함유량이 전체 무게의 100분의 50 이상인 것을 포함하며, 천연상태의 것은 제외)	30%
수리선박(관세가 무세인 것을 제외한다)	2.5%

품 목	간이세율
모피의류 · 모피의류의 부속품(과세가격 431만 원 초과의 특소세 과세대상 제외)	30%
모피목도리 · 모자 등 기타 모피제품(과세가격 431만 원 초과의 특소세 과세대상 제외)	30%
가죽제의류 및 콤포지션레더제 의류	25%
가죽제 및 콤포지션레더제 장갑, 벨트 및 기타 부속품	25%
직물류, 자수포 및 양탄자 등 바닥깔개류 (도포직물 및 편물을 포함하며 특소세부과대상은 제외)	25%
재킷, 바지, 코트, 셔츠, 수영복, 메리야스, 브래지어, 거들 등 모든 의류와 스타킹류	25%
의류부속품 및 의류 또는 의류부속품의 부분품	25%
모포, 타월, 린넨, 커튼 등 실내용품과 텐트, 보자기, 청소용 포, 테이블보 세트 등	25%
신발류	25%
기타(고급모피와 그 제품, 고급융단, 고급가구, 승용자동차, 주류, 담배 제외)	20%

3. 정산업무

정산업무란 행사가 완료된 후 행사보고서를 작성하여 행사에 대한 수익과 지출을 근거로 회계적으로 결산하는 업무를 말한다. 이미 제시된 행사계획서와 단체조건 확정통보서 및 수배지시서 등의 내용과 실제 진행된 내용을 비교·검토하고 동시에 행사에 쓰기 위해 회사로부터 미리 영수한 전도금의 지출내역 및 행사와 관련된 여행시설업자에 대한 후불 관계 등을 기록하고, 당해 행사로 인해 발생된 수익(선택여행, 쇼핑, 사진, 항공권 등의 대매수수료, 기타 알선수수료)을 빠짐없이 기록하여 행사에 대한 손익을 계산한다.

〈표 8-27〉 T/C 정산서

해외관광행사 (예산 결산) 보고서

2020년　월　일

행 사 번 호		인 원		결재	계	대리	과장	실장	부장
단 체 명									
기　　간	2020.　.　.~2023.　.　.(박 일)								
행 선 지				인 솔 자					(인)

① 해외여행수탁금	구 분	요 금	인 원	금 액	비 고
	합 계				

② 해외여행참가금	가. 항공료	구 분	요 금	적용환율	금 액	인 원	합 계	비 고
		소 계						
	나. 차량비	지 역	일수	현지여행사명	요 금	인원	금액(USD)	합계(원)	비 고
		소 계							
	다. 기타비용	구 분	요 금	인 원	금 액	비 고
		공 항 세				
		보 험 료				
		진행요원일비				
		소 계				
	해외여행 참가금 합계(가+나+다)					

③ 알선대가 ①-②	④ 부가세예수금(③×1/11)	⑤ 여행알선수입(③-④)

〈표 8-28〉 T/C 출장보고서

T/C 출장보고서 (아주좋음 : VG, 좋음 : G, 보통 : S, 나쁨 : P, 아주나쁨 : VP)		담당	팀장	이사	전무	대표이사

행사번호 및 상품코드				행사기간					
인 솔 자				행사인원					
구 분 / 지 역 (기 간)		1.			2.			3.	
호 텔	호텔명 및 등급								
	부 대 시 설								
	SVC 수준/만족도								

		구분	식당명	종류	평가	구분	식당명	종류	평가	구분	식당명	종류	평가
	• 구분 : 조/중/석 • 식당명 • 종류 : 한식/현지식 /뷔페 등 • 식사순서대로 기록												

가이드	성 명 및 성 별				
	업무지식/성실도				
	차종 및 만족도				
현지사명 및 행사준비상태					
MEETING BOARD 사용					

※ 특이사항 및 인솔자 의견(특별한 내용은 별도용지를 사용하여 첨부 요망) :

※ 수배과 의견 :

여행보험 업무

1. 여행보험의 정의

여행보험은 여행의 주체인 여행객 자신의 생명과 신체에 관한 상해, 각종 수하물 및 화물에 대한 재산상의 손해를 보상할 필요가 있기 때문에 생명보험과 재산보험을 혼합한 개념이다. 따라서 여행보험은 "여행객이 여행 개시한 후부터 여행의 종료 시까지 물품의 파손이나 도난 등과 같은 각종 위험을 담보로 손해를 보상하는 제도"라고 정의할 수 있다.

여행객의 수가 양적으로 증가하면서 여행과 관련된 제반 문제, 즉 여행객의 사망, 질병, 조난, 납치, 수하물 및 화물의 도난이나 파손 등 갖가지 사고 또한 급증하고 있다. 따라서 「관광진흥법」은 제9조에서 "관광사업자는 해당 사업과 관련하여 사고가 발생하거나 관광객에게 손해가 발생한 경우에는 문화체육관광부령으로 정하는 바에 따라 피해자에게 보험금을 지급할 것을 내용으로 하는 보험 또는 공제에 가입하거나 영업보증금을 예치하여야 한다"고 규정함으로써 여행에 있어서도 보험이라는 용어가 등장하게 되었다. 보험은 다수의 사람들로부터 소액의 보험료를 갹출하여 일종의 공동기금을 마련한 후, 소수의 사람들이 우연한 손실을 당하였을 경우 갹출한 공동기금에서 보상해 주는 사회적 제도이다.

여행사(여행업자)는 여행 중에 발생할지도 모를 만약의 사태에 대비하고 여행객의 피해를 보상하며 여행사의 사회적 책임을 완수하기 위해 여행객들이 여행보험에 가입하도록 적극적으로 유도하여야 한다. 또한 여행 중에 보험처리가 가능한 사고가 발생했을 경우에는 사고를 증빙할 수 있는 입증자료를 준비하여 보험회사에 신고하도록 사전에 교육을 실시하여야 한다. 여행보험의 종류에는 해외여행보험, 국내여행상해보험, 휴가여행보험 등이 있다. 보험가입에는 피보험자의 성별, 나이 등에 제한이 없다.

2. 여행보험의 특징

여행보험은 일반보험과는 달리 여행객만을 대상으로 하는 보험으로서 저렴한 보험료로 사고 시에 고액의 보상을 받을 수 있으며, 여행에 필요한 기간만 가입할 수 있다는 점에서 다음과 같은 특성을 가지고 있다.

첫째, 여행보험은 여행 출발일로부터 여행이 종료되는 날까지의 여행기간 중에 발생한 위험만을 대상으로 하므로, 여행활동이라는 비교적 한정된 기간 내에만 보험이 적용된다. 따라서 여행이 종료되면 자동적으로 보험계약이 해지되는 소멸성 보험이다.

둘째, 여행이 대중화됨으로써 여행보험의 이용자는 일반 대중이라 해도 과언이 아니며, 타 보험에 비해 보험료가 비교적 저렴하여 경제적 부담이 적고, 가입절차 또한 간편하기 때문에 누구든지 여행보험을 손쉽게 이용할 수 있다는 점에서 대중성이 강한 보험이다.

셋째, 여행보험은 여행객의 신체상의 상해나 위험을 주된 업무로 하지만, 여행 중의 질병으로 인한 사망, 배상책임, 휴대품 및 긴급비용 등을 특별약관으로 담보하므로 여행객을 위한 일종의 종합보험이라 할 수 있다.

3. 여행보험의 가입방법

여행보험에 가입하고자 하는 사람은 보험회사의 본점, 지점, 대리점, 영업소 등을 방문하여 가입하는 것이 가장 바람직하지만, 전화 또는 팩시밀리 등으로 여행보험 가입을 신청한 후에 보험료는 은행 온라인(on-line)으로 송금하여 손쉽게 가입할 수 있다.

보험가입 시 계약자는 보험회사에 보험계약 청약사항을 사실대로 성실하게 알려주어야 사고 시 보험계약자와 보험회사 간의 분쟁을 방지할 수 있다. 여행객의 인적사항 이외에 여행객이 과거 질병을 앓은 적이 있는지 여부와 외국으로의 여행목적이 단순히 연수나 여행이 아닌 스쿠버 다이빙이나 암벽타기 등과 같은 위험한 운동을 하러 가는지 여부, 여행객의 직업, 여행기간과 아울러 여행보험 외 다른 보험에 가입한 경우에 가입한 보험종류와 보험가입금액 등을 상세히 알려주어야 한다. 또, 보험약관을 자세히 읽어보고 보상을 받을 수 있는 경우와 보상을 받을 수 없는 경우를 반드시 확인하고, 보험회사가 발행하는 보험증권 또는 영수증을 받아야 한다. 그리고 여행 시 여권과 함께 보험증권을 휴대하는 것이 바람직하다.

여행사의 여행상품을 구입하여 단체여행을 하는 경우에는 대부분 여행업자가 패키지상품에 해당 보험료를 포함시켜 판매하므로 여행업자가 일괄적으로 가입하는 것이 보통이다. 따라서 패키지상품을 구입할 때에는 여행보험에의 가입 여부를 확인해야만 한다.

여행보험의 가입시기는 여행을 출발하기 일주일 전에 가입하는 것이 통례이지만, 여행을 출발하기 전까지만 가입하면 된다. 만일, 국외여행 시에 출발 당일까지 가입하지 못하였을 경우에는 인천국제공항의 청사에 있는 여행객 보험창구에서 가입하고 출발하면 된다.

여행보험에 해당하는 작은 사고가 발생했을 경우, 현지에 보험회사의 지사나 보험증권에 기재된 외국 전문 손해사정업자가 있을 경우에는 현지에서 사고보고서를 제출하고 보험금을 청구하면 된다. 그러나 큰 사고가 발생했을 경우에는 시간이 많이 걸리므로 해당 국가의 경찰에 신고한 신고증명서 또는 물품도난신고서, 치료비 영수증, 의사의 진단서, 기타 필요하다고 인정되는 증빙서류 등을 구비하여 귀국한 후에 국내의 본사 또는 지점에 보험금을 청구하는 것이 좋다.

〈표 8-29〉 해외여행 보험가입신청서

보험가입신청	
보험종류	단기여행보험A-1 ▼
보험시작일	2023 ▼ 년 02 ▼ 월 01 ▼ 일 16:00 ▼ 시부터
보험만료일	2023 ▼ 년 01 ▼ 월 31 ▼ 일까지
▶ 피보험자(보험혜택자)의 성명과 주민등록번호, 직업, 건강상태를 입력하여 주십시오.	
성명	영문성명
주민등록번호	－
직업	선택하십시오. ▼
현재건강상태	좋음 ▼
▶ 피보험자(보험혜택자)의 주소 및 연락처를 입력하여 주십시오.	
한국주소	
해외주소	
E-mail	
자택전화번호	직장전화번호
해외현지전화번호	
휴대폰	
▶ 동반자의 성명,주민등록번호,보험종류를 선택하여 주십시오.	
동반자1	영문이름　　　　　 주민등록번호　　 － 　　 보험종류　선택하십시오. ▼
동반자2	영문이름　　　　　 주민등록번호　　 － 　　 보험종류　선택하십시오. ▼
동반자3	영문이름　　　　　 주민등록번호　　 － 　　 보험종류　선택하십시오. ▼

〈표 8-30〉 해외여행보험 보상내용 및 보험료표

	PLAN		A-1	A-2	A-3	A-4	A-5 15세 미만	A-6
보 상 한 도 액	상해 (Accident)	사망, 후유장애 Death & Impediment	2억 원	1억 원	8,000만 원	5,000만 원	5,000만 원	3,000만 원
		상해치료 Medical Expenses	3,000만 원	2,000만 원	2,000만 원	1,000만 원	1,000만 원	500만 원
	질병 (Sickness)	질병치료 Medical Expenses	2,000만 원	2,000만 원	1,000만 원	800만 원	800만 원	500만 원
		질병사망 Sickness Death	2,000만 원	2,000만 원	2,000만 원	1,000만 원	-	1,000만 원
	배상책임(면책금액 1만원) Personal Liability		3,000만 원	2,000만 원	2,000만 원	1,000만 원	1,000만 원	1,000만 원
	휴대품(면책금액 1만원) Baggage Endorsement		100만 원	80만 원	50만 원	30만 원	20만 원	20만 원
	특별비용 Rescuer's Expenses		1,000만 원	500만 원	300만 원	200만 원	200만 원	200만 원
	항공기납치담보 Aircraft Skyjacking		140만 원	140만 원	140만 원	140만 원	140만 원	140만 원
보 험 료	2일까지		11,360	8,030	5,920	3,690	3,500	2,290
	3일까지		14,120	10,040	7,400	4,610	4,370	2,860
	5일까지		22,720	16,060	11,840	7,390	7,000	4,590
	7일까지		28,400	20,080	14,810	9,24	8,750	5,740
	10일까지		31,250	22,090	16,290	10,160	9,620	6,310
	14일까지		36,930	16,100	19,290	12,010	11,370	7,460
	17일까지		39,770	28,110	20,730	12,930	12,250	8,030
	21일까지		45,450	32,130	23,690	14,780	14,000	9,180
	24일까지		48,290	34,140	25,170	15,710	14,870	9,750
	27일까지		53,970	38,150	28,140	17,550	16,620	10,900
	1개월까지		56,810	40,160	29,620	18,480	17,500	11,480
	45일까지		68,180	48,200	35,540	22,180	21,000	13,780
	2개월까지		85,200	60,250	44,430	27,720	26,250	17,220

해외여행 상해 위험 담보	질병 치료실비 담보 특별약관
사망 후유장해보험금 사고로 인한 사망 시 기본금의 전액을 지급하고 신체의 일부분을 잃었거나 그 기능이 마비되었을 때 후유장해보험금을 지급합니다.(단, 사고일로부터 180일 이내에 발생한 사망이나 후유장해)	여행 도중 발생한 질병으로 보험기간과 보험기간 만료 후 30일 이내에 의사의 치료를 받기 시작하였을 때 귀하가 지급한 실비를 보상하여 드립니다.(단, 180일 이내의 치료에 필요한 비용한도 내에서임)

사고발생 시 보험금 청구절차 및 요령

1) 사고발생 시 조치요령

(1) 상해사고나 질병 발생 시

- 자신이 가입한 보험사의 해외지사나 한국지사에 연락
- 의료기관 예약, 방문 치료 : 병원에서 진단서, 치료비 영수증 등을 구비함
- 약국에서 약을 구입하여 복용한 경우엔 영수증을 구비함

(2) 휴대품 도난사고 발생 시

- 도난사고 발생사실을 인근 경찰서에 신고
  - 공항에서 발생사실을 인근 경찰서에 신고
  - 호텔에서 도난사고 발생 시엔 프런트에 신고하여 확인증을 받아둠
  - 경찰서 등에 신고할 수 없는 상황인 경우엔 목격자를 확보하여 5W 1H 원칙
    에 따라 목격자 진술서를 받아둠
- 도난품명세서 등 작성(물품 구입 시 영수증 첨부)

(3) 배상책임 발생 시

- 대인 : 제3자의 신체손해를 증명하는 서류 및 병원치료 영수증
- 대물 : 제3자의 재물손해를 증명하는 서류 및 손상물 견적서

(4) 기타 사고 발생 시

현지에서 "청구서류 일람표"상의 서류를 구입한다. 사고발생일로부터 30일 이내에 본사 손해사정부에 직접 청구한다. 단, 대형사고이거나 긴급한 사항일 경우에는 가까운 현지지사 또는 한국지사에 연락한다.

2) 보험금 청구절차

(1) 현지에서 보험금 수령을 원할 경우(장기체류자 및 고액사고 발생자 등)

- 팩스(fax), E-mail, 또는 전화 등을 이용하여 가까운 현지지사에 연락
  - 필요서류는 청구서류 일람표 참조
  - 약관 뒤쪽에 있는 "보험금청구서양식"을 출력하여 보험금청구서를 작성한다.

[그림 8-5] AIG 보험 사례

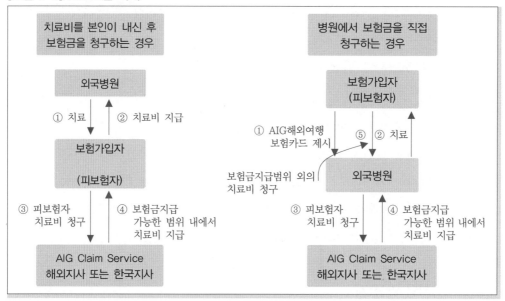

(2) 귀국 후 보험금 수령을 원할 경우

- 단기간의 여행이나 일정지역에 오래 머무르지 않는 경우 현지에서 필요서류를 구비하여 사고 발생일로부터 30일 이내에 청구함
- 절차
  ① 회사로 사고통보
  ② 회사에서 보험금 청구서류 안내
  ③ 피보험자 보험금 청구서류 회사로 송부

④ 보험금 지급

3) 청구서류 일람표

사고의 종류		필요한 서류	비 고
공통		• 보험증권사본 • 본인명의 통장사본 • 보험금청구서 • 여권사본	
상해 (질병)	사망	• 사망진단서(또는 사체검안서) • 피보험자의 호적등본 • 위임장(필요에 따라)	현지구비
	치료비	• 진단서 • 인근주민확인서(필요한 경우) • 치료비 명세서 및 치료비 영수증	현지구비 현지구비
배상책임	대인	• 제3자의 진단서 및 치료비 영수증	
	대물	• 손해증빙서류 및 손상물 수리견적서	
휴대품손해		• 사고증명서(도난증명서, 현지경찰확인서 등) • 손해명세서(손상물 수리견적서, 파손된 휴대품의 사진 등) • 피해품의 구입가격, 구입처 등이 적힌 서류	현지구비 현지구비 현지구비
특별비용		• 사고증명서(사망증명서, 입원확인서 등) • 지출된 비용의 명세서 및 영수증	현지구비 현지구비

인바운드 업무

CHAPTER

9

인바운드 업무

제1절 **인바운드 여행업무의 개요**

---

1. 인바운드 여행업무의 흐름

인바운드 여행(inbound travel)은 외국인의 국내여행이라고 정의할 수 있다. 인바운드 여행은 외국인의 국내여행을 유치한 국가의 정치·경제·사회·문화적 효과가 매우 크므로, 각국에서는 이의 극대화를 위해 많은 노력을 기울이고 있다. 우리나라도 1961년 8월 22일 우리나라 최초의 관광법규인 「관광사업진흥법」(이 법은 1975년 폐지되고, 「관광기본법」과 「관광사업법」으로 분리 제정됨)이 제정된 이래 지속적으로 외국인의 국내여행을 촉진시키는 노력을 하고 있다. 따라서 외국인의 국내여행 업무는 어떤 여행업무보다 국가적인 차원에서 중요시되고 있다.

인바운드 여행상품은 생산과 소비가 자국에서 이루어지며 판매는 타국에서 이루어지는 특징을 갖고 있어, 여행상품의 생산자와 여행객 간의 직접 거래관계를 형성하기 어렵기 때문에 현지의 외국여행사가 현실적으로 판매에 가장 중요한 역할을 하고 있다. 따라서 인바운드 여행상품 판매의 이상적인 형태는 주요 판매대상지역의 전 세계 각 도시에 판매지점(거점)을 설치하는 것이지만, 이것은 자본, 인력, 효율성, 생산성 등의 면에서 현실적으로 어려움이 따르기 때문에 불가능하다. 그러므로 해외시장에서의 판매활동은 외국의 여행사를 통해 이루어지는 특성이 있다.

인바운드 여행은 개인여행이나 단체여행을 불문하고 국외의 여행업자로부터 각종 통신수단, 즉 전화, 팩스, 인터넷 등을 통해 여행에 관한 문의를 접수받은 후부터 업무가 개시되는 셈이다. 이를 단계별로 살펴보면 〈표 9-1〉과 같다.

외국의 여행업자가 자국 내를 여행하고자 하는 고객을 모집하거나, 고객에 의해 의뢰를 받은 후 상담을 통해 국내여행의 여행일정을 작성함과 동시에 호텔, 식사, 교통 및 안내방식 등 제반 희망조건을 결정하여 국내의 여행업자에게 여행에 관한 문의를 접수받는다.

국내의 여행업자는 그 여정에 따라 고객이 희망하는 조건을 충분히 존중하면서 여러 각도에서 검토를 한다. 이때 고객은 해외에 거주하고 있기 때문에 국내의 여행사정에 어두운 면이 많으므로 무리한 요구인 경우에는 국내의 여행사정에 관련된 최신 정보를 제공하여 고객의 이해를 구하면서 요구를 수정하여 고객에게 최상의 여행이 될 수 있도록 여행일정 및 기타 숙박, 교통, 식사 등을 조정해야 한다.

해외의 여행업자가 최종적으로 여정, 여행비 및 여행조건에 대해서 수락하면 예약의뢰가 한국여행업자에게 도달된다. 이것이 외국인 여행업무의 판매계약이 성립되는 시점이며, 이 시점이 판매실무의 가장 중요한 요점이라고 할 수 있다.

〈표 9-1〉 인바운드 여행업무의 흐름

업자 단계	해외의 여행업자	국내의 여행업자	비 고
1	한국여행의 신청	문의에 대한 회신	판매계약은 성립되지 않음
2	회신에 만족, 필요한 예약을 의뢰한다.	예약의뢰에 입각한 수배를 완료한다.	판매계약의 성립과 체결
3	계약에 입각하여 여행비를 송금한다.	여행비를 수령한다.	외화 또는 이에 상당한 금액 수령
4	고객이 한국에 도착, 여행을 실시한다.	판매계약에 입각한 수배, 알선 등 필요한 서비스를 제공한다.	여행의 추가, 변경, 취소 등 발생
5	여행의 추가, 변경, 취소 등이 발생하면 상호 조정하여 최종적으로 정산업무를 완료한다.		

2. 판매업무

판매업무는 외국인 여행객을 유치하기 위해 외국의 여행사가 요청한 여행조건을 변경·조절하여 상품판매를 전담하는 업무이다. 따라서 외국인 여행객의 국내유치를 위한 가장 핵심적인 업무로 외국인 여행객의 국내여행일정표 작성, 여행상품의 원가계산, 국외지사 관리 등의 업무를 수행한다.

1) 자료수집 및 준비

자료를 수집하고 그것을 분류해서 비치하는 것은 판매부서의 종사원들에게는 매우 중요한 업무이다. 여행상품의 기획, 제작, 홍보활동, 요금책정 등은 비치된 자료에 근거를 두어야 하기 때문에 판매부서에 비치되어 있는 자료는 언제나 가장 최신자료이고 정확해야 한다. 일반적으로 외국인의 국내여행업무를 담당하는 여행사에서 수집·비치해야 할 자료는 〈표 9-2〉와 같다.

〈표 9-2〉 판매부서의 비치자료

상품·업체	세부사항
관광상품의 실태	• 각 상품에 대한 전문적인 지식 • 숙박시설에서 관광지까지의 교통편별 소요시간 • 관광지의 관람에 소요되는 시간 • 관광지 간의 교통편별 소요시간 • 특별 관광지의 휴일 및 금지사항 유무 • 기타 필요사항(휴게소, 매점, 화장실 등)
숙박시설의 실태	• 숙박시설의 실태 • 숙박시설의 주소 및 전화번호 • 숙박시설의 유형 및 등급 • 객실 종류별 객실 수 및 객실 요금 • 부대시설 및 이용요금 • 기타 필요사항(식사 종류 및 요금, 영업시간 등)

상품 · 업체	세부사항
교통기관의 실태	• 교통기관의 실태 • 국내의 항공편, 열차편, 고속버스편, 선박편 등의 등급별 · 구간별 시각표 및 요금 • 전세 버스 　– 주소 및 전화번호 　– 유형별 보유대수 　– 구간별, 시간별, 계절별 요금 　– 고속도로 및 각 구간별 요금 • 기타 필요사항(중형 택시 및 콜택시의 중요 구간별 요금, 렌터카의 사용요금)
음식점의 실태	• 음식업소의 주소 및 전화번호 • 규모 및 수용능력 • 식사 종류 및 요금 • 각종 음료의 요금 • 정기휴일 • 기타 필요사항(이용 인원별 요금)
특별업소의 실태	• 극장, 식당, 골프장, 스키장, 수렵장, 전망대, 케이블카 등의 위치, 규모, 수용인원 및 이용요금, 기타 필요사항
기타 사항	• 판문점, 카지노에 관한 사항 등

2) 판촉홍보물의 제작

(1) 협상요금(confidential tariff)

① 일반적으로 매년 1회(연초) 발행을 원칙으로 한다.

② 국외에 있는 여행업자가 국내의 여행업자에게 일일이 문의하지 않고도 국내여행의 지상경비를 계산할 수 있도록 세목별 여행비용 및 숙박비 등 각종 요금을 순요금으로 명시한다.

③ 협상요금 발행 여부와 그 정확성에 의해 국내의 여행업자는 국외의 여행업자로부터 명시한다.

④ 협상요금은 국외의 여행업자를 위한 것이며, 그 내용을 일반 여행객에게 보여주지 않기 때문에 컨피덴셜(confidential)이라는 단어를 쓴다.

⑤ 국외의 여행업자가 거래 전에 이러한 협상요금표를 최대한으로 이용하여 국내의 여행업자에 대하여 관심을 가지기 때문에, 정확하고 알찬 내용이 되도록 성실히 작성해야 한다.

(2) 여행 브로슈어(tour brochure)

① 국내의 여행업자가 국외의 여행업자를 위해서 발행하는 독창적인 선전물로 주로 연초에 1회 발행한다.

② 여행상품에 대한 개략적인 설명과 여러 종류의 여행일정표, 여행조건, 그리고 여행비용 등이 명시되어 있다.

③ 경우에 따라서는 그 나라 또는 여행상품에 대한 일반적인 내용, 즉 기후, 인구, 풍속, 식사관계, 교통기관, 출입국 수속 등에 대해서도 명시한다.

(3) 블러틴(bulletin)

공표요금과 여행 브로슈어는 일반적으로 1년에 1회만 발행하는 데 반해 국내의 여행사정이나 여행비용 등은 수시로 변경된다. 이러한 변경이 발생할 때마다 거래처인 국외에 있는 여행업자에게 가급적 빨리 통보하여 상대방의 편의를 도모하고, 쌍방 간에 야기될 수 있는 문제를 사전에 방지해야 한다. 따라서 국외에 있는 여행업자와 지속적으로 연락을 취하기 위하여 월 1회 이상 또는 부정기적으로 블러틴을 발행해야 한다.

3. 판매업무과정 및 처리요령

1) 여행의뢰 접수

(1) 여행의뢰 접수방법

여행의뢰의 접수방법에는 다음과 같은 여러 가지 방법이 있다.

① 직접면담에 의한 접수
② 국제전화에 의한 접수
③ E-Mail에 의한 접수
④ 팩스(fax)에 의한 접수 등

여행의뢰서가 접수되면 단체명, 인원수, 입국 항공편 및 출국 항공편, 여행기간, 여행목적, 여행일정, 예상 여행비용, 특별한 수배·예약사항, 희망하는 숙박시설 및 객실 사용조건, 식사횟수 등을 확인하고, 불명확한 경우에는 여행의뢰 담당자에게 문의해야 한다.

(2) 접수번호 부여 및 접수대장에 기장

여행의뢰가 접수되면 즉시 접수번호를 부여하고, 소정양식의 접수대장에 기장하여 앞으로 행사일정의 추진을 용이하게 한다.

접수번호를 부여하는 방법에는 여러 가지가 있지만, 유치 인원수와 단체가 많아지면서 이에 따른 업무도 복잡해짐에 따라 접수일자에 의한 방법보다는 행사일정에 중점을 두어 표기하는 방법이 보다 바람직하다.

〈표 9-3〉 여행조건서

Terms & Conditions
Payment Policy
Full Payment must be made no later than 7 days prior to departure. Penalties for cancellations received prior to departure 7 days or more prior-10%, 6~4 days-20%, 3~1 days-50% of total tour cost
Included
Hotel : half twin accommodation on twin or double occupancy All admission, meal, transportation are included as specified itinerary Accompanied by English or Japanese speaking guide. (Other language guide service depends on request)
Not Included
Gimpo airport departure tax KRW 9,000(about $8) per person. Other personal expenses such as laundry, beverage, tips for a guide and a driver, etc.
Responsibility
Kukil shall not be liable any injuries, damages and losses caused by unvoidable accidents and events beyond the control except operational mistakes of Kukil. Kukil reserves the right to change and cancel the tour itinerary under such circumstances beyond its control.

(3) 파일 작성과 보관

파일은 국외에 있는 여행업자에게 발송하거나 접수한 행사와 관련된 각종 문서와 자료를 철하여 작성된다. 행사의 모든 내용은 파일을 통해 알 수 있으므로 일관성이 있도록 파일을 정리하여야 한다. 파일은 단체별로 작성되며, 한 행사가 종료되면 안내보고서 및 정산보고서 등도 여기에 함께 보관한다.

① 파일은 여행업자가 외래 관광객을 취급하는 데 가장 기본이 되는 자료이며, 이것은 최소한 3년 이상, 필요에 따라서는 5년까지도 보관해야 하기 때문에 특별히 신경을 써야 한다.

② 타 부서나 통역안내사가 파일 열람을 요청해 올 때에는 반드시 소정의 열람절차에 의해서 이루어져야 하며, 반환 여부를 꼭 확인해야 한다. 또, 퇴근할 경우에는 모든 파일을 파일 보관함에 보관하고 자물쇠를 잠그도록 하여 분실을 방지해야 한다.

③ 파일을 분류 및 색인하는 데 편리하도록 사전에 파일 좌측 상단부에 홍색, 청색, 황색, 녹색 등의 색지를 붙여 월별 표시를 하는 것이 좋다.

④ 파일에 문서를 철할 때에는 오른편에 대내외 및 접수와 발송 구분 없이 처리순서대로 일괄해서 철하는 방법과 수신 서류는 오른편에, 발송서류는 왼편에 처리 순서대로 철하는 방법 등 두 가지가 있다.

2) 수배의뢰 및 확인서 접수

(1) 수배의뢰서 발행

국외의 여행업자로부터 접수한 여행의뢰조건에 따라 판매부서에서 수배부서로 협조를 요청하는 최초의 대내업무이다. 준비된 소정양식에 따라 정확히 기재하되, 다음 사항에 특히 유의해야 한다.

① 수배의뢰의 신규, 변경, 취소 등의 구분을 명확히 표시해야 한다.

② 의뢰일자를 명기함으로써 수배부서에서 확인서를 보내올 때의 일자와 비교할 수 있고, 수배업무의 신속성을 기할 수 있다.

③ 숙박란 기재 시 업소명, 객실종류, 객실 수(2인 1실 또는 1인 1실 등도 표시)를 명기해야 하며, 특정 숙박업체를 지정받았을 경우에는 '지정'이란 문구를 표기해 반드시 지정받은 업체를 예약·수배함으로써 국외여행업자의 기대에 부응할 수 있도록 한다.

④ 특별한 수배사항이 있을 경우에는 수배부서에 주의를 환기시킨다는 의미에서 붉은색으로 밑줄을 긋는다.

⑤ 기타 식사, 교통편 등도 상세히 명기해서 수배부서에서 착오를 일으키지 않도록 한다.

⑥ 책임소재를 명확히 하기 위해 담당자의 서명 날인과 책임자의 확인 날인을 잊어서는 안 된다.

(2) 수배확인서 접수

수배확인서는 판매부서의 의뢰에 대한 수배를 완료했다는 최종 통보서이다. 일반적으로 수배의뢰서가 백색용지인 데 반해, 확인서는 유색용지를 사용하는 경우도 많다. 확인서를 접수했을 경우에는 ① 수배의뢰 내용과 일치 여부, ② 누락된 사항, ③ 숙박, 식사, 교통, 기타 특별 수배사항 등에 대한 수배담당자의 확인일자와 검인 여부, ④ 수배책임자의 확인 날인 여부 등을 검토해야 한다.

〈표 9-4〉 수배의뢰서

수 신 :				
1. 상 품		2. 기 간		
3. 수배구분	A. 수 배	B. 변 경	C. 취 소	D. 기 타
AIR SCHEDULE				
HOTEL				

1		11	
2		12	
3		13	
4		14	
5		15	
6		16	
7		17	
8		18	
9		19	
10		20	

비 고

〈표 9-5〉 수배(의뢰, 확인)서

년 월 일						(신규 · 변경 · 추가)		
행사번호 F						회 원		
행 사 명						알선기관		
입국	월	일	편	시	분	출국 월 일 편 시 분		

	월 / 일	호텔명	객실수	요금	비고
호 텔					

	월 / 일	차종	대수	대기장소	시간	요금	비고
교 통							

	월 / 일	시	분	업소명	요금	비고
식 사 · 쇼 · 기 타						

특기사항		
	의뢰자	
	회답자	

〈표 9-6〉 수배의뢰 · 확인서

NEW	REVISED	CXD	수배 의뢰 확인 서		담당	과장	부장

TOUR TIME			TOUR NO.		AGENT	

PAX		期間 : 2023年　月　日(　便)~2023年　月　日(　便)					
HOTEL			MEALS				

DATE	HOTEL	SWB	TWB	TWIN S/USE	B'FAST	LUNCH	DINNER

TRANSFER			TIME	DESTINATION	
DATE	BUS Co. & No.	PLACE			

판문점			GOLF		
열 차					
PTY					

의뢰일자 : 2023.　　.　　.
의 뢰 자 :

3) 일정표 작성

일정표의 핵심은 가장 편리하고 유익하며, 즐겁고도 저렴한 비용으로 여행객의 욕구를 충족시켜 줄 수 있는 일정이어야 한다. 일정표를 작성할 때에는 여행목적, 여행기간, 여행경비 중 어느 것에 가장 중점을 둘 것인가에 관해서 국외의 여행업자와 충분히 사전 협의하고, 여행객의 심정과 입장이 되어 작성해야 한다. 여행의뢰자와 협의하지 못할 경우에는 가장 보편적이고 타당성 있는 일정표를 작성하여 충분한 설명을 해줄 수 있어야 한다. 국내여행업자의 입장에서는 우리나라 관광의 건전한 발전을 전제로 한 합리적이고 신뢰성이 높은 일정이 되도록 힘써야 한다.

〈표 9-7〉 여행일정표(일본)

月/日(曜)	都市	交通機關	發着時間	觀光·祝祭·視祭·その他	食 事	
第 1 日 (　)					晝食 夕食	
	宿泊ホテル：					
第 2 日 (　)					朝食 晝食 夕食	
	宿泊ホテル：					
第 3 日 (　)					朝食 晝食	

團体名 ：

4) 여행경비 산출

외국인의 국내여행업무에서 여행경비라 함은 여행객이 목적국에 도착하여 영접 서비스를 받는 것부터 시작해서 일정을 모두 마치고 출국하는 환송 서비스까지 국내 체재기간 중에 있어서 개인경비를 제외한 여행조건에 명시된 일정의 수행에 소요되는 지상경비를 말한다. 여행경비의 산출근거는 일정표이므로 일정표와 여행경비는 언제나 불가분의 관계가 있다는 것을 명심해야 한다.

이러한 여행경비 산출방법에는 각 항목별로 1인당 요금을 기준으로 요금을 산출해서 총항목을 합산하는 방법과, 각 항목별로 전체 인원의 요금을 계산해서 총항목을 합산하여 다시 총인원으로 나누는 방법 등의 두 가지가 있다.

5) 여행조건서 발송

여행조건서란 국외여행업자의 의뢰에 대한 국내여행업자의 최종적인 확정회보를 말한다. 국외여행업자에게서 별다른 재조정 의뢰나 변경요청이 없으면 이것이 곧 계약조건이 되고, 국외여행업자의 승낙으로 여행계약이 성립된다. 이때 일정표를 첨부해야 한다.

이것은 앞으로 단체업무의 중요한 기본자료이기 때문에 작성에 신중을 기하고, 발송에도 신경을 써야 한다. 작성양식에 누락 부분이 없도록 하며, 특기사항 등 외국 여행업자의 주의를 환기시켜야 할 항목이나 사항은 붉은색으로 밑줄을 표시한다.

6) 단체조건 확정통보

단체조건 확정통보는 판매부서에서 최소한 여행단체가 입국하기 일주일 전에 이제까지의 거래관계의 내용을 최종적으로 종합한 문서이다. 단체조건 확정통보는 수배부서의 행사예산서 및 행사지시서 작성의 근거가 되며, 안내사의 단체행사 취급의 지침이 된다. 특히 요금에 포함되는 사항과 포함되지 않는 사항을 재점검하며, 작성일자와 작성자, 확인자의 서명 날인으로 책임소재를 명확히 해야 한다.

〈표 9-8〉 단체조건확정통보서

단체조건확정통보서 (작성)			담당	과장	부서장
번호		단체명		대리점	
입국	/ － 편(:)	출국	/ － 편(:)		
인원	+ =	요금	¥ →	지불	현불 ( ) / 후불 ( )

HOTEL 예약 RMS 조건					
/ · HTL : RMS ( )			조식	중식	석식
/ · HTL : RMS ( )					
/ · HTL : RMS ( )					
/ · HTL : RMS ( )					
/ · HTL : RMS ( )					
AIRPORT TAX ( )					

	/	차 종	대 수	배차시간	일 정	포 함	불포함
일정및교통	/						
	/						
	/						
	/						
	/						
	/						

	/	~	KE－ 편	:	~	:
인원	/	~	KE－ 편	:	~	:
	/	~	호 등	:	~	:
	/	~	호 등	:	~	:

참고·지시사항	
T/C	GUIDE(지명) :

7) 행사예산서 작성

행사예산서는 다음과 같은 방법에 따라 작성한다.

① 단체조건 확정통보서에 기재된 여행경비를 일단 원화로 계산한다.
② 소정양식에 여행조건에 명시된 항목에 따라 실제로 지급되는 금액으로 계산해서 단체행사에 소요되는 총지출액을 산출한다.
③ 여행경비의 원화환산 총액과 실제로 지출되는 총액을 대조해서 손익관계를 계산한다.
④ 그 결과를 판매부서에 통보해서 앞으로 판매에 참고하도록 한다.
⑤ 행사예산서를 작성할 경우, 각 항목마다 관광지에서의 현지 지급액과 후불액을 구분하고, 현지 지급액은 통역안내사가 가지고 갈 수 있도록 사전에 관리부서에 신청해 두어야 한다.
⑥ 여행객에게 배부할 일정표도 사전에 인쇄를 의뢰해서 준비해야 한다.

8) 행사지시서 작성과 발행

행사지시서는 통역안내사가 단체행사를 취급하는 데 필요한 구체적인 지시서이다. 숙박, 교통, 식사, 기타 특별 수배사항, 주의사항 등을 각 항목별로 누락되지 않도록 명확히 작성하고, 최종 확인책임자가 서명 날인을 한다.

〈표 9-9〉 확정통보 및 행사안내지시서

월 일									안내사 :	
번호				행사명					대리점	
입국	/	착 편			기본(인 1실)			인 원	+ =	
출국	/	발 편		요금						
국내선	/							공항세	포함 불포함	
열차	/							회 비	현불 후불	

숙박 및 식사	월 / 일	호텔명	예약수	실료	조식 (호텔)	중 식		석 식		배정업소명
						장소	금액	장소	금액	
	/									석식회
	/									
	/									쇼 핑
	/									사 진

지상교통편	월 / 일	차종	대수	회사명	배차시간	사용구간	요금	비 고
	/							
	/							
	/							
	/							
	/							

현금지불내역	항목	금액	항목	금액	항목	금액
	입장료		안내숙식		예비비	
	포터비		운전숙식			
	주차 및 고속		안내교통비			
	일정표		안내수당			
	국내선		보조수당			
	열 차		공 항 세		총가급액	원

결재	인원 종류			인원 종류		
	KTR			시내반일		
	민속촌			석식회		
	GOLF					

특기사항	

옵션	판 매 과			수 배 과			관 광 과			이 사
	담당	대리	과장	담당	대리	차장	담당	대리	차장	

〈표 9-10〉 안내보고서

작성연월일 :		입국인원(+)				작성자 : (인)		

행사번호		인 솔 자	소 속 :
행 사 명			성 명 :
입 국 출 국	2023년 월 일 편 2023년 월 일 편		여권번호 :

일 자	숙 박	교 통	식 사				행사내용
			종 류	장 소	메 뉴	인 원	
월 일 ( )	HTL T/B D/B 기간	회 사	B				
		종 별	L				
		대 수	D				
		구 간	P				
월 일 ( )	HTL T/B D/B 기간	회 사	B				
		종 별	L				
		대 수	D				
		구 간	P				
월 일 ( )	HTL T/B D/B 기간	회 사	B				
		종 별	L				
		대 수	D				
		구 간	P				
월 일 ( )	HTL T/B D/B 기간	회 사	B				
		종 별	L				
		대 수	D				
		구 간	P				
월 일 ( )	HTL T/B D/B 기간	회 사	B				
		종 별	L				
		대 수	D				
		구 간	P				
안 내 원 의 견							

9) 안내보고서 접수처리

단체행사가 완료되면 통역안내사로부터 안내에 대한 구두보고 및 소정양식의 안내 보고서를 접수하고, 판매에서 확정통보한 내용과 일치하는지, 또는 행사진행 중에 특별히 국외여행업자에 대해서 처리해야 할 문제가 있는지 등에 관해서 검토하여 앞으로도 지속적인 판매증진을 꾀해야 한다.

10) 단체취급 결과보고

통역안내사의 구두보고 및 안내보고서를 참고로 해서 국외여행업자에게 해당 단체의 취급결과를 통보해 주는 것이 일반적인 업계 상호 간의 관행이다.

만약 행사진행상의 문제로 뜻하지 않는 클레임(claim)이 발생하였을 경우에는 그 당시의 상세한 상황을 국외의 여행업자에게 납득할 수 있도록 기술해야 하며, 본의 아닌 오해와 불신을 초래하는 일이 없도록 사전에 대비한다.

11) 정산서(invoice) 발송

행사가 완료된 후 여행경비가 후불일 경우에는 반드시 해당 정산서를 작성하여 인솔자인 국외여행 안내사에게서 받은 바우처(voucher)나, 후불확인서 등을 첨부하여 국외의 여행업자에게 발송하여 여행경비를 신속히 회수하도록 한다. 미수금의 장기화로 회사에서 자금압박을 받는 경우가 많으므로 정산서를 적기에 발송하는 것도 중요하고, 회수가 늦어지는 경우의 관리도 매우 중요하다. 이러한 업무는 판매부서에서도 관심을 가지고 추진해야 하나, 주로 관리부서에서 미수금관리를 담당한다.

〈표 9–11〉 정산서

TO : _____	INVOICE 請 求 書	Date : _____

Tour Name : ツアー名	Tour Duration : 期間	
Tour Code :	Night(s) 泊	Day(s) 日

A. Basic Quotation (+) 基本会費 日本¥ × ＝日本¥	B. Extra Charge 追加料金
C. Reduction 控除	
	Total Amount 合 計 (A+B+C) 日本¥

下記銀行の㈱ 旅行社口座に御送金下さい	
第一＠＠銀行 SEOUL支店 口座番號 10327 DAICHI KANGYO BANK SEOUL BR. 10327	
KOREA EXCHANGE BANK SEJONGNO BR. Acc't #059JCD 700011(US$) 韓國外換銀行世宗路支店 口座番號 #059JCD 700029（¥）	

＠乘員確認印 Tour Conductor	担＠案內員印 Local Guide	精算者印 Accountant

제2절 예약·수배 업무

1. 예약·수배 업무의 중요성

여행객이 낯선 곳으로 여행을 떠날 때에는 여행에 따르는 여러 가지 불편을 덜고 편의를 제공받기 위해 여행사를 찾게 된다. 이때 여행사는 고객의 신청에 의해 원하는 여행목적지나 운송기관, 숙박시설 등을 사전에 예약해 줌으로써 여행에 필요한 각각의 요소들을 확보할 수 있다.

이와 같이 예약·수배는 여행객이 여행일정에 따라 원활한 여행을 할 수 있도록 항공기, 전세버스, 기차, 선박 등 교통편과 호텔, 여관 등 숙박시설의 예약 및 기타 여행에 필요한 서비스를 예약하는 것을 의미한다. 따라서 예약·수배를 통하여 다양한 여행요소가 통합되어 하나의 여행상품이 형성된다.

여행상품은 눈에 보이지 않는 무형상품이므로 무엇보다도 예약과 수배는 정확하고 친절하지 않으면 안 된다. 최근에는 항공사, 호텔, 철도 등의 예약시스템이 전산화되어 있어서 예약시스템을 이용하여 여행객들의 다양한 욕구를 신속하고 정확하게 충족시키고 있다. 즉 교통편의 예약이나 호텔예약은 물론, 현지에서 관광활동에 필요한 버스, 식사 등을 전산시스템을 이용하여 예약하고 있다. 예약·수배업무의 내용과 범위는 여행업의 규모, 기능, 조직에 따라 차이가 있으나, 규모가 큰 업체일수록 업무가 분업화되고 업무내용도 세분화된다.

예약·수배업무의 흐름도는 [그림 9-1]과 같다.

[그림 9-1] 수배업무의 흐름

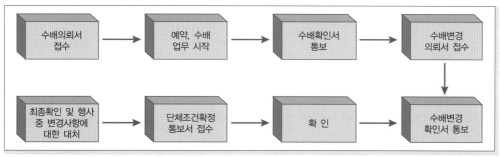

2. 예약 · 수배의 원칙

예약 · 수배업무를 다루는 사람에게 있어서 가장 중요한 것은 정확성과 친절이다. 따라서 여행업의 예약담당 직원은 고객의 요구사항을 철저히 파악하여, 그들의 욕구를 충족시킬 수 있는 친절한 서비스를 제공해야 한다. 또한 보다 우수한 전산예약시스템을 활용함으로써 고객에게 신속하고 정확한 예약서비스를 제공할 수 있어야 한다. 예약 · 수배 담당자가 예약과 수배를 할 때 지켜야 할 기본적인 자세는 다음과 같다.

1) 정확성

수배의뢰서의 기재내용과 기재사항 및 여행상품에 대한 고객의 희망 및 요구사항을 정확하게 이해하여 이에 대한 서비스를 제공해야 한다. 특히 여행 관련시설과 교통기관 등의 이용날짜와 이용시간 및 좌석의 등급을 정확하게 기록하고, 이를 고객이 다시 확인하도록 해야 한다.

2) 신속성

고객의 요구사항을 항공사, 호텔 등에 신속하게 연락해야 한다. 이를 위해서는 사전에 수배의 순서를 정하고 수배의뢰서를 접수한 다음 승차권, 탑승권, 숙박권 등의 구입을 시작해야 한다. 항공사나 호텔 등으로부터 수배사항에 대한 회신이 늦어질 경우에는 진행상황을 연락하여 고객의 불안감과 불평을 줄일 수 있다.

3) 신뢰성

예약·수배에 관계되는 모든 업무처리는 그 담당직원이 친절하게 예약상황을 명확히 알려줌으로써 고객에게 믿음을 주어 신뢰성을 확보할 수 있어야 한다.

4) 간결성

수배사항의 기재는 필요한 사항을 간단하고 명료하게 해야 하며, 시간을 낭비해서는 안 된다.

5) 확인 및 재확인

예약·수배업무를 담당하는 직원은 반드시 예약사항의 변경, 착오, 누락이 없는지를 수시로 확인해야 한다. 아무리 정확·신속하고 적절하게 수배되었다 하더라도 이의 확인이 없다면 그 신뢰성이 떨어질 수 있다.

시각표와 요금표 등에 관해서 변경사항이 없는지를 수시로 확인해야 한다.

3. 예약·수배업무의 처리요령

1) 수배의뢰서 접수

① 수배의뢰서는 절대로 보류하지 말아야 한다.
② 접수 즉시 수배순서를 결정하고, 예약업무에 착수해야 한다.
③ 각종 통계자료를 작성하고, 대외보고서 작성의 준비작업에 만전을 기해야 한다.

2) 예약업무 시작

① 수배의뢰서의 내용을 충분히 이해하고, 예약사항을 누락시키지 말아야 한다.

② 각 사항의 예약에 대한 상대방의 승낙이 있을 때에는 승낙 일자와 담당자의 인적사항을 명기하여 책임소재를 명확히 하는 것은 물론, 재확인 시에 참고로 해야 한다.

③ 요청한 사항의 예약이 어려울 경우에는 즉시 대안을 강구하고 판매부서와 협의한다.

④ 예약에 상당한 시간이 소요될 경우에는 사전에 중간보고를 통해서 작업이 진행 중에 있음을 알려야 한다.

3) 수배확인서 통보

예약이 이루어지고 확인이 끝나면 즉시 소정양식에 따라 수배확인서를 작성하여 판매부서에 예약이 완료되었음을 통보한다.

① 각 항목별(숙박, 식사, 기타 특별 수배사항 등)로 예약일자와 해당업소의 확인서, 확인자 성명 및 수배부서 내부의 예약자 성명 등을 명기해야 한다.

② 수배부서 책임자의 확인 서명을 반드시 명기해야 한다.

③ 수배확인서를 발송한 후에 부득이한 사정으로 변경사항이 발생한 경우에는 즉시 변경사항에 대한 변경통보서를 발송해야 한다.

4) 확 인

확인과 재확인은 그 횟수가 많을수록 좋다. 완벽하게 예약되고 확인된 사항이라도 안심하고 방치해 두면 어느 사이에 변경되거나 취소되는 사례가 자주 발생한다. 따라서 타사와의 경쟁에서 이기기 위해, 그리고 국외의 여행업자에 대한 공신력을 높이기 위해서도 확인 및 재확인작업은 수배업무에 꼭 필요한 작업이다.

5) 단체조건 확정통보서 접수

단체조건 확정은 단체행사 시작 일주일 전에 판매부서에서 통보된다. 이것은 하나의 여행행사가 확실하게 성립되어 단체가 입국한다는 최종적인 통보서이다. 여기에는 여행조건, 여행경비, 여행일정 등 행사진행에 필요한 모든 사항이 상세하게 기술되어 있다. 이것은 행사예산서의 기초자료가 되기 때문에 그 내용을 완전히 숙지하여 이해하고 있어야 한다.

6) 최종 확인 및 행사변경사항에 대한 대처

행사지시서의 발행 등 모든 절차가 완료되면 즉시 예약확인사항에 대한 이상 유무를 최종적으로 확인한다. 여행단체의 입국 시 대체로 인원수, 항공편, 일정 등의 변경이 있게 마련이다. 통역안내사의 즉각적인 보고에 의해 판매부서로부터 변경사항이 통보되어 올 경우, 이에 대처할 수 있는 준비자세를 갖추고 있어야 하며, 필요할 때에는 즉시 현장에 달려가야 한다.

행사 중의 변경사항에 대해서 얼마나 신속하게 대처할 수 있느냐 하는 것도 행사의 성패에 큰 영향을 준다. 따라서 판매부서는 물론 수배부서에서는 항상 통역안내사의 입장에 서서 모든 업무를 수행하여 단체행사가 차질없이 진행되도록 해야 한다.

4. 숙박시설의 예약 · 수배

여행객이 여행 중에 경유지나 목적지에서 체재할 숙박시설을 확보하는 일은 항공편의 좌석을 확보하는 일만큼이나 중요하다. 호텔객실이 여행 출발 전에 예약되어 있지 않으면 비록 항공좌석이 예약되었다 하더라도 불안감을 가지고 여행을 떠나게 된다. 경우에 따라서는 호텔객실이 확보될 때까지 항공여행을 연기하거나 포기해야 한다. 따라서 사전에 여행객의 취향과 요구에 맞는 숙박시설을 예약하는 것은 중요한 업무 중의 하나이다. 숙박시설의 예약은 여행객의 특별한 요구사항이 없을 경우 여행의 목적, 종류, 여행객의 성향 등을 고려하여 가능한 한 예산범위 내에서 예약한다. 예약 시 호텔 측에 통보할 내용에는 숙박기간, 객실형태, 고객명단, 성별, 인원수, 도착시간, 숙박요금, 희망 객실 수, 무료 객실의 유무, 연회장 사용 유무 등이 있다.

예약 시 단체가 호텔에 늦게 도착할 수도 있으므로 이러한 경우에도 예약이 취소되지 않도록 유의해야 한다. 따라서 호텔 도착이 늦어질 경우에는 사전에 호텔에 연락해야 한다. 한편, 성수기에는 각 호텔의 초과예약(overbooking)이 보편화되어 있으므로 사전에 보증금을 예치하는 것이 안전하다.

5. 교통기관의 예약 · 수배

1) 국내 항공기 예약

여행객으로부터 항공좌석 예약을 요청받았을 때에는 탑승자명, 탑승일, 항공기 편명 및 탑승구간, 항공권 발권일, 연락처 등을 항공사에 통보하고 예약을 의뢰한다.

예약을 의뢰한 다음에는 예약가능 유무를 확인하고, 예약이 완료되면 예약번호와 예약접수자를 기록한다.

2) 철도 예약

여객운송계약의 성립은 별도의 의사표시가 없는 한 여객이 소정의 운임을 지급하고 승차권을 교부받았을 때 성립한다. 매표 후 여정이 취소되었을 경우에는 환급기간에 따라 환급료를 지급해야 한다. 기차 전세의 경우는 전세 여객운송신청서에 일정, 행로, 성격, 시간, 구간 등을 기입하여 역장이나 지방철도청장에게 승인을 받아야 한다.

3) 버스 예약

전세버스는 보통 단체가 출발하기 최소 일주일 전, 최대 1개월 전에 예약하며, 출발 전일에는 차량번호와 기사 이름, 차량 대기장소를 구체적으로 배차표에 기입한다.

예약 시 전세버스 회사에 통보해야 할 사항으로는 예약단체명, 배차장소, 승차인원, 여정, 차종, 요금 및 지급조건, 배차대수 및 시간 등이 있다.

6. 기 타

숙박시설, 교통기관의 예약·수배뿐만 아니라, 외국인의 국내여행 중의 식사 예약·수배는 매우 중요하다. 예약·수배담당자는 여행일정표에 명시된 시간을 참고하여 가장 이용하기 쉽고 편리한 장소의 식당을 예약·수배해야 한다. 대부분의 예약·수배업무는 외국인이 입국하기 전에 완료되어야 하지만, 일부분은 그들의 도착 후에 발생되는 것도 있다. 즉 원래의 일정에는 없었지만 현지에 도착해서 고객의 요청에 의해 발생되는 선택여행(optional tour)의 예약·수배가 그것이다. 골프, 승마, 수렵, 낚시, 극장, 연극 관람의 예약·수배 등이 이에 속한다.

제3절 **관광통역안내 업무**

---

1. 관광통역안내사의 자세

1) 성실과 진실

여행안내를 위해서는 무엇보다도 성실하고 진실된 마음을 갖추어야 한다. 관광통역안내사가 여행 전반에 대한 풍부한 지식과 뛰어난 안내능력을 지니고 있다 하더라도 안내에 성실하지 못하고 진실성이 결여되어 있으면 고객은 관광통역안내사를 신뢰하지 않는다. 그러므로 관광통역안내사가 좋은 여행안내를 하려면 진실된 마음과 성실을 바탕으로 고객과 상호 신뢰하는 관계를 형성하여야 한다.

2) 친절과 환대

친절과 환대는 안내를 할 때 없어서는 안 될 조건이다. 여행에 참가하는 대다수의 고객들은 여행을 통해 편안한 휴식과 즐거움을 추구하게 되므로, 관광통역안내사는 이들에게 항상 친절한 태도로 즐거움을 베풀 수 있어야 한다.

3) 신속과 정확

여행객은 대부분 바쁜 여행일정을 보내게 되므로 관광통역안내사의 순간적인 판단이나 신속한 행동이 요구되는 경우도 흔히 발생한다. 이러한 경우에 대비하기 위하여 평상시 다양한 사례연구를 통해 신속히 대처하는 방법을 연구해 두어야 한다. 또, 여행지의 교통사정 등 최신의 여행자료와 정보를 수집하여 신속하고 정확한 안내를 할 수 있어야 한다.

4) 단정한 복장과 예의바른 태도

좋은 서비스를 제공하기 위해서는 친절하고 성실하며 신속해야 하는 동시에 안락하고, 편리하고, 청결해야 한다. 따라서 관광통역안내사는 몸을 깨끗이 하고 복장을 단정히 하여 고객에게 항상 깨끗하고 밝은 이미지를 심어주어야 한다. 고객을 접대할 때에는 항상 예의를 갖추고 환한 미소로 친절하고 성실하게 안내해야 한다.

5) 민간외교관

우리나라를 방문하는 여행객은 관광통역안내사를 통해서 주로 우리나라를 평가하기 때문에 관광통역안내사의 설명과 태도 여하에 따라 우리나라 및 국민에 대한 인식도 달라진다. 관광통역안내사는 항상 국민의 대표자라는 입장에서 민족적 긍지와 민간외교관으로서의 국제 간 상호 이해와 친선 도모에 일익을 담당하고, 세계 평화에 기여한다는 자부심을 가져야 한다.

2. 여행안내 시의 유의사항

관광통역안내사는 한 나라를 대표하는 국민의 대표자임과 동시에 민간외교관으로서의 역할을 한다. 또, 그 나라의 전통문화 등 참다운 모습을 외국 관광객에게 소개하여 이들로 하여금 자국에 대한 이해를 증진시킴으로써 국제 간의 친선도모에 기여한다. 따라서 관광통역안내사는 자부심과 긍지를 가지고 국가의 위신이나 이익을 손상시키는 행위를 해서는 안 된다.

그리고 여행의 목적, 여행계약의 내용, 출·입국 수속, 숙박조건, 호텔시설의 올바른 이용법 등에 대한 충분한 지식을 가지고 있어야 한다.

우리나라의 역사, 문화, 지리적 사정에 대한 지식은 물론 상대국의 정치·경제·사회·문화 등의 국가사정에 대하여 사전에 충분히 연구하여 여행객이 특별히 주의해야 할 사항을 기록해 둔다.

민족적 긍지를 지니고 상대국의 국민감정을 자극할 가능성이 있는 설명은 피하고, 여행객 개개인의 인권과 명예를 최대한 존중해야 한다.

재해 및 긴급한 상황의 발생이나 여행객의 부상, 질병 등 여행 중에 나타날 수 있는 불의의 사고에 대처할 수 있는 기초지식과 능력을 갖추고 있어야 한다.

관광통역안내사는 업무수행에 있어서 다음과 같은 내용의 행위를 해서는 안 된다.

① 관광객으로부터 부당한 요금을 수수하거나 계약을 위반하는 행위
② 관광객에게 물품을 판매, 기타 알선과 관련하여 판매업자, 기타 관계인으로부터 금품을 받는 행위
③ 자격증을 타인에게 대여하거나 이중취업을 하는 행위
④ 기타 관광진흥을 저해하는 행위

3. 관광통역안내업무

1) 사전 준비

안내업무는 관광통역안내사가 단체행사를 배정받는 순간부터 시작된다. 배정받은 단체행사에 대하여 사전에 얼마나 철저하게 준비하느냐가 그 행사의 성패를 좌우한다. 단체조건 확정통보서와 행사지시서만을 참고로 해서 행사를 진행하려는 안이한 생각은 바람직하지 못하다. 배정을 받고 난 후에는 사전준비에 각별히 신경을 써야 한다. 외국관광객이 예정대로 입국하게 되면 관광통역안내사는 이들의 도착에 대비하여 관련 서류철의 검토, 호텔예약이나 수배사항의 확인 등 사전에 다음과 같은 내용을 준비해야 한다.

① 관련 서류철을 검토하여 여행계약의 성립과정 및 내용, 특별 요청사항, 여행객의 명단 및 신상 등에 관하여 점검해야 한다.

② 예약된 객실의 수와 객실의 종류 및 인원, 호텔 내에서의 식사 여부 등 호텔예약사항을 확인해야 한다.

③ 교통에 관계되는 사항으로 여행객이 이용하는 항공편과 도착시간을 확인하고, 이들이 국내여행 시 사용하게 될 기차, 버스, 선박 등의 예약상태를 확인한다.

④ 여행객의 휴대화물 상태를 확인하여 운송계획을 마련한다.

⑤ 단체조건 확정통보서 및 행사지시서, 행사용 여행경비, 객실배정표, 지도, 안내책자, 회사의 깃발, 관광버스 부착용 또는 공항영접용 플래카드, 사무용품, 여행객용 여행일정표 및 여행업 배지, 스티커, 수하물 이름표 등 여행안내에 필요한 자료를 준비한다.

⑥ 기타 여행객의 요구사항이 잘 준비되어 있는지를 확인하며, 요금지급방법, 선택여행의 가격 등을 확인한다.

[그림 9-2] 관광통역안내사 자격증

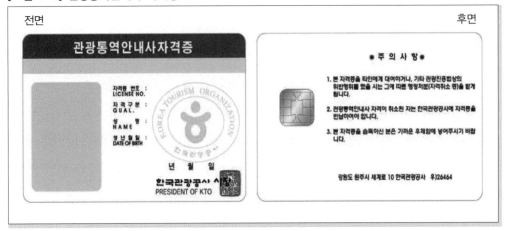

2) 여행객의 입국안내

외국인 여행객이 도착하면 인솔자인 국외여행인솔자 및 여행객들과 인사를 나눈 다음, 여행객 명단과 여행객의 짐을 확인하고 이를 차에 싣도록 한다. 또, 관광통역안내사는 대기 중인 버스로 여행객을 안내하여 이들의 승차를 도와주어야 한다. 승차 후에는 인원과 짐을 다시 확인하고, 여행일정표를 배부한 다음 체재기간 중의 일정과 도착당일의 일정 및 여행할 때의 유의점에 대해서 충분히 설명해야 한다.

3) 호텔 투숙안내

여행객이 호텔에 도착하면 관광통역안내사는 여행인솔자와 협의하여 여행객들을 일단 로비에 집합해 있도록 하고, 호텔 이용 시 주의사항에 대해 상세히 설명한다. 그리고 짐은 일정한 장소에 집합시켜 인원수와 수량을 확인한 후 프런트에서 투숙절차를 밟는다. 호텔에 투숙할 때는 먼저 인솔자와 협의해서 작성해 둔 객실배정표를 프런트에 제시하고, 객실 열쇠를 받아 여행객들에게 전달한 다음, 다음 날 집합장소와 시간을 전달한 뒤 고객이 가지고 온 짐을 호텔종업원들이 해당 객실에 운반하도록 한다.

고객이 객실에 입실한 다음에는 짐의 도착 여부, 불편 여부 등을 확인하고 이를 처리해야 한다. 또, 호텔 측과 식사준비 등에 대해서 협의하고, 다음 날 일정이나 관광버스의 배차관계 등도 사전에 확인해야 한다.

호텔 이용 시 주의사항

① 침대커버를 벗기고 침대 속으로 들어간다. 침대커버를 벗기지 않고 그냥 자는 경우도 있는데, 춥다면 하우스키핑에 담요를 요구하도록 한다. 벽장 속에 담요 여유분이 비치되어 있기도 하다.

② 유럽계통의 호텔들은 1층을 그라운드 플로어(Ground Floor)라고 하며 2층이 1층이 된다. 보통 로비(Lobby)는 G층에 있다. 엘리베이터 이용 시에도 1이 아닌 G버튼을 눌러야 한다.

③ 항상 객실열쇠를 휴대하고 다닌다. 호텔의 경우 대부분 문을 닫으면 자동으로 출입구가 잠기게 되므로 다시 리셉션(reception)으로 가서 마스터키(master key)로 문을 열어야 한다. 객실 내에서는 언제나 Door Chain을 걸고, 누구인지 확인한 뒤에 문을 연다.

④ 엘리베이터 이용 시 여성을 먼저 타게 하고 먼저 내리게 한다. 호텔 출입구에서도 마찬가지이다.

⑤ 객실 내에서 신발을 벗고 맨발로 다니지 않는다. 한국인들은 집안에 신을 벗고 들어가나 외국에서는 신을 신고 방에 들어간다. 호텔객실도 마찬가지이므로 신을 벗고 맨발로 다니지 않도록 한다. 신을 신고 다니기 불편하다면 슬리퍼를 준비해서 이를 이용한다. 가끔 문 밖 복도에 신발을 벗고 객실에 들어가는 웃지 못할 경우도 생긴다. 리조트 호텔(resort hotel)이라면 수영복과 슬리퍼 차림은 상관없다.

⑥ 객실청소원을 위해 매일 객실당 US$1 정도 칩을 탁자 위에 올려놓는다.

⑦ 에어컨을 조절한다. 보통 구미인들은 취침 중에도 밤새 에어컨을 틀어놓으나

한국인의 경우 에어컨을 틀어놓고 자면 상당히 춥다. 보통 벽에 에어컨 조절기가 달려 있으므로 '약하게(low)'나 '꺼짐(off)'으로 둔다.

⑧ 밤늦게까지 모여서 떠들지 않는다. 특히 인센티브 투어의 경우 한 객실에 모여서 술을 마시고 큰 소리로 밤새 떠드는 경우가 많은데, 많은 경우 호텔 측에서 항의한다. 주의를 받아도 계속 소란을 피우게 되면 그 다음부터 한국인 단체를 아예 거절하는 호텔도 상당수 있으므로 주의한다. 다른 사람들에게 피해가 되는 행동은 절대 삼가도록 한다. 화투, 카드놀이 등도 삼가야 한다.

〈표 9-12〉 Rooming List

NO.	NAME	ROOM NO.
1	Ab, Dae Hee(Mr) KIM, Hee, Young(Mrs)	
2		
3		
4		
5		
6		
7		
8		
9		
10		

4) 여행안내

여행객에게 여행에 대한 만족을 주기 위해서는 관광통역안내사의 전문적인 안내와 여정을 즐겁게 할 수 있는 능력이 중요한 역할을 한다. 그러므로 관광통역안내사는 여행객의 성명과 직업, 취미, 성격 등 여행객의 특성을 파악하여 이에 알맞은 안내를 해야 한다. 또, 사전에 관광지에 대한 많은 자료와 정보를 활용하고 풍부한 지식을 갖추어 체계적인 안내를 해야 한다.

여행 중 관광통역안내사는 모든 여행객에게 친절하고 성실하게 서비스해야 하며, 특정 고객에게 지나친 관심을 가지거나 불공평한 대우를 하면 다른 고객에게 불만요소가 된다는 점을 명심해야 한다.

특히 식사에 대해서는 호텔이나 식당의 책임자와 사전에 식사시간 및 고객인원과 좌석배정 등을 협의해 두어야 한다. 일정에 따라 행사를 진행하되, 행사 중에 기회가 있을 때마다 본사에 행사진행에 관하여 보고를 하고, 추가 또는 변경사항의 유무를 확인해야 한다.

5) 쇼핑안내

우리나라를 방문하는 외국여행객은 지속적으로 증가하고 있다. 이들은 한국 전통문화에 대한 관심이 커지고 있으며 한국의 토산품, 관광기념품 등을 구매하려는 욕구도 커지고 있다. 따라서 관광통역안내사는 이들의 욕구를 충족시킬 수 있는 쇼핑에 필요한 편의를 제공해 주어야 한다. 쇼핑을 안내할 때는 상품의 품질과 가격을 신용할 수 있는 쇼핑센터로 안내해야 하며, 구매를 강요하거나 물품의 구매에 관여해서는 안 된다. 쇼핑이 끝난 다음에는 미리 준비한 이름표를 주어 고객이 산 물건에 이름표를 부착시키도록 한다.

이러한 쇼핑은 외화획득과 아울러 우리나라 고유의 풍물과 토산품을 외국에 소개하는 일석이조의 효과가 있다.

6) 출국수속 안내

여행일정이 모두 끝나고 여행객이 출국하는 당일이 되면 관광통역안내사는 다음과 같은 환송 서비스를 제공해야 한다.

① 여행객이 출국할 때 이용할 항공편의 출발시각과 정상 운행 여부를 확인하고, 늦어도 출발 예정시각 1시간 30분 내지 2시간 전에 여행객을 인솔하여 공항에 도착해야 한다.

② 여행객들에게 출국수속절차 및 출국카드 기재요령에 대해서 자세히 설명하고, 여행인솔자로부터의 행사완료확인서 등을 받고 이상 유무를 확인한다.

③ 고객의 짐 확인과 함께 출국수속을 마친 다음에는 여행객들에게 탑승권(boarding pass)과 짐 인환권(baggage claim tag)을 나누어주고, 원화가 남은 고객은 공항의 환전소에서 교환할 수 있도록 한다.

④ 여행기간 동안 고객들이 보내준 협조에 대해 감사의 인사를 하고, 여행이 유쾌하고 즐거운 추억이 되기를 바라며, 다시 방문하여 즐거운 시간을 갖기를 바란다고 인사한다.

⑤ 여행객이 탑승한 후 관광통역안내사는 이상 유무를 다시 한번 확인해야 한다. 출국이 완료되면 공항을 떠나기 전에 다시 한번 본사에 보고하고, 다른 지시사항이 있는지를 문의한다. 이상이 없으면 회사에 돌아와서 즉시 안내보고서를 작성하고 안내경비를 정산해야 한다. 안내보고서에는 여정 및 여행조건의 변경사항 등 실제로 안내한 모든 사항을 빠짐없이 기록해야 한다.

제4절 정산업무

정산업무는 사전에 계약된 여행조건에 따라 여행내용이 제대로 진행되었는지, 여행내용에서 추가된 사항과 빠진 사항이 없는지에 대하여 총괄적으로 점검하는 업무이다.

정산업무는 관광통역안내사가 행사 후 안내보고서를 작성하여 기록·보고한 내용을 정산업무를 바탕으로 최후에 결정된 여행조건서와 대비하면서 진행한다.

정산업무에 있어서 여행경비 결산절차를 살펴보면 다음과 같다.

① 최후에 결정된 여행조건과 비교하여 여행인원수의 변동 여부, 여행일정의 변동 여부, 숙박시설 및 식사조건 등이 변동되었을 경우, 이에 따라 발생한 여행경비 변동사항을 확인한다.

② 관광통역안내사가 지출한 여행경비가 적절하게 지출되었는지를 확인하고, 지출내역을 증명할 수 있는 영수증을 첨부하여 회사에 제출한다. 영수한 금액 중 잔액은 입금한다. 이때 반드시 취급담당자의 확인서명을 받아두어야 한다.

③ 쇼핑 및 선택여행으로 발생된 수익이 발생했을 때에는 즉시 입금시키고, 만일 그 수익을 원화로 입금시킬 경우에는 외환증명 또는 이를 증명하는 사유서를 첨부한다.

④ 인솔자로부터 후불확인서를 받았을 때에는 후불청구서 발행에 지장이 없도록 즉각 관리부서에 인계한다. 또, 행사를 통한 수익을 점검하고 개선사항을 확인한다. 이러한 점검절차가 완료되면 후불청구서가 작성된다. 후불청구서란 외국인 단체여행객이 국내여행을 하는 동안 소비한 총비용에 대해 송출국 여행업자에게 그 경비를 청구하는 청구서를 말한다.

여행종료와 함께 전체경비 및 추가경비에 대해 확인서명을 받아 이 금액을 청구하고, 인솔자가 동행하지 않았을 경우에는 계획된 여행조건과 일정에 따른 경비만을 청구한다.

여행 안전사고 예방

CHAPTER

10 여행 안전사고 예방

여행 안전사고 대책의 중요성

국외여행 자유화가 실시된 이후에 국외여행객의 수가 급속히 증가하는 실정이다. 이러한 여행객 수의 증가추세와 더불어 여행객의 수준도 매우 다양화되고 있다. 여행객의 계층이 다양화됨에 따라 국외여행을 처음으로 행하는 여행객들은 다른 국가의 방문 시 자국과 다른 관습과 문화의 차이로 인해 많은 어려움에 노출된다. 이들은 또한 커뮤니케이션의 곤란으로 인해 사고 후에도 대처할 능력이 거의 없는 상황에 놓인다. 따라서 전체 여행일정을 무리없이 관리하고 교통사고, 도난, 질병 등 여행 중에 발생할 수 있는 다양한 위험상황을 슬기롭게 대처해야 하는 관광통역안내사나 국외여행인솔자의 업무는 더욱 중요해지고 있는 실정이다.

실제로 국외여행은 국내가 아니고 국외여행 중에 있으므로 예기치 않은 일이 발생할 수 있으며, 특히 외국의 생활습관이나 사회체제가 다르기 때문에 오는 문제, 호텔이나 항공권의 예약, 항공기 지연운항에 따른 문제, 경솔한 행동, 안전의식의 결여 등으로 인한 도난사고, 나아가 인명사고 등 여러 가지 요인으로 인해 어려움을 겪는 경우가 발생하고 있다.

따라서 관광통역안내사나 국외여행인솔자는 여행사고를 미연에 방지할 수 있는 기본적인 대책을 강구하여야 한다.

유능한 관광통역안내사 또는 국외여행인솔자는 항공업무, 현지사정은 물론 여행 중 당면할 수 있는 각종 안전사고에 어떻게 대처하고 어떠한 방법으로 긴급조치를 취할 것인가에 대한 전문적인 지식을 갖추고 있어야 한다. 이러한 안전사고에 당면한 경우, 국외여행인솔자는 고객의 안전을 위하여 최선을 다해야 하고, 어떠한 상황하에서도 냉철한 판단력을 가지고 침착하게 행동하여 고객을 안정시켜야 한다. 더욱 중요한 것은 여행 중 도처에 도사리고 있는 안전사고를 예방하기 위한 안전사고 방지대책을 소홀히 해서는 안 된다는 점이다.

전문적인 관광통역안내사 및 국외여행인솔자는 전문지식의 부족으로 인한 불확실한 정보를 제공해서는 안 된다. 여행 중 발생하는 약간의 차질도 여행 후 큰 불만으로 확대될 가능성이 있기 때문에 항상 확인하는 정확한 업무태도를 습관화해야 한다.

관광통역안내사 및 국외여행인솔자는 여행 중에 발생할 수 있는 여러 가지 안전사고에 대한 사례를 통하여 사고를 미연에 방지하기 위한 대책을 세워 놓아야 하고, 부득이 문제가 발생한 경우에는 이러한 문제를 긴급 처리하는 방법에 대해서 사전지식을 가지고 있어야 한다.

관광통역안내사 및 국외여행인솔자가 취해야 할 기본적인 조치는 다음과 같다.

① 가장 적절한 긴급대책을 강구한다.
② 사고상황 및 정세에 대하여 객관적인 정확한 정보를 수집하여 적절한 대응책을 검토한다.
③ 사고상황과 긴급한 대책에 관해서 회사에 연락하고, 중요한 상황은 시간이 허용하는 범위 내에서 회사의 지시를 받아야 한다.
④ 여행객들에게 상황과 대책을 충분히 설명하고, 여행일정의 변경이 불가피한 경우에는 전체 여행객의 동의를 얻어야 한다.

제2절 여행 안전사고 대책요령

1. 여권 분실

대부분의 국가에서는 외국인이 그 나라에 체류하고 있는 동안에 항상 여권을 소지해야 한다고 법률로 정하고 있다. 따라서 체재 중에는 여권과 항공권뿐만 아니라 귀중품들을 호텔의 귀중품 보관함(safety deposit box)에 보관하는 것이 분실 및 도난방지를 위해서 좋다.

국외여행인솔자가 여행객의 여권 및 항공권을 일괄적으로 보관하는 것은 바람직하지 못하다. 왜냐하면, 한번의 분실 및 도난 시에 엄청난 손해를 초래하고 회사에서 손해배상을 해야 하기 때문이다.

국외여행인솔자는 여행객들에게 여권 및 항공권을 분실하지 않도록 철저하게 주의를 환기시키고, 분실방지책에 관하여 구체적으로 설명하여 여행객 각각의 책임하에 안전하게 보관하도록 한다.

혹시 여권을 분실 및 도난당했을 경우에는 즉시 소재지 관할 경찰서에 신고를 해야 하고, 경찰서에서 도난사실 확인서를 받아야 한다. 그리고 현지의 대사관이나 영사관에 출두하여 상세한 분실경위서, 분실당사자 확인증명서, 단체의 일정표, 단체전원의 성명, 여권번호 및 발급일자 등의 목록, 재발급신청서, 사진 3매 등의 서류를 제출하여 여권을 재발급받아 여행을 계속하거나 여권 대신에 여행증명서를 발급받아야 한다.

여권 재발급에 드는 비용은 국내와 마찬가지로 다음과 같은 서류와 비용이 든다.

＊ 전자여권 발급

① 신청서

② 여권사진 : 1

③ 수수료

 - 만 8세 이상, 18세 미만은 복수 5년 여권 47,000원

　　　－ 만 18세 이상은 10년 복수여권 55,000원

　④ 만 18세 미만, 미성년자는 보호자의 여권발급동의서, 동의자 인감증명서가 필
　　요. 보호자가 같이 신청하러 가지 않아도 됨. 만약 보호자가 신청하러 같이 가
　　면 서류 2개 모두 필요 없음

　⑤ 만 18세 이상 35세 이하, 군미필 남성은 병무청에서 국외여행허가 승인서가 필요

　⑥ 신분증

　재발급기간은 국내와는 차이가 있어 2~3일 내지 1주일 정도 걸린다.

　전보로 한국에 신원확인을 의뢰하여 여권발급 시간을 단축하는 방법도 있다. 그러나 이 경우에 드는 전보비용은 신청자가 부담해야 한다.

　별도로 여권의 발급을 기다릴 시간적 여유가 없어 긴급히 귀국하려면 대사관이나 영사관에 도움을 요청하여 여행증명서의 발급을 신청해야 한다. 필요한 서류는 분실 및 도난증명서, 사진 2장, 여행증명서발급신청서 그리고 한국 국적의 신원을 증명할 운전면허증 등이 필요하다. 신원을 증명할 수 없는 경우에는 신원확인전보를 의뢰하면 된다. 발급에는 24시간 정도 걸린다.

2. 항공권 분실

　e-Ticket(전자항공권)을 분실하였을 때 재발급받으면 된다고 쉽게 생각할 수 있다. 그러나 사실 현지에서는 곤란한 상황이 발생할 수 있는 경우가 있다. 예를 들어, 여권과 e-Ticket(전자항공권)을 확인한 후 본인이어야만 티켓 발권 부스로 갈 수 있는 필리핀 같은 국가에서는 e-Ticket(전자항공권)을 분실하면 해당 항공사에 가서 재발급을 받아야 하는데, 이때 해당 항공사가 영업 중이면 괜찮지만 그렇지 않은 경우에는 상당히 복잡한 과정을 거쳐야 할 수도 있으므로 한국에 도착할 때까지 잘 챙겨두는 것이 좋다.

여행 관련기구

CHAPTER

11

여행 관련기구

제1절 국내 관련기구

1. 한국관광협회중앙회

한국관광협회중앙회는 지역별 관광협회 및 업종별 관광협회가 관광사업의 건전한 발전을 위하여 설립한 임의적인 관광관련단체이며, 우리나라 관광업계를 대표하는 단체이다.

한국관광협회중앙회의 전신은 대한관광협회이다. 대한관광협회는 1963년에 「관광사업진흥법」 제48조에 근거를 두고 설립되어 관광업계의 결속과 관광발전에 이바지하였던 것이나, 이 협회는 1983년 11월 29일 한국관광협회로 그 명칭이 바뀌었고, 1999년 1월 개정된 「관광진흥법」에서는 그 기능의 활성화와 위상제고를 위하여 이를 한국관광협회중앙회로 하였다.

한국관광협회중앙회는 관광사업의 건전한 발전을 도모함을 목적으로 관광사업자들이 조직한 단체이므로 사단법인(社團法人)에 해당하며, 영리가 아닌 사업을 목적으로 하므로 비영리법인(非營利法人)에 해당한다.

한국관광협회중앙회의 주요 업무는 다음과 같다.

① 관광사업의 발전을 위한 업무

② 관광사업진흥에 필요한 조사 · 연구 및 홍보

③ 관광통계

④ 관광종사원의 교육 및 사후관리

⑤ 회원의 공제사업(共濟事業)

⑥ 국가나 지방자치단체로부터 위탁받은 업무

⑦ 관광안내소의 운영

⑧ 위 ①~⑦까지의 업무에 따르는 수익사업

2. 한국여행업협회(KATA, Korea Association of Travel Agent)

한국여행업협회는 1991년 12월 21일 「관광진흥법」 제45조의 규정에 의하여 설립된 업종별 관광협회로서 설립목적은 내 · 외국인 여행자에 대한 여행업무의 개선 및 서비스 향상을 도모하고, 회원 상호 간의 연대협조를 공고히 하며, 여행업 발전을 위한 조사 · 연구 및 홍보활동을 통하여 여행업의 건전한 발전에 기여함으로써 관광진흥발전과 회원의 권익증진을 목적으로 하고 있다.

한국일반여행업협회의 주요 사업내용은 다음과 같다.

① 관광사업의 건전한 발전과 회원 및 여행업 종사원의 권익증진을 위한 사업

② 여행업무에 필요한 조사 · 연구, 홍보활동 및 통계업무 수행

③ 여행자 및 여행업체로부터 회원이 취급한 여행업무와 관련된 진정 처리

④ 여행업무 종사자에 대한 지도 및 연수

⑤ 여행업에 관한 정보의 수집 및 제공

⑥ 관광사업에 관한 국내외 단체 등과의 연계 · 협조

⑦ 여행 관련기관에 대한 건의 및 의견의 전달

⑧ 위의 각 사항 외의 여행업 관련법 규정에 따라 본 협회가 행해야 할 업무

⑨ 기타 협회의 목적을 달성하기 위해 필요한 사업

제2절 **국제 관련기구**

1. 세계관광기구(UNWTO, UN World Tourism Organization)

세계관광기구는 세계 각국의 정부 관광기관들을 대표하는 유일한 국제관설기구로 1975년에 설립되었다. 본부는 스페인의 마드리드에 있다. 세계관광기구는 인간의 자유로운 국제이동에 대한 장애를 제거하고, 관광경제 발전과 국제 간의 우호·친선과 교류의 증진을 도모하기 위해 국제관광과 관련되는 정책을 조정하고, 관광자료·선전자료의 질적 향상, 정보교환, 출판물 교환 등 관광발전에 관한 일체의 사업을 목적으로 한다. 주요 사업은 다음과 같다.

① 관광에 관한 국제회의 등의 계획
② 관광개발 및 관광사업의 진흥
③ 여행의 용이화 추구
④ 관광 관련 조사연구
⑤ 정기간행물 및 연구자료 발간
⑥ 국제협력 증진

2. 미주여행업협회(ASTA, American Society of Travel Agents)

미주여행업협회는 1931년 뉴욕에서 미국 및 캐나다의 여행업자들이 모여 설립한 단체이다. 초기에는 미국을 비롯하여 캐나다, 영국, 프랑스, 이탈리아 등 11개국의 여행업자들의 모임에 불과했으나, 현재는 세계 최대의 여행업자단체로 성장하였다.

미주여행업협회의 설립목적은 여행업자를 결집하여 회원의 공동이익을 옹호하고, 상도덕을 고취하여 협회 윤리규정을 존중하게 하며, 여행업자 간의 과당경쟁을 방지하고 일반인의 여행의욕을 촉진시켜 관광사업을 발전시키고자 하는 것이었다. 주요 사업은 다음과 같다.

① 매년 세계대회 개최

② 정기간행물 발간 및 배포

③ 시장조사활동

3. 아시아 · 태평양관광협회(PATA, Pacific Asia Travel Association)

아시아 · 태평양관광협회는 아시아 · 태평양지역의 관광진흥활동, 지역발전 도모 및 구미관광객 유치를 위한 마케팅활동을 목적으로 1951년에 설립되었다. 태국 방콕에 본부를 두고 있으며 북미, 태평양, 유럽, 중국, 중동에 각각 지역본부가 있다.

주요 활동으로는 연차총회 및 관광교역전 개최, 관광자원 보호활동, 회원들을 위한 마케팅 개발 및 교육사업, 각종 정보자료 발간사업 등이 있다. 현재 73개국 1,000여 개 관광기관 및 업체가 회원으로 가입되어 있으며, 전 세계에 39개 지부가 결성되어 있다.

우리나라에서는 문화체육관광부, 한국관광공사 등 총 34개 관광관련 기관 및 업체가 PATA 본부회원으로 가입되어 있으며, 매년 연차총회 및 교역전에 참가하여 세계여행 업계의 동향을 파악하고 한국관광 홍보 및 판촉상담활동을 전개하고 있다. PATA 한국 지부에는 총 120개 기관 및 업체가 지부회원으로 가입되어 있으며, 지부총회 개최, 관광전 참여, 관광정보 제공 등의 활동을 하고 있다.

제3절　항공 관련기구

1. 국제항공운송협회(IATA, International Air Transport Association)

국제항공운임과 수송력을 규제하기 위한 목적으로 1945년에 연합국 및 중립국 항공사 대표들이 쿠바의 아바나(Abana)에서 회의를 개최하고 정식으로 설립하였다.

설립목적은 다음과 같다.

① 인류의 공동이익을 위해 안전하고 경제적인 항공운송사업을 육성함과 동시에 이에 관련된 제반 문제를 연구한다.

② 국제항공운송업무에 직·간접으로 종사하고 있는 항공사 간의 협조를 위한 모든 수단을 제공한다.

국제항공운송협회는 세계의 정기항공수송을 담당하고 있는 수백 개의 항공사의 집합체인 동시에 각 항공사, 정부 및 일반 고객의 봉사기관으로, 표준수송약관, 항공권, 수하물표 및 화물 수송장의 표준화, 복수항공기업에 의한 연대수송에 관한 협정, 총대리점 및 판매대리점과의 운송 후불제도의 설정 등을 마련하였다.

조직의 활동에 있어서 국제민간항공기구(ICAO)와 밀접하게 연관되어 있으며, 독점과 정치적인 것에서 독립된 민주적인 기구이다. 회원자격은 정부로부터 정기 항공의 운영허가를 받으면 자동적으로 부여된다.

국제항공운송협회의 주요 사업내용은 다음과 같다.

① 항공사가 당면하고 있는 제반 문제점에 대해 인류의 공동 이익을 위해 안전하고 경제적인 항공운송사업을 육성함과 동시에 이와 관련된 제반문제를 연구한다.

② 국제항공운송업무에 직·간접적으로 종사하고 있는 항공운송기업 간의 협조를 위해 가능한 한 모든 수단을 제공한다.

③ 국제민간항공기구를 포함한 여타의 항공관련 기구와 협조하며, 유대관계를 더욱 강화시켜 나간다.

2. 국제민간항공기구(ICAO, International Civil Aviation Organization)

국제민간항공기구는 1944년에 미국정부가 전후 항공수송문제를 토의하기 위하여 연합국 및 중립국 55개국을 초청하여 회의를 개최함으로써 발족하였다. 이 회의에서 국제민간항공조약을 채택, 국제민간항공의 안전과 발전을 모색하고 국제항공운송업무의 기회균등원칙을 확립하여 건전하고 경제적으로 운영할 수 있는 원칙을 확정지어 1947년에 발효되었다.

설립목적은 다음과 같다.

① 세계를 통하여 국제 민간항공의 안전 및 정연한 발전을 확보할 것
② 평화적인 목적으로 항공기의 설계 및 운항의 기술을 장려할 것
③ 국제민간항공을 위한 항공로, 공항 및 항공보안시설의 발달을 장려할 것
④ 안전, 정확, 능률적·경제적인 항공운송에 대한 세계 제 국민의 요구에 응할 것
⑤ 불합리한 경쟁으로 생기는 경제적 낭비를 방지할 것
⑥ 체결국의 권리가 충분히 존중될 것과 모든 체결국이 국제 항공기업을 운영할 공정한 기회를 가지도록 확보할 것
⑦ 체결국 내의 차별대우를 배제할 것
⑧ 국제민간항공 부분의 발달을 전반적으로 촉진할 것
⑨ 국제항공에 있어서의 비행안전을 증진할 것

국제민간항공기구의 가입수속은 국제민간항공조약의 지명국 비준서의 기탁을 행하여 체결국이 되는 방법 외에 두 가지 방법이 있다.

첫째, 연합국 및 그들과 연합하고 있는 나라 및 제2차 세계대전에 중립이었던 나라는 미합중국 정부로부터 기입을 통고받고, 동 정부가 통고를 받은 날로부터 30일째에 체결국이 된다.

둘째, 상기 이외의 나라는 다음과 같은 조건을 충족시켜야 체결국이 될 수 있다.

① 국제연합의 승인을 받을 것
② 국제민간항공기구의 총회에서 4/5 이상의 승인을 받으며, 총회에서 정한 조건을 준수할 것
③ 가입승인을 받은 나라는 제2차 세계대전 중에 침략당했거나 공격받은 나라의 동의를 얻을 것

APPENDIX

부록

- 여행업 표준약관
- 한국 재외공관 연락처

여행업 표준약관

1) 국내여행 표준약관

표준약관 제10021호 [2019.8.30. 개정]

제1조(목적) 이 약관은 ○○여행사와 여행자가 체결한 국내여행계약의 세부이행 및 준수사항을 정함을 목적으로 합니다.

제2조(여행의 종류 및 정의) 여행의 종류와 정의는 다음과 같습니다.
1. 일반모집여행 : 여행사가 수립한 여행조건에 따라 여행자를 모집하여 실시하는 여행
2. 희망여행 : 여행자가 희망하는 여행조건에 따라 여행사가 실시하는 여행
3. 위탁모집여행 : 여행사가 만든 모집여행상품의 여행자 모집을 타 여행업체에 위탁하여 실시하는 여행

제3조(여행사와 여행자 의무)
① 여행사는 여행자에게 안전하고 만족스러운 여행서비스를 제공하기 위하여 여행알선 및 안내·운송·숙박 등 여행계획의 수립 및 실행과정에서 맡은 바 임무를 충실히 수행하여야 합니다.
② 여행자는 안전하고 즐거운 여행을 위하여 여행자간 화합도모 및 여행사의 여행질서 유지에 적극 협조하여야 합니다.

제4조(계약의 구성)
① 여행계약은 여행계약서(붙임)와 여행약관·여행일정표(또는 여행 설명서)를 계약내용으로 합니다.
② 여행계약서에는 여행사의 상호, 소재지 및 관광진흥법 제9조에 따른 보증보험 등의 가입(또는 영업보증금의 예치 현황) 내용이 포함되어야 합니다.

③ 여행일정표(또는 여행설명서)에는 여행일자별 여행지와 관광내용·교통수단·쇼핑횟수·숙박장소·식사 등 여행실시일정 및 여행사 제공 서비스 내용과 여행자 유의사항이 포함되어야 합니다.

제5조(계약체결 거절) 여행사는 여행자에게 다음 각 호의 1에 해당하는 사유가 있을 경우에는 여행자와의 계약체결을 거절할 수 있습니다.

1. 질병, 신체이상 등의 사유로 개별관리가 필요하거나, 단체여행(다른 여행자의 여행에 지장을 초래하는 등)의 원활한 실시에 지장이 있다고 인정되는 경우
2. 계약서에 명시한 최대행사인원이 초과된 경우

제6조(특약) 여행사와 여행자는 관련법규에 위반되지 않는 범위 내에서 서면(전자문서를 포함한다. 이하 같다)으로 특약을 맺을 수 있습니다. 이 경우 여행사는 특약의 내용이 표준약관과 다르고 표준약관보다 우선 적용됨을 여행자에게 설명하고 별도의 확인을 받아야 합니다.

제7조(계약서 등 교부 및 안전정보 제공) 여행사는 여행자와 여행계약을 체결한 경우 계약서와 여행약관, 여행일정표(또는 여행설명서)를 각 1부씩 여행자에게 교부하고, 여행목적지에 관한 안전정보를 제공하여야 합니다. 또한 여행 출발 전 해당 여행지에 대한 안전정보가 변경된 경우에도 변경된 안전정보를 제공하여야 합니다.

제8조(계약서 및 약관 등 교부 간주) 다음 각 호의 경우에는 여행사가 여행자에게 여행계약서와 여행약관 및 여행일정표(또는 여행설명서)가 교부된 것으로 간주합니다.

1. 여행자가 인터넷 등 전자정보망으로 제공된 여행계약서, 약관 및 여행일정표(또는 여행설명서)의 내용에 동의하고 여행계약의 체결을 신청한 데 대해 여행사가 전자정보망 내지 기계적 장치 등을 이용하여 여행자에게 승낙의 의사를 통지한 경우
2. 여행사가 팩시밀리 등 기계적 장치를 이용하여 제공한 여행계약서, 약관 및 여행일정표(또는 여행설명서)의 내용에 대하여 여행자가 동의하고 여행계약의 체결을 신청하는 서면을 송부한 데 대해 여행사가 전자정보망 내지 기계적 장치 등을 이용하여 여행자에게 승낙의 의사를 통지한 경우

제9조(여행요금)

① 여행계약서의 여행요금에는 다음 각 호가 포함됩니다. 다만, 희망여행은 당사자간 합의에 따릅니다.

1. 항공기, 선박, 철도 등 이용운송기관의 운임(보통운임기준)
2. 공항, 역, 부두와 호텔 사이 등 송영버스요금

3. 숙박요금 및 식사요금

4. 안내자경비

5. 여행 중 필요한 각종 세금

6. 국내 공항·항만 이용료

7. 일정표내 관광지 입장료

8. 기타 개별계약에 따른 비용

② 여행자는 계약 체결 시 계약금(여행요금 중 10% 이하의 금액)을 여행사에게 지급하여야 하며, 계약금은 여행요금 또는 손해배상액의 전부 또는 일부로 취급합니다.

③ 여행자는 제1항의 여행요금 중 계약금을 제외한 잔금을 여행출발 전일까지 여행사에게 지급하여야 합니다.

④ 여행자는 제1항의 여행요금을 당사자가 약정한 바에 따라 카드, 계좌이체 또는 무통장입금 등의 방법으로 지급하여야 합니다.

⑤ 희망여행요금에 여행자 보험료가 포함되는 경우 여행사는 보험회사명, 보상내용 등을 여행자에게 설명하여야 합니다.

제10조(여행조건의 변경요건 및 요금 등의 정산)

① 계약서 등에 명시된 여행조건은 다음 각 호의 1의 경우에 한하여 변경될 수 있습니다.

1. 여행자의 안전과 보호를 위하여 여행자의 요청 또는 현지사정에 의하여 부득이하다고 쌍방이 합의한 경우

2. 천재지변, 전란, 정부의 명령, 운송숙박기관 등의 파업·휴업 등으로 여행의 목적을 달성할 수 없는 경우

② 여행사가 계약서 등에 명시된 여행일정을 변경하는 경우에는 해당 날짜의 일정이 시작되기 전에 여행자의 서면 동의를 받아야 합니다. 이때 서면동의서에는 변경일시, 변경내용, 변경으로 발생하는 비용이 포함되어야 합니다.

③ 천재지변, 사고, 납치 등 긴급한 사유가 발생하여 여행자로부터 여행일정 변경 동의를 받기 어렵다고 인정되는 경우에는 제2항에 따른 일정변경 동의서를 받지 아니할 수 있습니다. 다만, 여행사는 사후에 서면으로 그 변경 사유 및 비용 등을 설명하여야 합니다.

④ 제1항의 여행조건 변경으로 인하여 제9조제1항의 여행요금에 증감이 생기는 경우에는 여행출발 전 변경분은 여행출발 이전에, 여행 중 변경분은 여행종료 후 10일 이내에 각각 정산(환급)하여야 합니다.

⑤ 제1항의 규정에 의하지 아니하고 여행조건이 변경되거나 제13조 내지 제15조의 규정에 의한 계약의 해제·해지로 인하여 손해배상액이 발생한 경우에는 여행출발 전 발생분은 여행출발 이전에, 여행 중 발생분은 여행종료 후 10일 이내에 각각 정산(환급)하여야 합니다.

⑥ 여행자는 여행출발 후 자기의 사정으로 숙박, 식사, 관광 등 여행요금에 포함된 서비스를 제공받지 못한 경우 여행사에게 그에 상응하는 요금의 환급을 청구할 수 없습니다. 다만, 여행이 중도에 종료된 경우에는 제15조에 준하여 처리합니다.

제11조(여행자 지위의 양도)

① 여행자가 개인사정 등으로 여행자의 지위를 양도하기 위해서는 여행사의 승낙을 받아야 합니다. 이때 여행사는 여행자 또는 여행자의 지위를 양도받으려는 자가 양도로 발생하는 비용을 지급할 것을 조건으로 양도를 승낙할 수 있습니다.

② 전항의 양도로 발생하는 비용이 있을 경우 여행사는 기한을 정하여 그 비용의 지급을 청구하여야 합니다.

③ 여행사는 계약조건 또는 양도하기 어려운 불가피한 사정 등을 이유로 제1항의 양도를 승낙하지 않을 수 있습니다.

④ 제1항의 양도는 여행사가 승낙한 때 효력이 발생합니다. 다만, 여행사가 양도로 인해 발생한 비용의 지급을 조건으로 승낙한 경우에는 정해진 기한 내에 비용이 지급되는 즉시 효력이 발생합니다.

⑤ 여행자의 지위가 양도되면, 여행계약과 관련한 여행자의 모든 권리 및 의무도 그 지위를 양도받는 자에게 승계됩니다.

제12조(여행사의 책임)

① 여행자는 여행에 하자가 있는 경우에 여행사에게 하자의 시정 또는 대금의 감액을 청구할 수 있습니다. 다만, 그 시정에 지나치게 많은 비용이 들거나 그 밖에 시정을 합리적으로 기대할 수 없는 경우에는 시정을 청구할 수 없습니다.

② 여행자는 시정 청구, 감액 청구를 갈음하여 손해배상을 청구하거나 시정 청구, 감액 청구와 함께 손해배상을 청구할 수 있습니다.

③ 제1항 및 제2항의 권리는 여행기간 중에도 행사할 수 있으며, 여행종료일부터 6개월 내에 행사하여야 합니다.

④ 여행사는 여행 출발 시부터 도착 시까지 여행사 본인 또는 그 고용인, 현지여행사 또는 그 고용인 등(이하 '사용인'이라 함)이 제3조제1항에서 규정한 여행사 임무와 관련하여 여행자에게 고의 또는 과실로 손해를 가한 경우 책임을 집니다.

⑤ 여행사는 항공기, 기차, 선박 등 교통기관의 연발착 또는 교통체증 등으로 인하여 여행자가 입은 손해를 배상하여야 합니다. 다만, 여행사가 고의 또는 과실이 없음을 입증한 때에는 그러하지 아니합니다.

⑥ 여행사는 자기나 그 사용인이 여행자의 수하물 수령·인도·보관 등에 관하여 주의를 해태하지 아니하였음을 증명하지 아니하는 한 여행자의 수하물 멸실, 훼손 또는 연착으로 인하여 발생한 손해를 배상하여야 합니다.

제13조(여행출발 전 계약해제)

① 여행사 또는 여행자는 여행출발 전 이 여행계약을 해제할 수 있습니다. 이 경우 발생하는 손해액은 '소비자분쟁해결기준'(공정거래위원회 고시)에 따라 배상합니다.

② 여행사 또는 여행자는 여행출발 전에 다음 각 호의 1에 해당하는 사유가 있는 경우 상대방에게 제1항의 손해배상액을 지급하지 아니하고 이 여행계약을 해제할 수 있습니다.

1. 여행사가 해제할 수 있는 경우

   가. 제10조제1항제1호 및 제2호 사유의 경우

   나. 여행자가 다른 여행자에게 폐를 끼치거나 여행의 원활한 실시에 현저한 지장이 있다고 인정될 때

   다. 질병 등 여행자의 신체에 이상이 발생하여 여행에의 참가가 불가능한 경우

   라. 여행자가 계약서에 기재된 기일까지 여행요금을 지급하지 아니하는 경우

2. 여행자가 해제할 수 있는 경우

   가. 제10조제1항제1호 및 제2호 사유의 경우

   나. 여행사가 제18조에 따른 공제 또는 보증보험에 가입하지 아니하였거나 영업보증금을 예치하지 않은 경우

   다. 여행자의 3촌 이내 친족이 사망한 경우

   라. 질병 등 여행자의 신체에 이상이 발생하여 여행에의 참가가 불가능한 경우

   마. 배우자 또는 직계존비속이 신체이상으로 3일 이상 병원(의원)에 입원하여 여행 출발시까지 퇴원이 곤란한 경우 그 배우자 또는 보호자 1인

   바. 여행사의 귀책사유로 계약서에 기재된 여행일정대로의 여행실시가 불가능해진 경우

제14조(최저행사인원 미충족 시 계약해제)

① 여행사는 최저행사인원이 충족되지 아니하여 여행계약을 해제하는 경우 당일여행의 경우 여행출발 24시간 이전까지, 1박2일 이상인 경우에는 여행출발 48시간 이전까지 여행자에게 통지하여야 합니다.

② 여행사가 여행참가자 수의 미달로 전항의 기일 내 통지를 하지 아니하고 계약을 해제하는 경우 이미 지급받은 계약금 환급 외에 계약금 100% 상당액을 여행자에게 배상하여야 합니다.

제15조(여행출발 후 계약해지)

① 여행사 또는 여행자는 여행출발 후 부득이한 사유가 있는 경우 각 당사자는 여행계약을 해지할 수 있습니다. 다만, 그 사유가 당사자 한쪽의 과실로 인하여 생긴 경우에는 상대방에게 손해를 배상하여야 합니다.

② 제1항에 따라 여행계약이 해지된 경우 귀환운송 의무가 있는 여행사는 여행자를 귀환운송할 의무가 있습니다.

③ 제1항의 계약해지로 인하여 발생하는 추가 비용은 그 해지사유가 어느 당사자의 사정에 속하는 경우에는 그 당사자가 부담하고, 양 당사자 누구의 사정에도 속하지 아니하는 경우에는 각 당사자가 추가 비용의 50%씩을 부담합니다.

④ 여행자는 여행에 중대한 하자가 있는 경우에 그 시정이 이루어지지 아니하거나 계약의 내용에 따른 이행을 기대할 수 없는 경우에는 계약을 해지할 수 있습니다.

⑤ 제4항에 따라 계약이 해지된 경우 여행사는 대금청구권을 상실합니다. 다만, 여행자가 실행된 여행으로 이익을 얻은 경우에는 그 이익을 여행사에게 상환하여야 합니다.

⑥ 제4항에 따라 계약이 해지된 경우 여행사는 계약의 해지로 인하여 필요하게 된 조치를 할 의무를 지며, 계약상 귀환운송 의무가 있으면 여행자를 귀환운송하여야 합니다. 이 경우 귀환운송비용은 원칙적으로 여행사가 부담하여야 하나, 상당한 이유가 있는 때에는 여행사는 여행자에게 그 비용의 일부를 청구할 수 있습니다.

제16조(여행의 시작과 종료) 여행의 시작은 출발하는 시점부터 시작하며 여행일정이 종료하여 최종목적지에 도착함과 동시에 종료합니다. 다만, 계약 및 일정을 변경할 때에는 예외로 합니다.

제17조(설명의무) 여행사는 이 계약서에 정하여져 있는 중요한 내용 및 그 변경사항을 여행자가 이해할 수 있도록 설명하여야 합니다.

제18조(보험가입 등) 여행사는 여행과 관련하여 여행자에게 손해가 발생한 경우 여행자에게 보험금을 지급하기 위한 보험 또는 공제에 가입하거나 영업 보증금을 예치하여야 합니다.

제19조(기타사항)

① 이 계약에 명시되지 아니한 사항 또는 이 계약의 해석에 관하여 다툼이 있는 경우에는 여행사와 여행자가 합의하여 결정하되, 합의가 이루어지지 아니한 경우에는 관계법령 및 일반 관례에 따릅니다.

② 특수지역에의 여행으로서 정당한 사유가 있는 경우에는 이 표준약관의 내용과 다르게 정할 수 있습니다.

2) 국외여행 표준약관

표준약관 제10021호 [2019.8.30. 개정]

제1조(목적) 이 약관은 ○○여행사와 여행자가 체결한 국외여행계약의 세부 이행 및 준수사항을 정함을 목적으로 합니다.

제2조(용어의 정의) 여행의 종류 및 정의, 해외여행수속대행업의 정의는 다음과 같습니다.
1. 기획여행 : 여행사가 미리 여행목적지 및 관광일정, 여행자에게 제공될 운송 및 숙식서비스 내용(이하 '여행서비스'라 함), 여행요금을 정하여 광고 또는 기타 방법으로 여행자를 모집하여 실시하는 여행
2. 희망여행 : 여행자(개인 또는 단체)가 희망하는 여행조건에 따라 여행사가 운송·숙식·관광 등 여행에 관한 전반적인 계획을 수립하여 실시하는 여행
3. 해외여행 수속대행(이하 '수속대행계약'이라 함) : 여행사가 여행자로부터 소정의 수속대행요금을 받기로 약정하고, 여행자의 위탁에 따라 다음에 열거하는 업무(이하 '수속대행업무'라 함)를 대행하는 것
   1) 사증, 재입국 허가 및 각종 증명서 취득에 관한 수속
   2) 출입국 수속서류 작성 및 기타 관련업무

제3조(여행사와 여행자 의무)
① 여행사는 여행자에게 안전하고 만족스러운 여행서비스를 제공하기 위하여 여행알선 및 안내·운송·숙박 등 여행계획의 수립 및 실행과정에서 맡은바 임무를 충실히 수행하여야 합니다.
② 여행자는 안전하고 즐거운 여행을 위하여 여행자 간 화합도모 및 여행사의 여행질서 유지에 적극 협조하여야 합니다.

제4조(계약의 구성)
① 여행계약은 여행계약서(붙임)와 여행약관·여행일정표(또는 여행 설명서)를 계약내용으로 합니다.
② 여행계약서에는 여행사의 상호, 소재지 및 관광진흥법 제9조에 따른 보증보험 등의 가입(또는 영업보증금의 예치 현황) 내용이 포함되어야 합니다.
③ 여행일정표(또는 여행설명서)에는 여행일자별 여행지와 관광내용·교통수단·쇼핑횟수·숙박장소·식사 등 여행실시일정 및 여행사 제공 서비스 내용과 여행자 유의사항이 포함되어야 합니다.

제5조(계약체결의 거절) 여행사는 여행자에게 다음 각 호의 1에 해당하는 사유가 있을 경우에는 여행자와의 계약체결을 거절할 수 있습니다.

1. 질병, 신체이상 등의 사유로 개별관리가 필요하거나, 단체여행(다른 여행자의 여행에 지장을 초래하는 등)의 원활한 실시에 지장이 있다고 인정되는 경우
2. 계약서에 명시한 최대행사인원이 초과된 경우

제6조(특약) 여행사와 여행자는 관련법규에 위반되지 않는 범위 내에서 서면(전자문서를 포함한다. 이하 같다)으로 특약을 맺을 수 있습니다. 이 경우 여행사는 특약의 내용이 표준약관과 다르고 표준약관보다 우선 적용됨을 여행자에게 설명하고 별도의 확인을 받아야 합니다.

제7조(계약서 등 교부 및 안전정보 제공) 여행사는 여행자와 여행계약을 체결한 경우 계약서와 약관 및 여행일정표(또는 여행설명서)를 각 1부씩 여행자에게 교부하고, 여행목적지에 관한 안전정보를 제공하여야 합니다. 또한 여행 출발 전 해당 여행지에 대한 안전정보가 변경된 경우에도 변경된 안전정보를 제공하여야 합니다.

제8조(계약서 및 약관 등 교부 간주) 다음 각 호의 경우 여행계약서와 여행약관 및 여행일정표(또는 여행설명서)가 교부된 것으로 간주합니다.

1. 여행자가 인터넷 등 전자정보망으로 제공된 여행계약서, 약관 및 여행일정표(또는 여행설명서)의 내용에 동의하고 여행계약의 체결을 신청한 데 대해 여행사가 전자정보망 내지 기계적 장치 등을 이용하여 여행자에게 승낙의 의사를 통지한 경우
2. 여행사가 팩시밀리 등 기계적 장치를 이용하여 제공한 여행계약서, 약관 및 여행일정표(또는 여행설명서)의 내용에 대하여 여행자가 동의하고 여행계약의 체결을 신청하는 서면을 송부한 데 대해 여행사가 전자정보망 내지 기계적 장치 등을 이용하여 여행자에게 승낙의 의사를 통지한 경우

제9조(여행사의 책임) 여행사는 여행 출발 시부터 도착 시까지 여행사 본인 또는 그 고용인, 현지여행사 또는 그 고용인 등(이하 '사용인'이라 함)이 제3조제1항에서 규정한 여행사 임무와 관련하여 여행자에게 고의 또는 과실로 손해를 가한 경우 책임을 집니다.

제10조(여행요금)

① 여행계약서의 여행요금에는 다음 각 호가 포함됩니다. 다만, 희망여행은 당사자 간 합의에 따릅니다.

1. 항공기, 선박, 철도 등 이용운송기관의 운임(보통운임기준)
2. 공항, 역, 부두와 호텔 사이 등 송영버스요금

3. 숙박요금 및 식사요금

4. 안내자경비

5. 여행 중 필요한 각종 세금

6. 국내외 공항·항만세

7. 관광진흥개발기금

8. 일정표 내 관광지 입장료

9. 기타 개별계약에 따른 비용

② 제1항에도 불구하고 반드시 현지에서 지불해야 하는 경비가 있는 경우 그 내역과 금액을 여행계약서에 별도로 구분하여 표시하고, 여행사는 그 사유를 안내하여야 합니다.

③ 여행자는 계약체결 시 계약금(여행요금 중 10% 이하 금액)을 여행사에게 지급하여야 하며, 계약금은 여행요금 또는 손해배상액의 전부 또는 일부로 취급합니다.

④ 여행자는 제1항의 여행요금 중 계약금을 제외한 잔금을 여행출발 7일 전까지 여행사에게 지급하여야 합니다.

⑤ 여행자는 제1항의 여행요금을 당사자가 약정한 바에 따라 카드, 계좌이체 또는 무통장입금 등의 방법으로 지급하여야 합니다.

⑥ 희망여행요금에 여행자 보험료가 포함되는 경우 여행사는 보험회사명, 보상내용 등을 여행자에게 설명하여야 합니다.

제11조(여행요금의 변경)

① 국외여행을 실시함에 있어서 이용운송·숙박기관에 지급하여야 할 요금이 계약체결 시보다 5% 이상 증감하거나 여행요금에 적용된 외화환율이 계약체결 시보다 2% 이상 증감한 경우 여행사 또는 여행자는 그 증감된 금액 범위 내에서 여행요금의 증감을 상대방에게 청구할 수 있습니다.

② 여행사는 제1항의 규정에 따라 여행요금을 증액하였을 때에는 여행출발일 15일 전에 여행자에게 통지하여야 합니다.

제12조(여행조건의 변경요건 및 요금 등의 정산)

① 계약서 등에 명시된 여행조건은 다음 각 호의 1의 경우에 한하여 변경될 수 있습니다.

1. 여행자의 안전과 보호를 위하여 여행자의 요청 또는 현지사정에 의하여 부득이하다고 쌍방이 합의한 경우

2. 천재지변, 전란, 정부의 명령, 운송·숙박기관 등의 파업·휴업 등으로 여행의 목적을 달성할 수 없는 경우

② 여행사가 계약서 등에 명시된 여행일정을 변경하는 경우에는 해당 날짜의 일정이 시작되기 전에 여행자의 서면 동의를 받아야 합니다. 이때 서면동의서에는 변경일시, 변경내용, 변경으로 발생하는 비용이 포함되어야 합니다.

③ 천재지변, 사고, 납치 등 긴급한 사유가 발생하여 여행자로부터 여행일정 변경 동의를 받기 어렵다고 인정되는 경우에는 제2항에 따른 일정변경 동의서를 받지 아니할 수 있습니다. 다만, 여행사는 사후에 서면으로 그 변경 사유 및 비용 등을 설명하여야 합니다.

④ 제1항의 여행조건 변경 및 제11조의 여행요금 변경으로 인하여 제10조 제1항의 여행요금에 증감이 생기는 경우에는 여행출발 전 변경분은 여행출발 이전에, 여행 중 변경분은 여행종료 후 10일 이내에 각각 정산(환급)하여야 합니다.

⑤ 제1항의 규정에 의하지 아니하고 여행조건이 변경되거나 제16조 내지 제18조의 규정에 의한 계약의 해제·해지로 인하여 손해배상액이 발생한 경우에는 여행출발 전 발생분은 여행출발 이전에, 여행 중 발생분은 여행종료 후 10일 이내에 각각 정산(환급)하여야 합니다.

⑥ 여행자는 여행출발 후 자기의 사정으로 숙박, 식사, 관광 등 여행요금에 포함된 서비스를 제공받지 못한 경우 여행사에게 그에 상응하는 요금의 환급을 청구할 수 없습니다. 다만, 여행이 중도에 종료된 경우에는 제18조에 준하여 처리합니다.

제13조(여행자 지위의 양도)

① 여행자가 개인사정 등으로 여행자의 지위를 양도하기 위해서는 여행사의 승낙을 받아야 합니다. 이때 여행사는 여행자 또는 여행자의 지위를 양도받으려는 자가 양도로 발생하는 비용을 지급할 것을 조건으로 양도를 승낙할 수 있습니다.

② 전항의 양도로 발생하는 비용이 있을 경우 여행사는 기한을 정하여 그 비용의 지급을 청구하여야 합니다.

③ 여행사는 계약조건 또는 양도하기 어려운 불가피한 사정 등을 이유로 제1항의 양도를 승낙하지 않을 수 있습니다.

④ 제1항의 양도는 여행사가 승낙한 때 효력이 발생합니다. 다만, 여행사가 양도로 인해 발생한 비용의 지급을 조건으로 승낙한 경우에는 정해진 기한 내에 비용이 지급되는 즉시 효력이 발생합니다.

⑤ 여행자의 지위가 양도되면, 여행계약과 관련한 여행자의 모든 권리 및 의무도 그 지위를 양도받는 자에게 승계됩니다.

제14조(여행사의 하자담보 책임)

① 여행자는 여행에 하자가 있는 경우에 여행사에게 하자의 시정 또는 대금의 감액을 청구할 수 있습니다. 다만, 그 시정에 지나치게 많은 비용이 들거나 그 밖에 시정을 합리적으로 기대할 수 없는 경우에는 시정을 청구할 수 없습니다.

② 여행자는 시정 청구, 감액 청구를 갈음하여 손해배상을 청구하거나 시정 청구, 감액 청구와 함께 손해배상을 청구할 수 있습니다.

③ 제1항 및 제2항의 권리는 여행기간 중에도 행사할 수 있으며, 여행종료일부터 6개월 내에 행사하여야 합니다.

제15조(손해배상)

① 여행사는 현지여행사 등의 고의 또는 과실로 여행자에게 손해를 가한 경우 여행사는 여행자에게 손해를 배상하여야 합니다.

② 여행사의 귀책사유로 여행자의 국외여행에 필요한 사증, 재입국 허가 또는 각종 증명서 등을 취득하지 못하여 여행자의 여행일정에 차질이 생긴 경우 여행사는 여행자로부터 절차 대행을 위하여 받은 금액 전부 및 그 금액의 100% 상당액을 여행자에게 배상하여야 합니다.

③ 여행사는 항공기, 기차, 선박 등 교통기관의 연발착 또는 교통체증 등으로 인하여 여행자가 입은 손해를 배상하여야 합니다. 다만, 여행사가 고의 또는 과실이 없음을 입증한 때에는 그러하지 아니합니다.

④ 여행사는 자기나 그 사용인이 여행자의 수하물 수령, 인도, 보관 등에 관하여 주의를 해태(懈怠)하지 아니하였음을 증명하지 아니하면 여행자의 수하물 멸실, 훼손 또는 연착으로 인한 손해를 배상할 책임을 면하지 못합니다.

제16조(여행출발 전 계약해제)

① 여행사 또는 여행자는 여행출발 전 이 여행계약을 해제할 수 있습니다. 이 경우 발생하는 손해액은 '소비자분쟁해결기준'(공정거래위원회 고시)에 따라 배상합니다.

② 여행사 또는 여행자는 여행출발 전에 다음 각 호의 1에 해당하는 사유가 있는 경우 상대방에게 제1항의 손해배상액을 지급하지 아니하고 이 여행계약을 해제할 수 있습니다.

1. 여행사가 해제할 수 있는 경우

　가. 제12조제1항제1호 및 제2호 사유의 경우

　나. 여행자가 다른 여행자에게 폐를 끼치거나 여행의 원활한 실시에 현저한 지장이 있다고 인정될 때

　다. 질병 등 여행자의 신체에 이상이 발생하여 여행에의 참가가 불가능한 경우

　라. 여행자가 계약서에 기재된 기일까지 여행요금을 납입하지 아니한 경우

2. 여행자가 해제할 수 있는 경우

　가. 제12조제1항제1호 및 제2호의 사유가 있는 경우

　나. 여행사가 제21조에 따른 공제 또는 보증보험에 가입하지 아니하였거나 영업보증금을 예치하지 않은 경우

　다. 여행자의 3촌 이내 친족이 사망한 경우

　라. 질병 등 여행자의 신체에 이상이 발생하여 여행에의 참가가 불가능한 경우

마. 배우자 또는 직계존비속이 신체이상으로 3일 이상 병원(의원)에 입원하여 여행 출발 전까지 퇴원이 곤란한 경우 그 배우자 또는 보호자 1인

바. 여행사의 귀책사유로 계약서 또는 여행일정표(여행설명서)에 기재된 여행일정대로의 여행실시가 불가능해진 경우

사. 제10조제1항의 규정에 의한 여행요금의 증액으로 인하여 여행 계속이 어렵다고 인정될 경우

제17조(최저행사인원 미충족 시 계약해제)

① 여행사는 최저행사인원이 충족되지 아니하여 여행계약을 해제하는 경우 여행출발 7일 전까지 여행자에게 통지하여야 합니다.

② 여행사가 여행참가자 수 미달로 전항의 기일내 통지를 하지 아니하고 계약을 해제하는 경우 이미 지급받은 계약금 환급 외에 다음 각 목의 1의 금액을 여행자에게 배상하여야 합니다.

가. 여행출발 1일 전까지 통지 시 : 여행요금의 30%

나. 여행출발 당일 통지 시 : 여행요금의 50%

제18조(여행출발 후 계약해지)

① 여행사 또는 여행자는 여행출발 후 부득이한 사유가 있는 경우 각 당사자는 여행계약을 해지할 수 있습니다. 다만, 그 사유가 당사자 한쪽의 과실로 인하여 생긴 경우에는 상대방에게 손해를 배상하여야 합니다.

② 제1항에 따라 여행계약이 해지된 경우 귀환운송 의무가 있는 여행사는 여행자를 귀환운송할 의무가 있습니다.

③ 제1항의 계약해지로 인하여 발생하는 추가 비용은 그 해지사유가 어느 당사자의 사정에 속하는 경우에는 그 당사자가 부담하고, 양 당사자 누구의 사정에도 속하지 아니하는 경우에는 각 당사자가 추가 비용의 50%씩을 부담합니다.

④ 여행자는 여행에 중대한 하자가 있는 경우에 그 시정이 이루어지지 아니하거나 계약의 내용에 따른 이행을 기대할 수 없는 경우에는 계약을 해지할 수 있습니다.

⑤ 제4항에 따라 계약이 해지된 경우 여행사는 대금청구권을 상실합니다. 다만, 여행자가 실행된 여행으로 이익을 얻은 경우에는 그 이익을 여행사에게 상환하여야 합니다.

⑥ 제4항에 따라 계약이 해지된 경우 여행사는 계약의 해지로 인하여 필요하게 된 조치를 할 의무를 지며, 계약상 귀환운송 의무가 있으면 여행자를 귀환운송하여야 합니다. 이 경우 귀환운송비용은 원칙적으로 여행사가 부담하여야 하나, 상당한 이유가 있는 때에는 여행사는 여행자에게 그 비용의 일부를 청구할 수 있습니다.

제19조(여행의 시작과 종료) 여행의 시작은 탑승수속(선박인 경우 승선수속)을 마친 시점으로 하며, 여행의 종료는 여행자가 입국장 보세구역을 벗어나는 시점으로 합니다. 다만, 계약내용상 국내이동이 있을 경우에는 최초 출발지에서 이용하는 운송수단의 출발시각과 도착시각으로 합니다.

제20조(설명의무) 여행사는 계약서에 정하여져 있는 중요한 내용 및 그 변경사항을 여행자가 이해할 수 있도록 설명하여야 합니다.

제21조(보험가입 등) 여행사는 이 여행과 관련하여 여행자에게 손해가 발생한 경우 여행자에게 보험금을 지급하기 위한 보험 또는 공제에 가입하거나 영업보증금을 예치하여야 합니다.

제22조(기타사항)
① 이 계약에 명시되지 아니한 사항 또는 이 계약의 해석에 관하여 다툼이 있는 경우에는 여행사 또는 여행자가 합의하여 결정하되, 합의가 이루어지지 아니한 경우에는 관계법령 및 일반관례에 따릅니다.
② 특수지역에의 여행으로서 정당한 사유가 있는 경우에는 이 표준약관의 내용과 달리 정할 수 있습니다.

한국 재외공관 연락처

국가명	공관명	전화번호	팩스번호	주 소
AFGHANISTAN	주 아프카니스탄회교국 대한민국 대사관	(873) 7627-28479	(873) 7627-28481	Wazir Akbar Kahn, Street No. 10, House No.34, Kabul, Afghanistan
ALGERIA	주 알제리민주인민 공화국 대한민국 대사관	(213-21) 693620, 693683, 693693		17 Chemin Abdelkader Gadouche, BP92 Hydra, Alger, Algerie
ARGENTINE	주 아르헨티나 대한민국 대사관	(54-11) 4802-8062, 8865, 9665, 0923	(54-11) 4803-6993	Av. del Libertador 2395 Cap. Fed. (1425) Buenos Aires, Argentina
AUSTRALIA	주 오스트레일리아 대한민국 대사관	(61-2) 6270-4100	(61-2) 6273-4839	113 Empire Circuit, Yarralumla ACT 2600, Australia
AUSTRALIA	주 시드니 대한민국 총영사관	(61-2) 9210-0200, 0201 9210-0203(홍보)	(61-2) 9210-0202	8th Fl., 32-36 Martin Place, Sydney NSW 2000, Australia
AUSTRIA	주 오스트리아공화국 대한민국 대사관	(43-1) 478-1991	(43-1) 478-1013 (43-1) 470-3267, 478-1997	Gregor-Mendel Strasse 25, A-1180 Vienna, Austria
BANGLADESH	주 방글라데시 대한민국 대사관	(880-2) 881-2088/90, 2041	(880-2) 882-3871	4 Madani Avenue Baridhara, Dhaka, Bangladesh
BELGIUM AND EU	주 벨기에왕국 대한민국 대사관 겸 주 구주연합 대한민국 대표부	(32-2) 675-57.77	(32-2) 675-52.21, 662-23.05	Chaussee de la Hulpe 173-175, 1170 Brussels, Belgium
BRAZIL	주 상파울루 대한민국 총영사관	(55-11) 3141-1278	(55-11) 3141-1279	Av. Paulista 37, 9 and., cj. 91, Cerqueira Cesar, Cep : 01311-902, Sao Paulo SP Brasil
BRAZIL	주 브라질합중국 대한민국 대사관	(55-61) 321-2500	(55-61) 321-2508	SEN Av. das Nacoes Lote 14, Brasilia-DF, Brazil CEP : 70436-900
BRUNEI	주 브루나이 대한민국 대사관	(673-2) 426038/40	(673-2) 426041	No.17, Simpang 212-28, Kg. Rimba, Jln. Kg. Rimba, P.O.Box 2169, B.S.B. Brunei Darussalam BE3119
BULGARIA	주 불가리아공화국 대한민국 대사관	(359-2) 971-2181	(359-2) 971-3388	World Trade Center, 7A Fl., 36 Dragan Tsankov Blvd, 1040 Sofia, Bulgaria

국가명	공관명	전화번호	팩스번호	주소
CAMBODIA	주 캄보디아왕국 대한민국 대사관	(855-23) 211900-3	(855-23) 219200	No.64, st. 214 Sangkat Boung Rain Khan Doun Penh, Phnom Penh, Cambodia
CANADA	주 밴쿠버 대한민국 총영사관	(1-604) 681-9581, 685-9577	(1-604) 681-4864, 683-1682	1600-1090 West Georgia St. Vancouver, BC, Canada V6E 3V7
CANADA	주 토론토 대한민국 총영사관	(1-416) 920-3809	(1-416) 924-7305	555 Avenue Road, Toronto, Ontario, Canada, M4V 2J7
CANADA	주 캐나다 대한민국 대사관	(1-613) 244-5010	(1-613) 244-5034, 5043	150 Boteler Street, Ottawa, Ontario, K1N 5A6, Canada
CHILE	주 칠레공화국 대한민국 대사관	(56-2) 228-4214, 4791, 4997, 9505	(56-2) 206-2355	Av. Alcantara 74, Las Condes, Santiago, Chile
CHINA	주 상하이 대한민국 총영사관	(86-21) 6219-6417/20	(86-21) 6219-6918	4th Fl., Shanghai Int'l Trade Center, 2200 Yan An Road(W), Shanghai, China
CHINA	주 청도 대한민국 총영사관	(86-532) 897-6001/3	(86-532) 897-6005	Qinling Rd. #8, Laoshan District, Qingdao 266061, China
CHINA	주 홍콩 대한민국 총영사관	(852) 2529-4141	(852) 2861-3699	5/6th Fl., Far East Finance Center, 16 Harcourt Road, Hong Kong
CHINA	주 선양 대한민국 사무소	(86-24) 2385-7820, 7651	(86-24) 2385-5170, 6549	13/14F. Mingzhe Bldg., No.51, 14 Latitude Road, Heping District, Shenyang, Liaoning, China
CHINA	주 중화인민공화국 대한민국 대사관	(86-10) 6532-0290	(86-10) 6532-0141	No.3, 4th Avenue East San Li Tun, Chaoyang District, Beijing 100600, China
CHINA	주 광조우 대한민국 총영사관	(86-20) 3887-0555	(86-20) 3887-0923	18F, West Tower, Guangzhou International Commercial Center, Tiyu Road East 122, Tianhe District, Guangzhou 510620, P.R. China
COLOMBIA	주 콜롬비아공화국 대한민국 대사관	(571) 616-7200, 8149, 8873	(571) 610-0338	Calle 94 No.9-39, Bogota, Colombia
COSTA RICA	주 코스타리카공화국 대한민국 대사관	(506) 220-3141, 3159, 3160, 3166	(506) 220-3168	Apartado Postal 838-1007, Oficentro Ejecutivo La Sabana Edificio #2, 3er Piso, Sabana Sur, San Jose, Costa Rica
COTE D'IVOIRE	주 코트디부아르 대한민국 대사관	(225) 2032-2290, 2022-5014	(225) 2022-2274	Bld. Botreau Roussel-angle Av. Nogues, Immeuble "LE MANS" 8eme etage, Abidjan, Cote d'Ivoire
CZECH	주 체코공화국 대한민국 대사관	(420) 234-090-411	(420) 234-090-450	Slavickova 5, 160 00 Praha 6-Bubenec, Czech Republic
DENMARK	주 덴마크왕국 대한민국 대사관	(45) 3946-0400	(45) 3946-0422	SvanemΦllevej 104, 2900 Hellerup, Denmark

국가명	공관명	전화번호	팩스번호	주 소
DOMINICA	주 도미니카공화국 대한민국 대사관	(1-809) 532-4314/5	(1-809) 532-3807	Av. Anacaona No.7, Esq. Hatuey, Los Cacicazgos, Santo Domingo, Republica Dominicana
EAST TIMOR	주 동티모르 대한민국 대사관	(670-390) 321-635	(670-390) 321-636	Avenida de Portugal, Motael, Dili, East Timor
ECUADOR	주 에콰도르공화국 대한민국 대사관	(593-2) 2970-625~8	(593-2) 2970-630	Av. Naciones Unidas y Av. Republica de El Salvador EDIF. Citiplaza Piso 8, Quito, Ecuador
EGYPT	주 이집트아랍공화국 대한민국 대사관	(20-2) 761-1234/7	(20-2) 761-1238	3 Boulos Hanna Street, Dokki, Cairo, Arab Republic of Egypt
EL SALVADOR	주 엘살바도르공화국 대한민국 대사관	(503) 263-0810, 0784	(503) 263-0783	Calle Juan Santamaria #330, Col. Escalon, San Salvador, El Salvador
ETHIOPIA	주 에티오피아 대한민국 대사관	(251-1) 65-5230/33	(251-1) 65-5361	P.O.Box 2047, 5th Fl. Mekwor Plaza Building, Debre Zeit Road Beklo Bet Area, Addis Ababa, Ethiopia
FIJI	주 피지공화국 대한민국 대사관	(679) 330-0977, 0683, 0709	(679) 330-3410, 8059	8th Fl., Vanua House, Victoria Parade, Suva, Fiji
FINLAND	주 핀란드공화국 대한민국 대사관	(358-9) 251-5000	(358-9-251-50055)	Fabianinkatu 8A 00130, Helsinki, Finland
FRANCE	주 프랑스공화국 대한민국 대사관	(33-1) 4753-0101	(33-1) 4753-0041	125 rue de Grenelle, 75007 Paris, France
GABON	주 가봉공화국 대한민국 대사관	(241) 73-4000, 4186	(241) 73-9905	B.P. 2620, Libreville, Gabon
GENEVA	주 제네바국제연합 사무처 및 국제기구 대한민국 대표부	(41-22) 748-0000	(행정) (41-22) 748-0001 (정무) (41-22) 748-0002 (경제) (41-22) 748-0003	1 Avenue de l'Ariana Case Postale 42 1211 Geneva, Switzerland
GERMANY	주 본 대한민국 분관	(49-228) 943-790	(49-228) 3727-894	Mittelstrasse 43, 53175 Bonn, Germany
GERMANY	주 독일연방공화국 대한민국 대사관	(49-30) 26065-0	(49-30) 26065-51	Schoeneberger Ufer 89-91, 10785 Berlin, Germany
GERMANY	주 프랑크푸르트 대한민국 총영사관	(49-69) 9567520	(49-69) 569814	Eschersheimer Landstr. 327, 60320 Frankfurt/Am Main, Germany
GHANA	주 가나공화국 대한민국 대사관	(233-21) 77-6157, 7533	(233-21) 77-2313	P.O.Box GP13700, No.3 Abokobi Rd. East Cantonment Accra, Ghana
GREECE	주 그리스공화국 대한민국 대사관	(30-210) 698-4080/2	(30-210) 698-4083	10th Fl., 124 Kifissias Avenue, 115 26 Athens, Greece
GUATEMALA	주 과테말라공화국 대한민국 대사관	(502) 334-5480, 5509, 5518, 332-6283	(502) 334-5481, 5517	Avenida Reforma 1-50 Zona 9 Edificio Reformador, 7mo. Nivel Apartado Postal 3615, Ciudad de Guatemala, Guatemala, C.A.

국가명	공관명	전화번호	팩스번호	주 소
HOLY SEE	주 교황청 대한민국 대사관	(39-06) 331-4505, 1695	(39-06) 331-4522	Via della Mendola 109, 00135, Rome, Italy
HUNGARY	주 헝가리공화국 대한민국 대사관	(36-1) 351-1179/81	(36-1) 351-1182	1062 BP Andrassy ut 109, Budapest, Hungary
INDIA	주 인도공화국 대한민국 대사관	(91-11) 688-5374/6, 5419, 7636	(91-11) 688-4840	9, Chandragupta Marg, Chanakyapuri Extension, New Delhi-110021, India
INDIA	주 뭄바이 대한민국 분관	(91-22) 2388-6743- 5 Mobile Phone : (91) 98200-48717	(91-22) 2388-6765	9th Fl., Kanchanjunga Bldg. Deshmukh Road(Peddar Road), Mumbai 400 026, India
INDONESIA	주 인도네시아 대한민국 대사관	(62-21) 520-1915	(62-21) 525-4159/4287	Kav. 57, Jalan Gatot Subroto, Jakarta Selatan, Indonesia
IRAN	주 이란회교공화국 대한민국 대사관	(98-21) 805-4900~4	(98-21) 805-4899, 806-5302	No.18 West Daneshvar St. Shaikhbahaei Ave. Tehran, Iran
IRELAND	주 아일랜드 대한민국 대사관	(353-1) 660-8800, 8053, 668-2109	(353-1) 660-8716	15 Clyde Road, Ballsbridge, Dublin 4, Ireland
ISRAEL	주 이스라엘국 대한민국 대사관	(972-3) 696-3244/7	(972-3) 696-3243	38 Sderot Chen, Tel Aviv 64166, Israel
ITALY	주 이탈리아공화국 대한민국 대사관	(39-06) 808-8769, 8820/1, 8875, 8912	(39-06) 8068-7794	Via Barnaba Oriani 30, 00197 Roma, Italy
JAPAN	주 고베 대한민국 출장소	(81-78) 221-4853/5	(81-78) 261-3465	2-21-5 Nakayamate-Dori, Chuo-Ku, Kobe, Japan
JAPAN	주 삿포로 대한민국 총영사관	(81-11) 621-0288/9	(81-11) 631-8158	Kita 3-Cho Nish 21-Chome, Chuo-ku Sapporo, Japan
JAPAN	주 오사카 대한민국 총영사관	(81-6) 6213-1401/6	(81-6) 6213-0151	2-3-4, Nishi-shinsaibashi, Chuo-ku, Osaka, Japan
JAPAN	주 히로시마 대한민국 총영사관	(81-82) 502-1151/3	(81-82) 502-1154	5-12, Teppocho, Nakaku, Hiroshima, Japan
JAPAN	주 일본국 대한민국 대사관	(81-3) 3452-7611/9		1-2-5, Minami-Azabu, Minato-ku, Tokyo, Japan
JAPAN	주 나고야 대한민국 총영사관	(81-52) 586-9221/3	(81-52) 586-9286/7	1-19-12, Meieki Minami, Nakamura-ku, Nagoya, Japan
JAPAN	주 니가타 대한민국 총영사관	(81-25) 230-3400, 3411	(81-25) 230-5505	2 chome, 1-13, Hakusanura, Niigata-city, Niigata, Japan
JAPAN	주 요코하마 대한민국 총영사관	(81-45) 621-4531/3	(81-45) 624-2963	118, Yamatecho, Naka-ku, Yokohama, Japan
JAPAN	주 센다이 대한민국 총영사관	(81-22) 221-2751/3	(81-22) 221-2754	5-22, 5-Chome, Kamisugi, Aobaku, Sendai, Japan
JAPAN	주 후쿠오카 대한민국 총영사관	(81-92) 771-0461/3	(81-92) 771-0464	1-1-3, Jigyohama, Chuo-Ku, Fukuoka, Japan
JORDAN	주 요르단왕국 대한민국 대사관	(962-6) 593-0745/6	(962-6) 593-0280	P.O.Box 3060, Amman 11181, Jordan
KAZAKHSTAN	주 카자흐스탄공화국 대한민국 대사관	(7-3272) 53-2660, 2691, 2989	(7-3272) 50-7059	2/77, Dzharkentskaya Street, Gorny Gigant, Almaty 480099, Kazakhstan

국가명	공관명	전화번호	팩스번호	주 소
KENYA	주 케냐공화국 대한민국 대사관	(254-2) 333581/2, 332839, 221593	(254-2) 217772	15th Fl., Anniversary Towers, University Way, Nairobi, Kenya
KUWAIT	주 쿠웨이트 대한민국 대사관	(965) 533-9601/3	(965) 531-2459	Qurtoba Block 4, Street 1, Jaddah 3, House No.5, Kuwait
LAO	주 라오인민민주공화국 대한민국 대사관	(856) 21-352-031/3	(856) 21-352-035	Lao-Thai Friendship Road, Ban Watnak, Sisattanak District, P.O.Box 7567, Vientiane, Lao PDR
LEBANON	주 레바논공화국 대한민국 대사관	(961-5) 953167/9	(961-5) 953170	5th Fl., Camelia 3 Bldg., Said Freiha Street, Hazmieh P.O.Box 40290 Baabda, Lebanon
LIBYA	주 리비아인민사회주의 공화국 대한민국 대사관	(218-21) 483-1322/3	(218-21) 483-1324	Abounawas Area Gargaresh St., P.O.Box 4781, Tripoli, Libya
MALAYSIA	주 말레이시아 대한민국 대사관	(60-3) 4251-2336	(60-3) 4252-1425	Lot No.9&11, Jalan Nipah, Off Jalan Ampang 55000 Kuala Lumpur, Malaysia
MEXICO	주 멕시코합중국 대한민국 대사관	(52-55) 5202-9866, 7160	(52-55) 5540-7446	Lope de Armendariz No.110, Col. Lomas de Virreyes C.P.11000 Mexico, D.F
MONGOLIA	주 몽골 대한민국 대사관	(976-11) 32-1548, 31-0153	(976-11) 31-1157	P.O.Box 1039, No.10, Olympic St. Sukhbaatar District, Ulaanbaatar, Mongolia
MONTREAL	주 몬트리올총영사관 겸 주 국제민간항공기구 대한민국 대표부	(1-514) 845-2555	(1-514) 845-1119	1 Place Ville-Marie, Suite 2015, Montreal, Quebec, Canada, H3B 2C4
MOROCCO	주 모로코왕국 대한민국 대사관	(212-37) 75-1767, 6791, 6726, 1966	(212-37) 75-0189	41. Av. Madhi Ben Barka, Souissi, Rabat, Morocco
MYANMAR	주 미얀마연방 대한민국 대사관	(95-1) 527-142/4, 515-190	(95-1) 513-286	No.97, University Avenue Yangon, Union of Myanmar
NEPAL	주 네팔왕국 대한민국 대사관	(977-1) 270172, 270417, 277391	(977-1) 272041, 275485	Himshail, Red Cross Marg, Tahachal, Kathmandu, Nepal
NETHERLANDS	주 네덜란드왕국 대한민국 대사관	(31-70) 358-6076	(31-70) 350-4712	Verlengde Tolweg 8, 2517 JV, The Hague, The Netherlands
NEW ZEALAND	주 뉴질랜드 대한민국 대사관	(64-4) 473-9073/4	(64-4) 472-3865	11 Fl., ASB Bank Tower, 2 Hunter Street, Wellington, New Zealand
NEW ZEALAND	주 오클랜드 대한민국 분관	(64-9) 379-0818, 0460	(64-9) 373-3340	Toshiba House, Level 10, 396 Queen St., Auckland, New Zealand
NIGERIA	주 나이지리아연방공화 국 대한민국 대사관	(234-1) 261-5353, 5420, 262-1428, 261-7262(대사실 직통)	(234-1) 261-2342	Plot 934 Idejo Street, Victoria Island, G.P.O.Box 4668 Lagos, Nigeria
NORWAY	주 노르웨이왕국 대한민국 대사관	(47) 22547090	(47) 22561411	Inkognitogaten 3, 0244 Oslo, Norway
OECD	주 경제협력개발기구 대한민국 대표부	(33-1) 4405-2050	(33-1) 4755-8670	2/4, rue Louis-David 75782 Paris cedex 16, France

국가명	공관명	전화번호	팩스번호	주소
OMAN	주 오만왕국 대한민국 대사관	(968) 69-1490	(968) 69-1495	Way No.3023, Bld. No.1921, Shati Al Qurm, Muscat, Oman
PAKISTAN	주 카라치 대한민국 분관	(92-21) 585-3950/1, 3426/7	(92-21) 585-3473	23, Khyaban-e-Hafiz, Phase-V, Defence Housing Authority, Karachi, 75650 Pakistan
PAKISTAN	주 파키스탄회교공화국 대한민국 대사관	(92-51) 227-9380/1	(92-51) 227-9391	Block 13, Street 29, G-5/4, Diplomatic Enclave Ⅱ, Islamabad, Pakistan, G.P.O.Box 1087
PANAMA	주 파나마공화국 대한민국 대사관	(507) 264-8203, 8360	(507) 264-8825	Calle 51E, Ricardo Arias, Areabancaria, Campo Alegre, Panama, Republica de Panama
PAPUA NEW GUINEA	주 파푸아뉴기니 대한민국 대사관	(675) 325-4717, 4755	(675) 325-9996	P.O Box 381, Port Moresby, National Capital District, Papua New Guinea
PARAGUAY	주 파라과이공화국 대한민국 대사관	(595-21) 605-606, 401, 419	(595-21) 601-376	Av. Rep. Argentina nro.678 esq. Pacheco, Asuncion, Paraguay
PERU	주 페루공화국 대한민국 대사관	(51-1) 476-0815, 0816, 0874	(51-1) 476-0950	Av. Principal No.190, Piso 7, Santa Catalina, La Victoria, Lima-13, Peru
PHILIPPINES	주 필리핀공화국 대한민국 대사관	(63-2) 811-6139/44	(63-2) 811-6148	10th Fl., The Pacific Star Bldg., Makati Ave., Makati City 1226, Philippines
POLAND	주 폴란드공화국 대한민국 대사관	(48-22) 848-3337, 3409, 4075, 8267	(48-22) 528-2500	24th Fl. Warsaw Trade Tower ul. Chlodna 51 00-867 Warsaw, Poland
PORTUGAL	주 포르투갈공화국 대한민국 대사관	(351-21) 793-7200/3	(351-21) 797-7176	Av. Miguel BomBarda 36-7, Lisboa 1051-802, Portugal
QATAR	주 카타르국 대한민국 대사관	(974) 4832238/9, 4837611	(974) 4833264	P.O.Box 3727 West Bay, Diplomatic Area, Doha, Qatar
ROMANIA	주 루마니아 대한민국 대사관	(40-21) 230-7198	(40-21) 230-7629	Mircea Eliade Blvd. #14, Sector 1, Bucharest, Romania
RUSSIA	주 블라디보스토크 대한민국 총영사관	(7-4232) 22-7729, 7765, 7822, 7966, 8115, 8133	(7-4232) 22-9471	Pologaya St. 19, 690091 Vladivostok, Russia
RUSSIA	주 러시아연방 대한민국 대사관	(7-095) 956-1474	(7-095) 956-2434, 0692	14 Spiridonovka St., Moscow, Russia(Postal Guide No. : 131940)
SAUDI ARABIA	주 사우디아라비아왕국 대한민국 대사관	(966-1) 4882211	(966-1) 4881317	Diplomatic Quarter, P.O.Box 94399, Riyadh 11693, Saudi Arabia
SENEGAL	주 세네갈공화국 대한민국 대사관	(221) 821-8658, 822-5822	(221) 821-8839	4eme, Immeuble Faycal, 3 Rue Parchappe, B.P.3338, Senegal
SINGAPORE	주 싱가포르 대한민국 대사관	(65) 6256-1188	(65) 6254-3191	47 Scotts Road, #08-00 Goldbell Tower, Singapore 228233

국가명	공관명	전화번호	팩스번호	주 소
SOUTH AFRICA	주 남아프리카공화국 대한민국 대사관	(27-12) 460-2508	(27-12) 460-1158	Greenpark Estates #3, 27 George Storrar Drive, Groenkloof, Pretoria, South Africa
SPAIN	주 라스팔마스 대한민국 분관	(34-928) 23-0499, 0699	(34-928) 24-3881	Luis Doreste Silva, 60-1, 35004 Las Palmas de G. Canaria, Spain
SPAIN	주 스페인왕국 대한민국 대사관	(34-91) 353-2000	(34-91) 353-2001	C/ Gonzalez Amigo 15, 28033 Madrid, Spain
SRI-LANKA	주 스리랑카 민주사회 주의공화국 대한민국 대사관	(94-1) 699036/8, 699180	(94-1) 696699, 672358	No.98, Dharmapala Mawatha, Colombo 7, Sri Lanka
SUDAN	주 수단공화국 대한민국 대사관	(249-11) 239170/1	(249-11) 239174	House No.31, Block No.12, Al-Riyadh, P.O.Box 2414, Khartoum, Sudan
SWEDEN	주 스웨덴왕국 대한민국 대사관	(46-8) 5458-9400	(46-8) 660-2818	Laboratoriegatan 10, P.O.Box 27237, 102 53 Stockholm, Sweden
SWITZERLAND	주 스위스연방 대한민국 대사관	(41-31) 356-2444	(41-31) 356-2450	Kalcheggweg 38, P.O.Box 28, 3006 Bern, Switzerland
TAIPEI	주 대만 대한민국 대표부	(886-2) 2758-8320/5	(886-2) 2757-7006	Rm. 1506, No.333, Sec.1, Kee-Lung Rd., Taipei, Taiwan
TANZANIA	주 탄자니아합중국 대한민국 대사관	(255-22) 2600496, 260049	(255-22) 2600559	Plot No.8/1 Tumbawe Road, Oysterbay, P.O.Box 1154, Dar es Salaam, Tanzania
THAILAND	주 타이왕국 대한민국 대사관	(66-2) 247-7537/41	(66-2) 247-7535	23 Thiam-Ruammit Road, Ratchadapisek, Hway-Kwang, Bangkok 10320, Thailand
TUNISIA	주 튀니지공화국 대한민국 대사관	(216-71) 799-905, 783-231, 893-060	(216-71) 791-923	16, Rue Caracalla, Notre-Dame 1082 B.P.297 Tunis, Tunisia
TURKEY (TÜRKIYE)	주 터키공화국 대한민국 대사관	(90-312) 468-4821~3, 467-7449, 427-1743	(90-312) 468-2279	Alacam Sok. No.5, Cankaya, Ankara, Turkey(Türkiye)
UAE	주 아랍에미리트연합국 대한민국 대사관	(971-2) 443-5337	(971-2) 443-5348, 445-0160	P.O.Box 3270, Abu Dhabi, U.A.E.
UKRAINE	주 우크라이나 대한민국 대사관	(380-44) 246-3759/61	(380-44) 246-3757	43, Volodymyrska St., 01034, Kyiv, Ukraine
UN	주 국제연합 대한민국 대표부	(1-212) 439-4000	(1-212) 986-1083	335 East 45th Street, New York, NY 10017, U.S.A.
UNITED KINGDOM	주 영국 대한민국 대사관	(44-20) 7227-5500/2	(44-20) 7227-5503	60 Buckingham Gate, London SW1E 6AJ, United Kingdom
URUGUAY	주 우루과이공화국 대한민국 대사관	(598-2) 902-6287	(598-2) 901-3677	임시사무실 Room No. 2621 Victoria Plaza Hotel Plaza Independencia 759, Montevideo, Uruguay

국가명	공관명	전화번호	팩스번호	주 소
USA	주 애틀랜타 대한민국 총영사관	(1-404) 522-1611/3	(1-404) 521-3169	229 Peachtree St., Suite 500, International Tower, Atlanta, GA 30303 U.S.A.
USA	주 샌프란시스코 대한민국 총영사관	(1-415) 921-2251/3	(1-415) 921-5946	3500 Clay Street, San Francisco, CA 94118, U.S.A.
USA	주 휴스턴 대한민국 총영사관	(1-713) 961-0186	(1-713) 961-3340	1990 Post Oak Blvd., #1250, Houston, Texas 77056, U.S.A.
USA	주 시애틀 대한민국 총영사관	(1-206) 441-1011/4	(1-206) 441-7912	2033 Sixth Avenue #1125 Seattle, WA 98121, U.S.A.
USA	주 호놀룰루 대한민국 총영사관	(1-808) 595-6109, 6274	(1-808) 595-3046	2756 Pali Highway Honolulu, Hawaii 96817, U.S.A.
USA	주 뉴욕 대한민국 총영사관	(1-646) 674-6000(대표)	(1-646) 674-6023	335 East 45th St. 4th Fl., New York, NY 10017, U.S.A. 460 Park Ave. 6th Fl., New York, NY 10022, U.S.A.
USA	주 로스앤젤레스 대한민국 총영사관	(1-213) 385-9300	(1-213) 385-1849, 384-5139	3243 Wilshire Blvd., Los Angeles, CA. 90010, U.S.A.
USA	주 하갓냐 대한민국 출장소	(1-671) 647-6488~9, 649-5232	(1-671) 649-1336	125C Tun Jose Camacho St., Tamuning, Guam 96931 U.S.A.
USA	주 미합중국 대한민국 대사관	(1-202) 939-5600/3	(1-202) 797-0595	2450 Massachusetts Avenue, N.W. Washington, DC 20008, U.S.A.
USA	주 보스턴 대한민국 총영사관	(1-617) 641-2830	(1-617) 641-2831	One Gateway Center 2nd Floor, Newton, MA 02458, U.S.A.
USA	주 시카고 대한민국 총영사관	(1-312) 822-9485	(1-312) 822-9849	NBC Tower Suite 2700, 455 North Cityfront Plaza Drive, Chicago, Illinois 60611 U.S.A.
UZBEKISTAN	주 우즈베키스탄공화국 대한민국 대사관	(998-71) 152-3151/3, 4001, 6501	(998-71) 120-6248	700029 Afrociab 7, Tashkent, Uzbekistan
VENEZUELA	주 베네수엘라공화국 대한민국 대사관	(58-212) 954-1270, 1139, 1006	(58-212) 954-0619	Av. Francisco de Miranda, Centro Lido, Torre B, Piso 9, Ofic. 91-92-B, El Rosal, Caracas, Venezuela
VIETNAM	주 베트남사회주의 공화국 대한민국 대사관	(84-4) 831-5110/6	(84-4) 831-5117	4th Fl., Dae Ha Business Center, Kim Ma St., Hanoi, Vietnam
VIETNAM	주 호찌민 대한민국 총영사관	(84-8) 822-5757, 5836	(84-8) 822-5750	107 Nguyen Du St., District 1, HoChiMinh City, Vietnam
YUGOSLAVIA	주 유고슬라비아연방 공화국 대한민국 대사관	381-11-369-0932	381-11-369-1450	88 Franse d'Epere, 11000 Belgrade, Yugoslavia
ZIMBABWE	주 짐바브웨공화국 대한민국 대사관	(263-4) 756541/4	(263-4) 756554	3rd Fl., Redbridge, Eastgate Building, 3rd Street/Robert Mugabe Road, P.O.Box 4970, Harare, Zimbabwe

■ 저자약력

안대희

세종대학교 대학원 관광경영학과 졸업(경영학석사)
세종대학교 대학원 경영학과 박사과정 졸업(경영학박사)
(주)대호여행사 근무
현) 대원대학교 호텔카지노경영과 교수

박종철

배재대학교 대학원 관광경영학박사
와인소믈리에 자격증 취득(AHLA)
트리아관광호텔 총지배인
현) 백석대학교 관광학부 교수

서영수

경희대학교 관광경영학학사
세종대학교 관광대학원 관광경영학석사
한양대학교 일반대학원 관광학박사
(주)고려투어 대표이사
현) 한양대학교 관광학과 겸임교수

안경옥

세종대학교 호텔관광경영학박사(관광경영전공)
(주)람보여행사 대표
현) 청주대학교 관광경영학과 겸임교수

양봉석

동아대학교 대학원 관광경영학과 박사학위 취득
(주)계명여행사
국외여행인솔자 자격인정증 취득
현) 부산과학기술대학교 호텔관광경영과 교수

홍민정

우송정보대학 호텔관광과 교수

최신여행사경영론

2023년 8월 30일 초판 1쇄 인쇄
2023년 9월 5일 초판 1쇄 발행

지은이 안대희 · 박종철 · 서영수 · 안경옥 · 양봉석 · 홍민정
펴낸이 진욱상
펴낸곳 (주)백산출판사
교 정 성인숙
본문디자인 오행복
표지디자인 오정은

등 록 2017년 5월 29일 제406-2017-000058호
주 소 경기도 파주시 회동길 370(백산빌딩 3층)
전 화 02-914-1621(代)
팩 스 031-955-9911
이메일 edit@ibaeksan.kr
홈페이지 www.ibaeksan.kr

ISBN 979-11-6567-711-4 93980
값 27,000원